全国农业高等院校规划教材
农业部兽医局推荐精品教材

宠物养护与美容

● 毕聪明　曹授俊　主编

中国农业科学技术出版社

图书在版编目（CIP）数据

宠物养护与美容/毕聪明，曹授俊主编．—北京：中国农业科学技术出版社，2008.8（2024.5 重印）
全国农业高等院校规划教材．农业部兽医局推荐精品教材
ISBN 978-7-80233-631-5

Ⅰ．宠…　Ⅱ．①毕…②曹…　Ⅲ．①观赏动物－饲养管理－高等学校－教材 ②观赏动物－美容－高等学校－教材　Ⅳ．S865．3

中国版本图书馆 CIP 数据核字（2008）第 081275 号

责任编辑　孟　磊
责任校对　贾晓红

出版发行　中国农业科学技术出版社
北京市中关村南大街 12 号　邮编：100081
电　　话　（010）82106632（编辑室）
传　　真　（010）62121228
社 网 址　http://www.castp.cn
经　　销　新华书店北京发行所
印　　刷　北京建宏印刷有限公司
开　　本　787 mm×1 092 mm　1/16
印　　张　15
字　　数　357 千字
版　　次　2008 年 8 月第 1 版　2024 年 5 月第 8 次印刷
定　　价　32.00 元

《宠物养护与美容》

编 委 会

主　　编　毕聪明　辽宁医学院动物医学院
　　　　　曹授俊　北京农业职业学院

副 主 编　张学智　黑龙江生物科技职业学院
　　　　　许丹宁　广东仲恺农业工程学院
　　　　　马增军　河北科技师范学院

参　　编　（按姓氏笔画排序）
　　　　　王　军　辽宁医学院动物科技学院
　　　　　王雪东　黑龙江畜牧兽医职业学院
　　　　　毕聪明　辽宁医学院动物医学院
　　　　　朱明恩　山东农业职业技术学院
　　　　　刘谢荣　河北科技师范学院
　　　　　许丹宁　广东仲恺农业工程学院
　　　　　李亚丽　黑龙江生物职业技术学院
　　　　　张学智　黑龙江生物科技职业学院
　　　　　陈培荣　信阳高等专科学校
　　　　　陈腾山　黑龙江农业职业技术学院
　　　　　曹授俊　北京农业职业学院

主　　审　林洪金　东北农业大学

序

中国是农业大国，同时又是畜牧业大国。改革开放以来，我国畜牧业取得了举世瞩目的成就，已连续20年以年均9.9%的速度增长，产值增长近5倍。特别是“十五”期间，我国畜牧业取得持续快速增长，畜产品质量逐步提升，畜牧业结构布局逐步优化，规模化水平显著提高。2005年，我国肉、蛋产量分别占世界总量的29.3%和44.5%，居世界第一位，奶产量占世界总量的4.6%，居世界第五位。肉、蛋、奶人均占有量分别达到59.2千克、22千克和21.9千克。畜牧业总产值突破1.3万亿元，占农业总产值的33.7%，其带动的饲料工业、畜产品加工、兽药等相关产业产值超过8 000亿元。畜牧业已成为农牧民增收的重要来源，建设现代农业的重要内容，农村经济发展的重要支柱，成为我国国民经济和社会发展的基础产业。

当前，我国正处于从传统畜牧业向现代畜牧业转变的过程中，面临着政府重视畜牧业发展、畜产品消费需求空间巨大和畜牧行业生产经营积极性不断提高等有利条件，为畜牧业发展提供了良好的内外部环境。但是，我国畜牧业发展也存在诸多不利因素。一是饲料原材料价格上涨和蛋白饲料短缺；二是畜牧业生产方式和生产水平落后；三是畜产品质量安全和卫生隐患严重；四是优良地方畜禽品种资源利用不合理；五是动物疫病防控形势严峻；六是环境与生态恶化对畜牧业发展的压力继续增加。

我国畜牧业发展要想改变以上不利条件，实现高产、优质、高效、生态、安全的可持续发展道路，必须全面落实科学发展观，加快畜牧业增长方式转变，优化结构，改善品质，提高效益，构建现代畜牧业产业体系，提高畜牧业综合生产能力，努力保障畜产品质量安全、公共卫生安全和生态环境安全。这不仅需要全国人民特别是广大畜牧科教工作者长期努力，不断加强科学研究与科技创新，不断提供强大的畜牧兽医理论与科技支撑，而且还需要培养一大批掌握新理论与新技术并不断将其推广应用的专业人才。

培养畜牧兽医专业人才需要一系列高质量的教材。作为高等教育学科建设的一项重要基础工作——教材的编写和出版，一直是教改的重点和热点之一。为了支持创新型国家建设，培养符合畜牧产业发展各个方面、各个层次所需的复合型人才，中国农业科学技术出版社积极组织全国范围内有较高学术水平和多年教学理论与实践经验的教师精心编写出版面向21世纪全国高等农林院校，反映现代畜牧兽医科技成就的畜牧兽医专业精品教材，并进行有益的探索和研究，其教材内容注重与时俱进，注重实际，注重创新，注重拾遗补缺，注重对学生能力、特别是农业职业技能的综合开发和培养，以满足其对知识学习和实践能力的迫切需要，以提高我国畜牧业从业人员的整体素质，切实改变畜牧业新技术难以顺利推广的现状。我衷心祝贺这些教材的出版发行，相信这些教材的出版，一定能够得到有关教育部门、农业院校领导、老师的肯定和学生的喜欢。也必将为提高我国畜牧业的自主创新能力和增强我国畜产品的国际竞争力作出积极有益的贡献。

国家首席兽医官
农业部兽医局局长

二○○七年六月八日

前　言

本教材是在《教育部关于加强高职高专教育人才培养工作的意见》、《关于加强高职高专教育教材建设的若干意见》、《关于全面提高高等职业教育教学质量的若干意见》等文件精神的指导下而编写。

在编写教材过程中，根据高职高专的培养目标，遵循高等职业教育的教学规律，针对学生的特点和就业面向，注重对学生专业素质的培养和综合能力的提高，尤其突出实践技能训练。理论内容以“必需”、“够用”为度，适当扩展知识面和增加信息量；实践内容以基本技能为主，又有综合实践项目。所有内容均最大限度地保证其科学性、针对性、应用性和实用性，并力求反映当代新知识、新方法和新技术。

本书主要包括犬猫生物学特点及分类、宠物美容器具与用品、犬猫养护技术、犬猫美容技术、宠物美容辅助措施及宠物店的经营管理等内容，从理论上阐述清楚，从技术上通俗易懂，图文并茂。

编写人员分工为：陈培荣编写第一章第一节、第二节犬的分类；朱明恩编写第一章第二节猫的分类；张学智编写第二章第一节、第二节、第三节；曹授俊编写第二章第四节；徐丹宁编写第三章、第八章；王军编写第四章；毕聪明编写第五章、第十章、附录；李亚丽编写第六章；王雪东编写第七章；陈藤山编写第九章；全书由毕聪明统稿。

编写工作承蒙中国农业科学技术出版社的指导；教材由东北农业大学林洪金副教授主审，并对结构体系和内容等方面提出了宝贵意见；主编、副主编、参编和主审所在学校对编写工作给予了大力支持。

本书适合各类宠物美容专业及畜牧兽医相关专业的学生作为教材使用，同时也是广大宠物爱好者很好的参考书。

由于这部教材可参考的资料有限，时间仓促，加之作者的经验和水平有限，不足之处在所难免，恳请广大读者和同行批评指正。

编　者

2008 年 1 月

目　录

第一章　犬猫生物学特点与分类

第一节　犬猫的生物学特点

一、犬的生物学特点

（一）犬的解剖结构

1. 犬的骨骼

犬的骨骼共由257～264块骨组成。多数骨是成对的，少数是不成对的。犬的骨骼可分为三大部分：头骨、躯干骨和四肢骨。犬的全身骨骼侧面图（图1－1）。

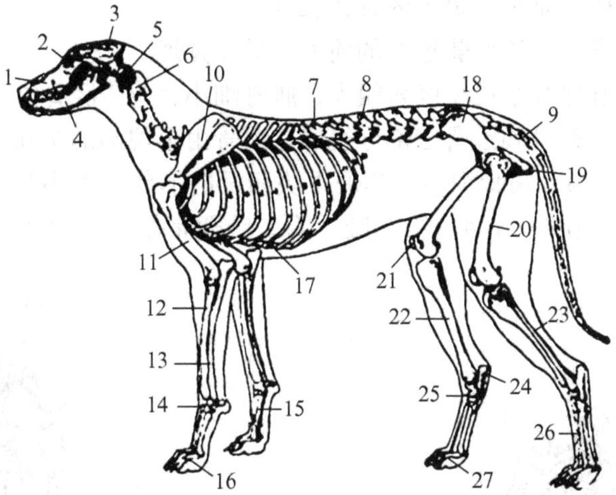

图1－1　犬的全身骨骼侧面图

1. 上颌骨　2. 颅骨　3. 顶骨　4. 下颌骨　5. 寰椎　6. 枢椎　7. 胸椎　8. 腰椎　9. 尾椎　10. 肩胛骨　11. 肱骨　12. 桡骨　13. 尺骨　14. 腕骨　15. 掌骨　16. 指骨　17. 胸骨　18. 髂骨　19. 坐骨　20. 股骨　21. 髌骨　22. 胫骨　23. 腓骨　24. 跟突　25. 跗骨　26. 跖骨　27. 趾骨

（1）头骨　头骨位于脊柱的前方，通过寰枕关节与脊柱相连。头骨又可分为颅骨和面骨两部分。颅骨位于头的后上方，构成颅腔和感觉器官（眼、耳）的保护壁。面骨位于头的前下方，形成口腔、鼻腔、咽、喉和舌的支架。犬的品种不同，其头骨的外形也不尽相同。

（2）躯干骨　躯干骨又包括脊柱、肋骨和胸骨。

脊柱：构成身体的中轴，由颈椎、胸椎、腰椎、荐椎和尾椎等一系列的椎骨构成。

肋骨：呈弯曲的弓形，共有13对，前9对肋骨以肋软骨与胸椎相连，称为真肋，后4对肋骨的软肋骨由结缔组织连在前一肋软骨上，成为假肋或弓肋。

胸骨：位于胸腔底壁的正中，由8枚骨质的胸骨片借助软骨连接而成。

胸廓：是由胸椎、肋骨、肋软骨和胸骨共同围成的前小后大截顶锥形的骨性支架，借以保护胸腔内重要的脏器，如心脏、肺脏等。

(3) 四肢骨　四肢骨主要起支撑和行走的作用，包括前肢骨和后肢骨。

1）前肢骨：包括肩胛骨、臂骨、前臂骨和前脚骨。

肩胛骨：属于典型的扁骨，其表面是强大的肌肉群附着面，它与胸椎之间不形成关节，而是借助强大的肌肉群与躯干骨相连。

臂骨：长而粗壮。

前臂骨：由桡骨和尺骨组成。

前脚骨：包括腕骨、掌骨和指骨三部分。腕骨由复杂的短骨构成，共7块。掌骨有5块，自内侧向外侧排列，第1掌骨最短，第3、第4掌骨最长。指骨有5个指，第1指骨最短，仅有2个指节，行走时并不着地，属于退化指，其余指均由3个指节骨构成。犬的前脚骨（图1－2）。

2）后肢骨：包括髋骨、大腿骨、髌骨、小腿骨和后腿骨。

髋骨：由髂骨、坐骨和耻骨三对组成，是构成骨盆和臀部的基础。

大腿骨：又称股骨，是全身最大的管状长骨。

髌骨：又称膝盖骨，位于股骨远端的前方，呈卵圆形。

小腿骨：由胫骨和腓骨组成，胫骨粗大，腓骨细小，位于胫骨外侧。

后腿骨：由跗骨、跖骨和趾骨三部分组成。跗骨由不规则的7块短骨组成、跖骨共有5块，自内侧向外侧，第1跖骨细小，其余4块跖骨的形状、大小与掌骨相似。趾骨通常只有4个趾，即第2、第3、第4、第5趾。第1趾通常缺如，属于退化趾。犬的后脚骨（图1－3）。

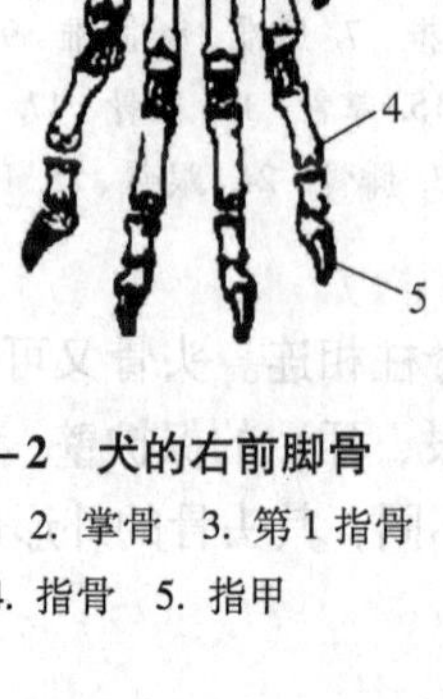

图1－2　犬的右前脚骨

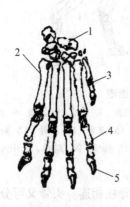

1. 腕骨　2. 掌骨　3. 第1指骨
4. 指骨　5. 指甲

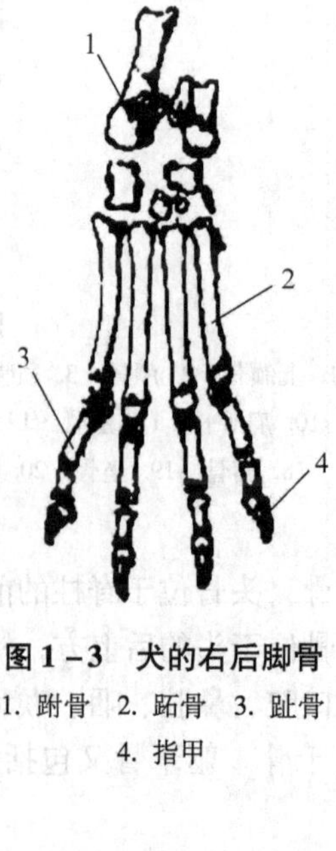

图1－3　犬的右后脚骨

1. 跗骨　2. 跖骨　3. 趾骨
4. 指甲

2. 犬的皮毛

犬的皮毛系统是由皮肤和皮肤衍生物组成的特殊器官，如毛、枕、汗腺、皮脂腺、乳腺以及爪等。其中乳腺、皮脂腺和汗腺合称为皮肤腺。毛皮除有保护和感觉的作用外，还有通过散热来调节体温、分泌、排泄和储存营养物质的作用。皮毛结构（图1－4）。

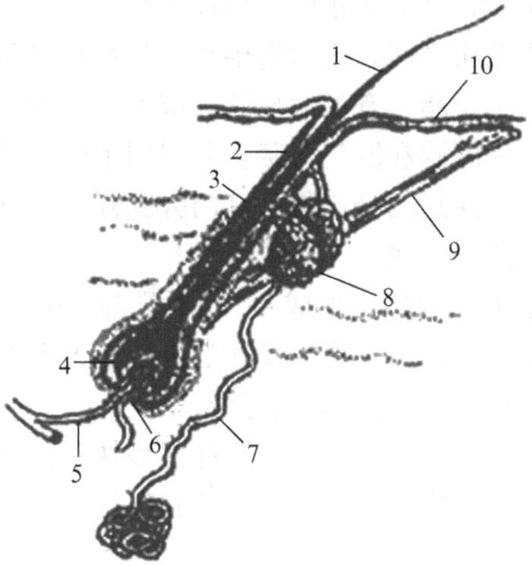

图1－4　犬的毛皮结构

1. 毛干　2. 毛囊　3. 毛根　4. 毛球　5. 血管　6. 毛囊　7. 汗腺　8. 皮脂腺　9. 立毛肌　10. 皮肤表面

（1）皮肤　皮肤被覆于动物的体表，直接与外界接触，是一道天然屏障。皮肤和毛的颜色依赖于某种结构细胞中存在的色素颗粒。皮肤虽然薄厚不同，但其结构均由表皮、真皮和皮下组织构成。

表皮是皮肤的最外层，没有血管和淋巴管，其主要营养依靠真皮的扩散供应。表皮又有四层结构，由浅入深分别为：角质层、透明层、颗粒层和生发层。其中生发层具有很强的分裂增生能力，能够产生新的细胞向表层推移，借以补充表层角质化而脱落的细胞。

真皮位于表皮的深层，由致密结缔组织构成，坚韧而富有弹性，是皮肤最厚的一层。

皮下组织位于真皮的深层，由疏松结缔组织构成。皮下组织常含有脂肪组织，具有保温、贮藏能量和缓冲机械压力的作用。在骨突起部位，皮下组织有时出现腔隙，形成黏膜囊，囊内有少量的黏液，可以减少骨与该部位皮肤的摩擦。

（2）毛　毛由表皮的生发层演化而来，是一种坚韧而有弹性的角质丝状结构，覆盖于体表。毛分毛干和毛根两部分，毛干是露在皮肤表面的部分，毛根是埋于真皮和皮下组织内的部分。毛根基部膨大而呈球形称毛球，毛球的细胞分裂能力很强，是毛的生长点。毛根周围的表皮陷入皮套称为毛囊。被覆于动物体表的毛称为被毛，因粗细不同，分为粗毛和细毛。不同品种犬的被毛的分布和形态存在着差异。在犬的唇部、眼上部和下颌部还有些特殊长毛，其毛根有丰富的神经末梢，对触觉的感受非常灵敏，这种毛为触毛（触须）。毛在体表呈一定方向排列，称为毛流，毛流的方向大致与外界气流和雨水在体表流动的方向相适应。但在某些部位也可形成特殊方向的毛流，如在棱角、眼裂等处，以收敛、集合或分散等形式分布。由于这些不同的特殊分布，也就形成了特殊的观赏犬品种。

(3) 皮肤腺　皮肤腺位于真皮内，根据其分泌物的不同，可分为汗腺、皮脂腺、特殊的皮肤腺（肛门周围腺、肛门旁腺）和乳腺。

汗腺为盘曲的单管腺，由分泌部和导管部构成，分泌部卷曲成小球状，位于真皮的深部，导管部细长而扭曲，多数开口于毛囊，少数开口于皮肤表面的汗孔。与其他家畜相比，犬的汗腺不发达，特别是在被毛密集的部位汗腺更少。

皮脂腺多位于毛囊与立毛肌之间，排泄管很短，多数开口于毛囊，在无毛部位直接开口于皮肤表面。皮脂腺能分泌皮脂，有滋润皮肤和被毛的作用，使皮肤和被毛柔韧。

特殊皮肤腺主要指肛门周围腺和肛门旁腺。肛门周围腺局限于肛门周围的皮肤内，为特殊的汗腺，可分泌唤起异性注意的分泌物。肛门旁腺开口于肛门周缘皮肤性囊状的肛门旁凹陷处，可分泌特殊恶臭的分泌物。

乳腺位于胸部和腹部正中线两侧，形成4～5对乳丘。公、母犬均有乳腺，但只有母犬充分发育，并且有分泌乳汁的能力，形成发达的乳房。犬有4～5对乳头，一般只有后3对发育良好。因此，一窝有6～7头仔犬较为适宜。

(4) 枕和爪　枕是前后脚的内侧面、后面和底面呈枕状而有弹性的皮肤衍生物。犬的枕很发达，可分为腕枕、掌枕、指枕、跗枕、跖枕和趾枕。枕的结构与皮肤相同，分为枕表皮、枕真皮和枕皮下组织。

爪是犬的指（趾）器官，包裹指（趾）骨末端，可分为爪轴、爪冠、爪壁和爪底。爪具有钩取、挖穴和防卫功能。

（二）犬的行为与心理

1. 犬的行为

犬的行为是指它对其所感受到的一切刺激而做出的各种回答性动作。

(1) 领域行为　犬的领域行为在动物中是极明显的。犬不但视其主家为领地，同时也把主人作为领地，而且占有欲很强。常常把主人的地域和主人都看作自己的势力范围，拼命加以护卫，竭尽全力去占有。利用犬的领域行为可用来护卫家园和主人，所谓“狗仗人势”就是犬拼命护卫主人的表示。当主家和主人两个领地都出现的时候，犬就会增强领域行为，为了护卫领地，排除外来占领，会表现出加倍的凶猛。

(2) 尊主行为　野犬过的是群居生活，如今的家犬仍保留有此种习性和行为表现，无限尊重领袖犬，对领袖犬十分服从、忠诚，并有深厚感情。这种尊主行为对家犬而言，具体表现为对主人的服从、忠诚、亲近，并构成了犬作为宠物的基础，激起人们养犬的欲望。人们常说的“忠义莫过于犬”，“子不厌母丑，犬不厌家贫”，这就是对犬的尊主行为最确切的写照。

(3) 犬的母性行为　犬是晚成性动物——即在出生时幼仔的发育程度很幼稚很不充分。所以，母犬有较强的母性行为表现，如做窝（扒地）、咬断脐带、舔舐幼仔并吃掉其粪便、很少离窝、依偎供暖；在仔犬将会吃食的时候，母犬常呕吐出半消化的食物喂给仔犬，这也是一种母性的表现。

(4) 犬的社会行为　社会行为就是与同类发生联系作用的行为。它包括同伴、家族、同群个体之间的相互认识、联络、竞争及合作等现象。

犬有强烈的群居的社会本能。每只犬总要把自己投身到一个群里（它把人也当作同类）否则就觉得流离失所，心理不能平衡。

犬的这种社会性本能在生后随生长而发育，开端大约始于生后20多天与同窝幼犬间的游戏。到断奶后（30～50日龄）便超出窝的范围结交新伙伴，这时正是买犬和换主人的好时机，否则，它会遭受如“换群”的挫折。如果几经换群就会伤害它的个性发展。假如幼犬超过三月龄仍然关在犬舍里很少与人接触，那么，它以后就很少成为有作用的作业犬了。

犬是群居动物，群内有首领与序位排列。序位的高低往往要经过斗争决定。序位分明，各自安分守己，群体才得安宁。家里养有两只犬以上的主人会体验到：人给它们之间安排的序位往往得不到它们的承认，反而成为争斗不止的诱因。犬把人的家庭看作是它所在的群，一般把主人当首领；但是也有的犬随着体力的增长，要在家里提升其序位，甚至要当首领而凌驾于主人之上。如果主人当初没注意其野心而防微杜渐，以后将成为家庭中一个难管理的包袱。大型犬成年以后不宜换主人。

犬的争斗，主要是决定高低而不是拼死活，所以，弱者一方最后会逃避或者仰卧坦腹以示投降。强者见此姿态自然罢休。

如果犬是栓系的，它会把绳索范围以内看作禁区，更加不容侵犯。所以，人们说犬是越栓越凶。如果两只陌生的犬都有主人牵着，那它们互相打起来的可能性更大。因为双方都认为是在主人牵引带入这块移动的领地上，自然要争抢上风；如果双方都不牵引，变成自由天地，反倒会相安无事。

（5）*犬的游戏行为*　对犬的游戏下定义是比较困难的，对游戏加以归类也不容易。有人把它归入学习，可是它又有某些先天可能的特征。所以，游戏也许是介于本能与学习之间的行为，或者说它是对本能的练习与自学。

游戏总是以同群的伙伴为对手，通过游戏互相结识和建立友好关系。所以，犬的游戏也应当算是一种社会行为。

犬的游戏表现为花费时间和力量反复的做一些并无直接目的的活动，如相互捕咬、反复厮闹、转圈追逐等。游戏是发生在没有别的重要行为而内部又有愉快的情绪和多余的能量。因此，有游戏表现的犬，肯定是健康无病的。游戏的内容是由成年的行为中拼凑起来的如片断的模拟“攻击与逃走”、“捕猎”及“性”的行为。大犬与小犬在游戏时总是收敛其力量与技巧，或者自取劣势。犬在开始游戏之前常用低伏前肢、高抬身躯、竖立尾巴和要躲闪的“邀请”姿态来引诱对方参加游戏。

犬在游戏时常常衔一件东西边玩边跑，希望对方来争抢，偶尔故意掉落而给对方一个捡拾的机会，这时，由它来追逐，并发出大口的喘气声以夸张其活动量。在捕咬的游戏中，不时的向对方袒露腰窝以示善意，摇尾只是一般的情绪激动，并不表达任何信号。游戏过程中也有发生误会的情况，例如在攻击与逃避的过程中，逃的一方如果躲错了方向而使身体怕疼的部位遭受撞击，这往往能使游戏变成半真半假的斗争。愤怒的一方在发出恐吓的吠声同时龇牙，并用两眼凝视对方，通常这将导致游戏的暂停或结束。

由于游戏是犬所热衷的主动的行为，又愿以主人为对手，所以，在日本训犬界自20世纪50年代便大量的用做基本训练的诱导。因为，这样训练的作业犬的特点是：积极主动，作业情绪高昂，乐而不疲。与巴甫洛夫条件反射法训出的犬，表现有明显的反差。

（6）*犬的信息表达方式*　犬的信息表达方式主要有声音语言、体表语言、气味语言等。

1）声音语言：声音语言是犬用来沟通同种间相互联系和互为理解的工具。它用不同的发音和声调，表示不同的内容和含意，用以激发同类之间的情感，两性结合，母子联系，趋利避害，一致行动等。

① 吠声（汪汪）：这是犬提高警觉时使用，不过高兴时也会发出这种声音。②鼻声（吭吭或哼哼）：这是表示有什么事要告诉你，想外出、肚子饿、无聊时都会发出这种声音。③喉声（呵呵）：心情好时发出的声音，犬做梦时也有此声音。④吼声（嗡嗡）：这是恐吓声，此时犬一定会皱鼻子，裂开上唇，露出獠牙，形成一种特别的表情。而且在发出吼声时，通常前脚会用力踏，背毛竖立，尽量表示自己是不可战胜的。⑤高啼（铿铿）：表示疼痛的悲鸣。⑥远吠（喔喔）：呼叫远方同伴的声音，对方听到这种声音也会以同样的远吠回答，犬在听到口琴声、警报声或号声等，会被诱发出这种远吠声。

又如嚎叫声是肚子饿了，表示哀求；尖叫声是不快，表示疾苦和求助；众犬齐鸣，表示欢快，可激发同类的情感；汪汪汪，叫一叫，停一停，表示它发现或听到什么动静；汪汪汪声急促，说明有人或其他动物已接近它，表示要攻击等等。这些都可视为犬的声音语言，在搜毒、搜索、搜户中我们要求犬就是用吠叫声报警的。

2）体表语言（动物学称体语）：体语是犬用身体的不同姿势和动作，以此来沟通同种和个体间相互理解的一种形体语言。

如趴下不动表示屈服；背部着地，四脚向上，表示投降。又如犬的两眼直视，表示友好；犬歪眼看人，表示有防御；犬的尾巴高翘来回摆动，表示高兴；尾巴不动，表示事不关己；尾巴下垂，表示不安；尾巴夹着，表示害怕等。

训练中，一个科目成功与否，都能通过犬的动作和表情反映出来。因此，我们不仅要掌握犬的声音语言，同时还要掌握犬的体表语言，只有掌握这些语言，训练中才能因势利导，提高它受训的积极性。

3）气味语言（称信号语言）：气味语言是指犬用自身排放出来的特有气味，作为互相传递信息的工具。

发情的母犬能用尿中含有的外激素吸引几公里以外的公犬。成年的公犬更爱用它每次只撒少量的尿液在墙角、石块、树干、电线杆等醒目的地方做标记。因此，能否抬腿撒尿常可作为判断公犬是否达到性成熟的象征。尿做的标记有明确的个体性，有的用来圈定它所在的地盘；撒尿以后两后腿交替蹬扬的动作，意在扩散其化学信息，如同散发传单广告等。此类行为在社会序位高的公犬表现尤为明显。

每只犬的社会地位高低，大概在其肛门附近有所记录。所以我们会看到，每当两只陌生犬相遇时一定互相嗅闻对方的肛门处。在互相闻过之后，似乎双方的身份都已明了，有差距时默然分手，只有在弄不清谁高谁低而又互不相让的场合，才会发生比武解决。根据犬的异性相引、同性相斥、幼龄中立的现象看，性激素可能是其身份的主要成分。

2. 犬的心理

(1) 心情愉快　尾巴使劲摆动，前肢向上轻跳，舌头不断地舔靠主人的身体。

(2) 恐惧　尾巴下垂或夹在两腿间，双耳后伸，双目圆睁，全身颤抖，四肢不停地移动或呆立不动，有时后退到一个角落，甚至逃走。

(3) 愤怒　犬愤怒时主要表现为鼻子上提，上唇拉起，龇牙，两眼圆睁，目光锐利，两耳向后倾伸，发出“呜呜”威胁声，如果两前肢下伏，身躯后伸，说明将发动攻击。

(4) 悲哀　头垂下，双目无神，眼光视向主人，并向主人靠拢，有时也会一声不响地静卧在某个角落。

二、猫的生物学特征

(一) 猫的解剖结构

1. 猫的骨骼

猫的全身骨骼共有230～247块，包括子骨（或滑骨）和人字骨在内。其中盆骨2～8块，前肢62块，后肢54～56块，头骨35～40块，脊椎52～53块，肋骨26块，胸骨8块，骨骼的数目随年龄的不同而异，老猫骨骼的数目由于某些骨块愈合而减少，此外，猫还有1块内脏骨（即阴茎骨）。猫全身的骨骼（图1－5）。

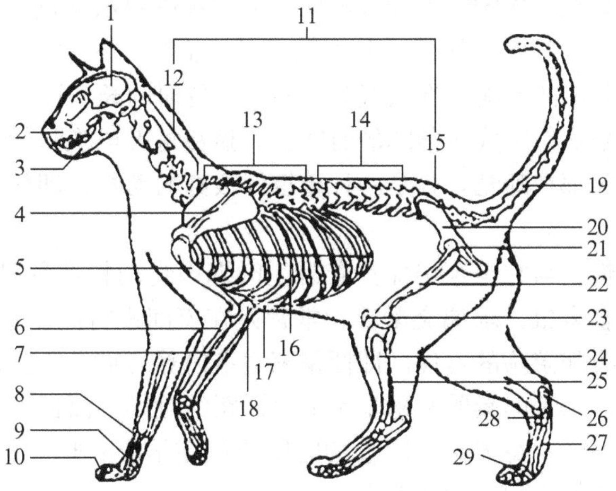

图1－5　猫全身骨骼

1. 脑壳　2. 上腭骨　3. 下腭骨　4. 肩胛骨　5. 上肢骨　6. 桡骨　7. 尺骨　8. 跗骨　9. 前掌骨　10. 足趾骨　11. 脊椎　12. 颈椎　13. 胸椎　14. 腰椎　15. 骶骨　16. 肋骨　17. 胸骨　18. 肘骨　19. 尾椎　20. 盆骨　21. 髋关节　22. 股骨　23. 髌骨　24. 胫骨　25. 腓骨　26. 踵骨　27. 后掌骨　28. 跗骨　29. 足趾骨

骨的表面有一层骨膜，血管穿过骨膜，通过固定的骨孔进入骨内，长骨的中央有骨髓腔，腔内含有红骨髓，具有造血的功能。

2. 猫的毛皮

猫的被毛大致可分为针毛和绒毛两种，针毛粗、硬且长，绒毛细、短而密。被毛的颜色有黑色、白色、红色、青灰色、褐色以及组合色，如银灰色、巧克力褐色、丁香色、奶油色等。

猫的被毛有着重要的生理功能。首先，它能防止体内水分的过分丢失。缓冲意外的摩擦冲撞等机械性损伤，以保护机体的安全；其次，稠密的被毛在寒冷的冬天具有良好的保暖性能；再有，在炎热的夏天，又是一个大散热器，起到降低体温的作用。受季节的影响，猫每年换毛两次，春、秋各一次。如果是持续不断地并且大量的掉毛，则可能是一种病态，应尽快找兽医诊治。掉毛后很快又长出新毛，毛的生长速度和人的头发差不多，每周平均约长 2mm 左右，但长到一定长度就不再生长了。

猫的皮肤里有皮脂腺和汗腺。皮脂腺的分泌物呈油状，在猫梳理被毛时被涂到毛上，从而使被毛光亮、顺滑。猫的皮脂腺分泌物中富含维生素 D，当猫舔被毛时可摄入维生素 D，补充体内维生素 D 的缺乏。猫的皮脂腺不是汗腺，猫仅有的汗腺在趾垫之间。猫的汗腺不发达，不像人的汗腺那样积极参与体温的调节。猫的散热是通过用舌头舔被毛将唾液涂抹在被毛上辐射散热或像狗那样通过呼吸来散热，但这种散热的效率比出汗蒸发散热要差，所以，猫虽喜暖，但又怕热。

（二）猫的行为与心理

1. 猫的行为

（1）猫的睡眠和夜游习性　猫一生中，大约有 2/3 的时间都在睡觉，在所有的家养畜禽中，它的睡眠时间最长。猫的睡眠和人不同，猫的睡眠每次时间并不长，一般不超过 1 小时，但是每天睡眠的次数多，加起来时间就长了。猫在一天中的睡觉多少，常受气候、饥饿程度、发情期和年龄的影响。在天气暖和时睡觉的时间长，而当饥饿和发情期时睡的时间就少，小猫和老猫比健康成年猫睡的时间长。猫在每天早晚睡的时间少，夜间出外游荡，而白天大部分时间都在睡觉。猫是一种警惕性很高的动物，即使是在睡觉时，其警惕性也没有放松。

猫的这种睡眠习惯，与它至今仍保持着野生时期肉食动物那种昼伏夜出的习性有关。猫的很多活动，如捕食老鼠，求偶交配等，常常是在夜间进行的。不管是性情温和的猫，还是去势的猫，都有夜间游荡的习性。即便是家庭室内养的猫，一到夜间便在室内频繁活动，有时会把人吵醒。每天的黎明和傍晚是猫最活跃的时候，而白天大部分时间在睡觉或休息。根据猫的这种习性，每天给猫喂食的时间应放在早晨和晚上。如果给猫配种的话，时间也要放在晚上，以提高配种的成功率。

（2）喜干净　在家养动物中，猫是最讲卫生、爱清洁的动物。您可以看到猫每天都要用爪子洗几次脸，而且每次大小便都在比较固定的地方。便后都要用土将粪便掩盖上，另外猫的各部没有难闻的气味，去势后的猫更是这样。或许就凭这一点，猫便成为人们的理想的伴侣动物。

猫爱干净，用舌头舔被毛，是为了刺激皮脂腺的分泌，将油状的分泌物涂抹到被毛上，使被毛光亮，顺滑，不易被水打湿，同时还可以从被毛上舔食到一定量的维生素 D，促进骨骼的正常发育，这种舔毛完全是出于猫生理需要的行为。猫在吃完食、玩耍后，或是在追击猎物的剧烈运动以及在炎热的夏季和阳光下睡醒后就会开始用舌头舔梳被毛，由于体内产生大量的热，为了保持体温的恒定，必须将多余的热量排出体外。但是猫的汗腺不发达，不能蒸发大量的水分，因此，猫就用舌头舔食被毛，借助唾液的蒸发将热量带走，起到降温防暑的作用。猫在换毛季节进行经常的梳理还可促进新毛的生长。

猫在便后掩盖粪便这种与生俱来的行为，是猫在野生时期为了隐蔽自己的行踪防止天敌而逐渐形成的生存本能。虽然家养猫不必再小心天敌，但它这种掩盖粪便的行为，却赢得了讲卫生的美名。

猫不愿吃残羹剩饭，甚至完全拒食，因此主人应将吃剩的食物保存或是弃掉。待下次喂食时，与新食物混合加热后再喂，并将食盆洗刷干净。

猫喜欢淋浴，它会很乖地让主人抓一抓被毛，尤其是用喷头冲刷身体时，它会抬起头、仰起脖子、闭上双眼，让你仔细冲淋它的下巴和脖子。洗浴后，它会急匆匆地以最快的速度舔它自己的被毛，不停地抖一抖，叫两声，以示舒展和谢意。

（3）喜食肉类　猫属于肉食目，但是在幼龄时期，除了吃肉外，还供给面食、脂肪和维生素。尤其是维生素 B 和鱼肝油，因为这些维生素不能在体内合成，只能从食物中获取。猫对维生素 A 和含磷物质比其他动物要高，根据研究，猫眼的虹膜中含黄磷达到4%～6%，因此供给适当的含磷物质、骨髓及肝脏是很重要的。鱼是猫的美餐（适口性好），但是，生喂是有害的，未煮熟的鱼肉中，含有硫胺破坏酶，它能使猫发生维生素 B 缺乏症状，出现消化机能紊乱和精神失常、四肢无力等。另外，鱼还是猫绦虫的中间宿主，吃生鱼容易感染猫绦虫病，所以还是熟喂好。猫爱吃脂肪性食物，在猫的饲料配方中，动物性食物占 30%左右。

（4）对温度敏感　一般来说，猫是既怕冷又怕热的动物，当外界温度低于 5℃时，猫就蜷卧在炉旁或温暖的地方。冬天，猫也常登床卧在被子上边或和主人同床共眠来避寒。当外界温度高于 25℃时，它又常躲在阴凉处，拉长身躯，贴地闭眼休息。

（5）狩猎行为　猫能为人类消灭鼠害。仔猫 2 个月龄就能捕幼鼠，捕捉的方法是躲在暗处，一旦遇到幼鼠经过，就猛扑过去，脚按嘴啃，致其半死，斗玩片刻才吃掉；若遇大鼠，只会发出吼声而不会出击。成年猫捕鼠的方法有两种：一是在室内小心静静地观察动静，当发觉那里有老鼠活动，就采取迅雷不及掩耳之势猛扑过去，咬住鼠颈致其死后再叼到僻静角落将其吃掉；另外一种方法是守株待兔，当猫发现洞内有老鼠时，就在鼠洞旁边，平心静气等待，一旦鼠探头出洞时，就揪头拽出，将鼠头咬碎。有时猫有兴趣时，将捕捉的活鼠玩耍一阵，要么是将受惊鼠放到地上，一次又一次地猛扑，用前肢或摁或不摁，嘴似咬非咬地戏弄；要么是将鼠用前爪左右扑打，好像篮球运动员运球一样，等玩耍了之后再美餐一顿。猫对老鼠有很大威慑力。就是一只大鼠正在屋内乱跑时，只要猫在旁边吼叫一声，鼠就吓得屁滚尿流地瘫软在地。猫吃鼠一般只吃鲜的和自己上次吃剩下的鼠，对病死的鼠一般不吃。它吃鼠是先吃头，后吃臀部，当捕到大鼠时，上次吃不完，多半剩下臀部和尾。猫除了捕食鼠的本领外，偶尔还能捕吃蛇以及落在地上寻食的麻雀。

（6）语言行为　“人有人言，兽有兽语”，这话是一点不假。猫也不例外，它也有表达感情，并使人类听懂的语言能力。与其他的动物相比，猫更善于让主人或是让它的同类了解自己的感情和肢体语言所表达的含义。猫的语言表达方式，包括口语和肢体语言。

猫的口语：在人们的印象中，总认为猫只会发出“喵喵”的叫声，其实不然，猫还能发出“呜呜”的声音。这两种声音都有不同的语调和声调，能够准确地表达感情。猫的“喵喵”叫声可有柔软、激动人心、安静和尾音拖长等不同的变调，分别表示猫想吃食，对主人的热爱和高兴等不同的情感。您可能注意到，当您的猫对窗外的小鸟或猎物感兴趣时，由于被关在屋内不能出去而只能在窗前向外看时，它会发出一种比平常更柔软的叫声。当猫夜游归来被关在门外叫了好久，主人把它放进屋里时，它会发出一种带升调的突然松一口气的极不情愿的叫声。

猫的“呜呜”声比较甜蜜柔和，常用来表达欢乐的满足以及对主人的热爱，当猫感到幸福时，会不断重复像音乐似的“呜呜”声。猫的叫声、身体动作和气味是猫之间交流的真正语言。母猫在和自己的孩子沟通感情和教导时也会发出“呜呜”低沉的叫声。如母猫觉得需要给小猫断奶时，它会经常发出“呜呜”的声音，表示厌烦和驱赶小猫。若小猫仍不知趣，还想叼奶头，妈妈除发出“呜呜”叫声外，会一掌掴在小猫脸上，妈妈会毫不留情地离去。

猫的叫声不仅能传递信息，而且还能表达感情。因此，只有常年与猫相处，才能懂它的每句语言。

猫的肢体语言：猫的肢体语言也非常丰富。所谓“猫的肢体语言”就是猫用耳、尾、头、毛、口和身体表达自己的心情和欲望。

当猫高兴的时候，它的尾巴会懒洋洋地左右摆动；当它发怒并遭到危险时，两耳直立，向后摆、耳尖向里弯，瞳孔缩小成一条线，胡须向前竖起，背部拱起，毛发挺直，尾巴高高竖起；要争斗时，瞳孔则放大，耳朵平伸，胡须向两边竖起，尾巴拍打地面，两前肢伏地，随时准备跃起。

如果主人对它讲话时，猫闭上眼睛，这表示它很欢迎。如果它坐在一边，眼睛睁得大大的，则表示很困惑，有时它还会突然动一下耳朵，就表示它不想听您说话，感到很厌烦。

猫爪也能表达猫的心情，有时它会用爪轻轻拍主人的脸或是手掌，这表示它对主人的亲昵。

2. 猫的心理

(1) 猫聪明伶俐感情丰富　人们普遍地认为猫是一种天赋高，而又非常聪明的动物，到目前虽然还没有对猫的智力发育程度进行测定。但是通过下面的例子，我们便知一二。例如：猫有很强的学习和记忆能力，很善于理解人意，并且能“举一反三”，并将其学到的方法用到其他不同的问题上。它能自己打开水龙头喝水，喝完后再关上。猫的时间观念较强，能预测主人什么时候喂食，甚至能感知主人可能要出远门或度假，而和主人倍加亲密。当您每天定时由闹钟惊醒起床，做上班前的准备，它也会在这时出去便溺，当不让闹钟响时，它会到时将您唤醒，如果叫不醒，它还会用猫爪将您拍打醒，起到闹钟的作用。猫还能预测某些自然现象，如地震和风暴将至等。如果给予良好的训练，猫也能用后肢站立，叼回抛出的物体等。有人认为狗所能做的一切动作，猫都能学会。如在欧洲的一些马戏团中，开始用猫替代狗做各种技巧动作表演。

猫的情绪变化也很丰富，虽然猫不能笑，也不能哭，但只要我们进行细心观察，也能体察到它的喜、怒、哀、乐。注意观察猫的情绪变化，对养猫者很重要。特别是在训练时，能抓住有利时机进行训练，可收到事半功倍的效果。

(2) 猫天性孤独自尊心强　野生猫喜欢孤独而自由地活动，除了发情交配外，您很少看到猫三五成群地一起栖息，有独来独往浪迹天涯的特性。家养的猫在很大程度上仍然保持着这种独来独往的孤独性格。当猫在一个家庭中被饲养一段时间后，它对主人家中及其周围地区有一个属于自己的领地范围的观念。而不允许其他猫进入自己的领地，一旦有入侵者，就会立即发起攻击。尤其是公猫，它的占有性很强，它常在自己的活动范围内，用尿液、皮下腺和分泌物作为记号划定势力范围，而不允许其他外来猫或动物进入它的势力范围内。公猫在它的势力范围内自由自在地活动，表现“唯我独尊”。如果一个家庭中养几只猫，它们也会在有限的空间内划出自己的势力范围，并常常会因争夺活动场地而发生争斗，相互咬伤。另外，猫的食盆和便盆也必须做到一只猫一个，猫在吃食时是不允许其他同伴靠近的。因此，一个家庭不宜养多只猫。

猫的独立性很强，在野生状态下，它捕猎和哺育后代等都不需要同类其他成员配合而独自完成。即使在家养长期驯化的状态下，猫也不过分依赖人类，表现出了很强的自主性。

猫的性格倔强，自尊心很强。猫喜欢的地方，无论怎样制止，它还是要去的。猫不愿做的事，无论怎样强迫，它就是不做。猫从不屈服于主人的权威，而对主人的命令也不盲目地服从，它有自己的特有标准，因此，和猫相处，非得有点“民主精神”不可。猫对善待它或虐待它的人也能记忆犹新，并对不同的人做出不同的反应。因此，要想得到猫的信任和友谊，必须以善相待，既要有耐心，又要态度温和。用强制的手段对待猫是办不成事的。如果将猫惹恼，即使和主人感情深厚，它也会离家出走，甚至另投新主。

(3) *猫是典型的自我主义者* 猫生性孤独，独立性很强，它在过去的长期野生生活中养成了一种以我为中心的自我主义的行为特征。因此，在猫的个体之间基本上不存在群体的社会性，即使在某种环境下被迫在一起，它也不会像狗那样有严格的群体顺序及等级制度。如人们可以训练狗帮助人类进行狩猎和牧羊等，但是猫就从来不进行这种合作，它们只是在为了满足自己的需要时才去捕捉小动物。

猫可以对任何事情都不予理睬，但是涉及到它们的切身利益时，会给予极大的关注。比如它们可以在吵闹中将睡眼微闭睡大觉，可一旦听到老鼠的动静时，使可迅速地跳起将老鼠击毙。它们可以对主人的招呼采取置之不理、漠不关心的态度，但只要嗅到美味佳肴时会立刻睁大眼睛做出反应。

(4) *猫有很强的嫉妒心* 猫的嫉妒心很强，它不但会嫉妒自己的同类。有时主人对自己的小孩亲昵，猫也会表现出愤愤不平，甚至偷咬主人的小孩。如果您家养有两只猫，当您抱起其中的一只，而另一只猫则会立刻发出“呜呜”的威胁声。这时怀中的猫也不甘示弱，同样会阻止另一只猫跳上来。如果这时您将两只猫放在一起，会立即引起一场争斗。这说明猫十分注重主人对它的态度。

第二节 犬猫的分类

一、犬的分类

目前，世界上犬的品种至少有 850 种以上，被世界养犬组织公认的品种已逾 400 种。犬的种类繁多，品种间差异较大。

世界上有些国家对部分犬品种进行了分类，并制定了相应的品种标准。但各国还不存在统一的品种分类方法。原因可能是现代犬的形态以及血统都很复杂，且绝大多数品种只分布在原产国和这些国家的邻近地区，所有国家都不拥有现存的全部品种。

目前，有关犬品种的书籍多数是按犬类型特征或使用性质进行分类的。

（一）按照原始用途划分

1. 运动型犬

又称枪猎犬，这类犬主要用于猎取鸟类，因此有时又称鸟猎犬，它能首先寻找猎物，然后向主人指示猎物的位置，进而将猎物惊起，供猎人射击，待猎物被射落后，再把猎物衔回到主人身边。

枪猎犬又可细分为以下五类：

（1）波音达犬或指猎犬　代表品种有德国波音达犬（德同指猎犬）、维兹拉犬、英国波音达犬（英国指猎犬）等。

1）德国波音达犬：德国波音达犬是一种多用途的枪猎犬，能在水中和陆地执行各种困难的任务。该犬非常友善、聪明且乐于助人。身体匀称，整体结构显示出力量、耐力、敏捷。

2）维兹拉犬：此犬具有良好的嗅觉和出色的接受训练能力。活泼，态度祥和，富于柔情而敏感，具有发达的保护功能。

3）英国波音达犬

（2）雪达犬或塞特犬　代表品种有英国雪达犬（英国塞特犬）、爱尔兰雪达犬（爱尔兰塞特犬）等。

1）英国雪达犬：此犬文雅、可爱、友好。被毛平展，绒毛细长，步态自由平稳，向前跨度长，强健的后躯，沉稳的背中线，公犬阳刚之气明显而不粗糙，母犬阴柔之气突出而不过分文雅（图1-6）。

图1-6　英国雪达犬

头部：当从旁边观察时，头平面（口鼻部顶点，头部的顶点和下颌的底部）是平行的。头骨从上边观察时，呈椭圆形，中等长度，无粗糙感。轮廓分明的枕骨部向外适当隆起。从枕骨部到额段的头骨长度等于口鼻部的长度。口鼻部从旁边观察时，呈长方形、深度适合，上唇两旁形成垂直下垂，且下垂部分明显。口鼻部的宽度与头骨的宽度相协调，等于鼻部到额段之间的距离。从眼睛到鼻顶点是水平的。鼻端呈黑色或深褐色，充满色素沉着。两鼻孔间距宽且张大。牙齿结合紧密。双眼明亮呈深褐色，而且颜色越深越好。双耳适当朝后，位置低，与眼水平或低于眼水平面。当放松时，紧贴头部，长度适合，耳尖部稍圆，皮肤薄，被覆丝绸一样的毛发。

颈部和躯干：颈部长而优美，肌肉发达，脂肪少。颈上部呈拱形，轮廓明显，在头骨的基部与头部相连。颈部向肩端变粗且肌肉更发达。背中线在运动或站立的情况下都呈现出水平或稍向下倾斜状态，无摆动或下落趋势。前胸发育良好，肋骨尖端轻微突出于肩端或上臂关节之间。胸部深，但不很宽或圆。肋骨长而富有弹性，逐渐达到犬体中部，随着接近胸腔末端，逐渐变细。背部直而强健。腰部强健，长度适合，微拱，皱褶适当。臀部接近扁平，两臀分开较宽，臀圆且与后肢连接顺畅。尾部与背中线保持在一条直线上，逐渐变细到尖端，长度能达到跗关节或稍短一点。尾部被毛直、丝绸一样柔软光滑，蓬松下垂于边缘。

前躯：肩胛骨呈扁平状，适当后倾，与上臂骨等长，两者形成一个近似的直角。前肢从前部或旁边观察，前肢直立且平行。上臂扁平，肌肉发达。骨骼结实但不粗糙。肌肉结实，无松弛的肌肉。系部短、强健，近似圆形。脚趾紧凑、强健，呈适合的拱形。肉垫发育良好而且坚韧。

后躯：后躯宽，上肢肌肉发达，下肢发育良好。骨盆与大腿等长，且两者形成一个近似的直角。后躯与前躯结构协调。膝关节和跗关节适当弯曲，而且十分强健。系部短、强健，近似圆形，并且与地面垂直。当从后部观察时，后肢垂直地面并且彼此平行。无论站立或是运动，跗关节无向内或向外的趋势。

被毛：被毛平展，无弯曲或呈羊毛状。双耳、胸部、腹部、上肢下部，四肢背部和尾部被毛较长。

毛色：此犬有橙黄色带状，青色带状（白色带黑斑）、三色带状（青色带状如在口鼻处眼上方和四肢处带有黄褐色），淡蓝色带状，肝色带状。

2）爱尔兰赛特犬：爱尔兰赛特犬是活跃的有贵族气质的鸟猎犬。毛色为浓艳的红色，身材结实而优美，行动敏捷。被毛直而细，有光泽，耳部、胸部、尾部和腿后侧毛较长。公犬高 68.6cm，体重约 31.75kg，母犬高 63.5cm，体重约 27.22kg。

头部：长而瘦，眼略呈杏仁形，眼色深褐色至中褐色。耳靠后，低位，不高于眼睛水平线。耳壳薄，下垂，贴着头部，耳长几乎到达鼻部。吻深中等，两颌接近等长，颌的下线几乎与颌的顶线平行。鼻黑色或巧克力色，鼻孔宽。上唇呈方形但不下垂。牙齿呈剪状咬合或钳状咬合（图 1－7）。

图 1－7　爱尔兰赛特犬

颈部和躯干：颈部中等长度，结实，但不粗壮，且略微圆拱。尾根位置与臀部相平，根部结实，尖端细，且精巧，长度几乎延伸到飞节，笔直地举着，或略微向上弯曲。胸深，前胸适度突出，超过肩胛骨与上臂接合的关节，宽度适中，不会干涉前肢的运动，向后延伸的肋骨扩张良好。腰部稳固，肌肉发达且长度适中。

前躯：肩胛长而宽，向后仰。上臂和肩胛接近等长，两者间的角度适当，使肘部沿胸向后位于肩峰线后。肘部活动自由，既不内斜也不外斜。前腿直而肌肉发达。掌节强而直。脚颇小，非常结实，趾拱起而并拢。

后躯：后躯宽而有力，大腿发达。后腿从髋关节至飞节长有发达的肌肉，由飞节至地面短而垂直，膝关带和飞节弯曲良好。脚如前脚，前躯和后躯角度成相称。

被毛：头部和前腿毛短而细。所有其他部位被毛长度适中而平坦。耳部饰毛长，呈丝状，前腿和大腿后面饰毛长而细，腹部和胸廓有饰毛伸展至胸部，尾部饰毛中等长而逐渐缩小。全部被毛和饰毛直，没有卷曲或波纹。

毛色：被毛红褐色或浓艳的栗红色而不带黑色。有些在胸部、喉部或脚趾有少量白色，或在颅部中央有狭窄的条纹。

(3) 衔物犬或拾猎犬　代表品种有拉布拉多猎犬、金毛寻回猎犬、卷毛拾猎犬等。

1) 拉布拉多拾猎犬：原产国在加拿大，起源于19世纪。来自纽芬兰，是当地渔民拉网上岸的好帮手。现今除了作为猎犬外，还可训练为引导犬，用于侦察毒品爆炸物。此外，也是常见的伴侣犬。拉布拉多猎犬雄性肩高约为57～63cm，重30～36kg；雌性肩高约为54～60cm，重约为25～32kg。

头部：头部宽阔，骨骼线条清晰，眼睛下方轮廓分明，但面颊不突出。颌部有力而不细长。眼睛中等大小，黑色或黄色的狗，眼睛颜色为褐色，巧克力色狗的眼睛颜色为褐色或榛色。耳朵适度贴近头部，略微低于脑袋，略高于眼睛所在水平。鼻镜宽阔，且鼻孔非常发达。黄色或黑色狗的鼻镜为黑色，巧克力色狗的鼻镜为褐色。牙齿结实而整齐，剪状咬合（图1－8）。

图1－8　拉布拉多猎犬

颈部和身躯：颈部中等长度，肌肉发达，适度圆拱。后背结实，在站立时或运动中，背线保持水平。身躯结合良好，胸部中等宽度。腰部短、宽而结实。尾巴在根部粗，向尖端逐渐变细。中等长度，长度不能延伸超过飞节。尾巴上没有羽状饰毛，周围都覆盖着短而浓密的被毛。在休息时或运动中，尾巴都是背线的延伸。尾巴可以抬起，但不能卷曲在背后。

前躯：前躯肌肉发达，非常整齐且与后躯协调。肩胛向后倾斜，与上臂呈大约90°角。前腿直，骨骼强壮。从侧面观察，肘部正好位于肩隆下方，前肢垂直于地面，且位于身躯下方恰当的位置。肘部贴近肋骨，没有松懈的迹象。足爪结实而紧凑，脚趾圆拱，脚垫发达。

后躯：后躯宽阔、肌肉发达、从臀部到飞节都非常清晰，膝关节转动良好，飞节短而结实。从后面观察，后腿直且彼此平行。从侧面观察，后躯的角度与前躯协调。后腿的骨骼、肌肉强健，膝关节结实，角度适中，大腿有力。

被毛：拉布拉多猎犬的被毛与众不同。被毛短、直且非常浓密，触摸时，给手指一种相当坚硬的感觉。拉布拉多猎犬拥有柔软、且能抵御恶劣气候的底毛，在水中、寒冷的地方、各种不同的地形条件下给予保护。毛色有黑色、黄色和巧克力色三种颜色。

2）金毛拾猎犬（金毛寻回猎犬，Golden Retriver）：原产地在苏格兰。该犬强壮，活跃，友善，温驯，但同时亦遗传猎犬的嗅觉敏锐、警惕性及自信心。雄犬标准身高约56～61cm，体重约为30～34kg；雌犬身高51～56cm，体重约为27～32kg。

金毛拾猎犬在18世纪由英国苏格兰的Lord Twadmouth于苏格兰河近郊开始繁殖，用以狩猎及寻回被猎枪射落的水鸟。品种由黄色卷毛拾猎犬、长毛猎犬以及雷达犬和其他一些拾猎犬共同繁殖而形成的血统。因此，金毛拾猎犬有很强的游泳能力并能把猎物从水中叼回给主人。是人类最忠实，友善的家庭犬及导盲犬。

外貌：头骨宽阔，口鼻部深阔，咬合力强。鼻子黑色，眼睛深褐色，眼神友好。耳朵中等大小，扁平下垂。颈部均匀强健，身体较短，肋部深圆。四肢结实有力，中等长度，脚爪像猫，圆形。尾巴粗大有力，能与背部保持水平，在水中游泳时，尾巴可以掌握方向。

被毛：被毛浓密厚实，里毛有防水作用方便游泳及狩水鸭。表毛坚固而有弹性，是直毛或波浪型，腿部及尾部均覆盖长毛。毛色是丰富及有光泽的金黄色，在身体不同地方亦会呈现深浅色（图1－9）。

图1－9　金毛拾猎犬

图1－10　卷毛拾猎犬

3）卷毛拾猎犬：原产地在英国。该犬自信、热情、稳固、天性勇敢，与人相处融洽。卷毛拾猎犬身高约为64～69cm，体重约为32～36kg（图1－10）。

（4）猎鹬犬型　代表品种有可卡犬、英国史宾格犬等。

1）美国可卡犬：原产地在美国。该犬性情温和，感情丰富，行事谨慎。性格开朗，活泼，精力充沛，热情友好，机警敏捷，外观可爱甜美，易于服从，忠实主人。雄犬肩高约为36～38cm，母犬肩高约为34～36cm，体重约为10.9～12.7 kg。

头部：头盖圆，额段明显，颊部不宽。口吻宽而深，下颌方短而平，上唇盖住下唇，牙齿粗壮，呈剪式咬合；鼻孔开张，鼻端色黑。耳根位置低；耳长而下垂，布满长而密实的波浪状饰毛；耳朵质地柔软，耳长达鼻孔。眼睛大而圆，表情丰富而温柔，眼色深色（图1－11）。

图1－11　美国可卡犬

图1－12　英国可卡犬

躯干：体躯短而坚实，结构紧凑，肩部倾斜适度，胸深而宽阔，肋骨适当扩张，背部至尾几乎成一条直线而略为倾斜；臀部稍圆，肌肉丰满。颈部肌肉丰满，稍呈拱形。尾平翘，与尾根、背成一直线或稍高，兴奋时上扬摇摆。

四肢：四肢粗壮而短，肌肉发达。前肢直立，肘不外展；后肢股部肌肉丰满，膝关节弯曲明显，跗关节低下，脚宽大，多长饰毛，但丝毫不影响活动。

被毛：被毛丰厚密实，毛质柔软，长而呈大波浪状。毛色有黑色、褐色、红棕、浅黄、银色以及黑白混合等色。

2）英国可卡犬：原产地在英国。该犬天性善良、甜美温和，服从性高，极富感情，精力旺盛，十分活跃，善于奔跑，动作敏捷、机警、聪慧，乐观活泼。雄犬肩高约为39～41cm；雌犬肩高约为38～40cm，体重约为13～15kg。

头部：头部呈四方形，前额稍平坦，额段稍平坦、明显；鼻梁笔直，鼻肥大，鼻端颜色与毛色相协调；吻部方形，惹人喜爱，上唇边缘下垂，齿呈剪式咬合。耳根位置低，耳朵位于眼睛水平线上，为硕大的大型垂耳，其上布满长、密实的波浪状饰毛，很具特色。眼睛大而呈暗褐色，眼睛明亮、快乐、炯炯有神（图1－12）。

躯干：躯体结实、较短；胸深而宽阔，肋骨弯曲度好；背部坚实，向尾部平稳倾斜；臀部稍圆，肌肉丰满。颈部肌肉发达，在肩之间成斜坡状。尾平翘与背成水平。

四肢：骨骼结实，短而有力，站立姿势好；前肢直，后肢强劲，膝关节弯曲度好，脚圆而紧凑，猫型趾爪，趾间多长饰毛。

被毛：被毛中长，丰密柔软，呈波浪状长丝毛；耳、胸、腹和四肢长有长饰毛。毛色有赤褐、黑、深蓝、金黄、猪肝色、红色、柠檬色等，全身常有白毛分布。

3）英国史宾格犬：原产地在英国。该犬性情友好、渴望快乐、易训化和愿意服从。雄犬的理想肩高约为48～52cm，体重约为23kg。雌犬肩高约为46～50cm，体重约为 18kg。

头部：头部大约与颈等长，与躯干结合良好。眼大小适中，呈椭圆形，与眼窝很好地分隔而又陷于眼窝内。虹膜的颜色与毛色相协调，肝色带白色犬的虹膜为深褐色，黑色带白色犬的虹膜为黑色或深棕色，眼边充满色素，并与毛色相称。眼睑紧而带有小窝，瞬膜不突出。耳长而宽，靠近脸颊下垂，没有直立或伸出的趋势。耳壳薄，长约到达鼻尖。鼻充满色素，鼻孔宽而扩张。牙齿坚硬，整齐，大小适中，剪状咬合（图 1－13）。

颈部，背线和躯干：颈长适度、强健、整齐，微微拱起，与躯干结合良好。躯干强壮、紧凑，肋骨与关节短。胸深，并与肘平齐，前胸非常发达。背直，健壮而水平。腰短，强壮而微拱。臀部呈优雅的圆形，与后腿平滑地连接。尾水平或微微翘起。

前躯：肩胛部平坦。前腿直，与脚相接形成直角。骨强壮，微平。掌节短，强壮而微斜，脚呈圆形或微椭圆形。脚紧凑，很好地拱起，中等大小，厚垫，趾间有饰毛。

后躯：臀部和大腿结实、强健有力和生长良好。大腿宽而强健，膝关节强壮。飞节有一点圆。后掌节强壮，骨质良好。脚除了更小和更紧凑外，其余与前脚相同。

被毛：被毛整齐，有光泽。英国史宾格犬有外层毛和下层绒毛。在躯干，外层毛中等长度、平坦或波浪状，易与下层绒毛区分开，下层绒毛短、柔软而致密。耳、胸、腿和腹覆有中等长度和厚度的毛。头部、前肢前面和后肢前面、飞节下面的毛短而精细。毛色有黑色或肝色带白色印迹或白色主体带黑色或肝色印迹；蓝色或肝色花毛；黑色、白色或肝色、白色带黄褐色印迹，通常出现在眉、颊部、耳内和尾下面。

（5）水猎犬型代表品种有爱尔兰水猎犬、美国水猎犬等。

1）爱尔兰水猎犬：原产地在爱尔兰。该犬快乐、顺从、聪明，敏感而顽皮。雄犬肩高约为 56～61cm，体重约为 25～30kg；雌犬肩高约为 53～59cm，体重约为 20～26kg（图 1－14）。

图 1－13　英国史宾格犬

图 1－14　爱尔兰水猎犬

2）美国水猎犬：原产地在美国。该犬聪明，热衷于讨好主人，且非常友好，富有活力，热衷于狩猎，在野外容易控制。两种性别的肩高都在 38～46cm。雄性体重约为 13～20kg；雌性体重约为 11～18kg（图 1－15）。

2. 狩猎犬

这类犬体长大于身高，腹部基本上收，因此有时也称为细狗类。这类犬主要用于帮助人类狩猎兽类。它们不像枪猎犬那样容易与人合作，服从主人指挥，而喜欢单独狩猎或与其他猎犬一起狩猎。代表品种灵猩、惠比特犬、苏俄牧羊犬、巴吉度猎犬、比格猎犬、阿富汗猎犬、腊肠犬等。

(1) 灵猩　原产地为中东地区。是最先被训练，利用视觉追踪猎物的视觉型狩猎犬。是世界上脚程速度最快的犬类，时速可达每小时64公里。该犬神经敏感，感情丰富，有规矩，爱护小孩。雄性肩高71～76cm，体重为30～31.8kg；雌性肩高68～71cm，体重27～29.5kg。

头部：长，两耳之间宽阔。水平的头盖及不明显的额段。耳朵向后，朝后下折，小而薄。眼暗，但有光，呈椭圆形。

身躯和四肢：身体宽大，背部结实，肋骨背外长。胸部厚实，为了容纳强而有力的心脏，胸腔十分宽大。腹部弯曲如弓状，强而有力。四肢长，强而有力，大腿部肌肉发达，健壮。趾尖长，结实的紧靠在一起，关节隆起，类似兔子脚，肉趾强韧。尾细长，尾端细，稍微弯曲，尾根位置低。

被毛：细致，密实，毛色有黑、白、红、芥末色，斑纹状，淡黄褐色，蓝色，以及白色和任何颜色的混合色（图1－16）。

图1－15　美国水猎犬

图1－16　灵猩

(2) 惠比特犬　原产地在英国。该犬高贵、聪明，富有感情、易于训练。雄性肩高47～51cm，雌性肩高41～47cm。公犬体重8～12kg，母犬体重5～9kg。

头部：头部细长，头顶平坦，朝鼻尖逐渐变细。眼睛大，呈椭圆形，颜色深，两眼间距较开。眼圈色素充足。耳小而薄，向下折叠，呈玫瑰状，休息时，耳朵向后，沿着颈部折叠。鼻镜为纯黑色。口吻长而有力。牙齿白而结实，下颚牙齿紧密贴合上颚牙齿内侧，形成剪状咬合。

躯干：颈部长，整洁，肌肉发达，圆拱，喉咙无赘肉，逐渐变宽，融入肩胛上端。背部宽，稳固，肌肉发达，长度超过腰部。背线从马肩隆开始，呈平顺、优美而自然的拱形。胸部深，延伸到肘部，肋骨支撑良好。下腹曲线上提。尾长，且尖端细，当尾巴垂落在后腿之间时，延伸到飞节处。当运动时，尾巴低低地举着，略微向上弯曲（图1－17）。

前躯：肩胛长，向后倾斜，肌肉平坦。上臂的长度与肩胛相同，肘部正好在马肩隆下方。肘关节平直，笔直向后。前腿直，骨量充足。胶骨结实，略微倾斜，且柔韧。脚垫坚硬、厚实。足爪更接近兔足。脚趾长，紧密且圆拱。趾甲结实，且天生很短或中等长度。

后躯：后躯长而有力。大腿宽而肌肉发达，膝关节倾斜；肌肉长而平坦，向下延伸到飞节；飞节位置低，靠近地面。

被毛：被毛短，紧密，平顺，且质地坚硬。

(3) 苏俄牧羊犬　原产地在俄罗斯。该犬成熟雄性肩高不低于74cm，雌性不低于68cm。雄性的体重范围约为34～48kg，雌性约为28～41kg。

头部：头部轻微圆拱，长而狭窄。颌部长，有力而深，雌性稍微有点精细，但不尖细。牙齿健壮而整洁，剪状咬、钳状咬。鼻镜大而黑。耳朵小而质地精致，向后倾斜，休息时，靠着颈部，耳朵尖向后垂落，运动时，耳朵突起。眼睛位置稍微有点斜，颜色深，表情聪明但很温和。眼不圆，丰满但不显眼，眼圈颜色深，内眼角位于鼻尖到后枕骨的中间位置。颈部整洁，喉咙无赘肉，轻微地圆拱，有力且位置恰当（图1－18）。

图1－17　惠比特犬

图1－18　苏俄牧羊犬

躯干：肩胛倾斜、精细的位于马肩隆下。胸部窄，但深度深。肋骨略微撑起。后背向腰部略微上升，形成优美的曲线。腰部肌肉发达，由于胸部深度非常深，而背部和肋骨相当短，所以腰部明显上提。前腿骨骼笔直，略平坦。较窄的部分向前。肘部平直。骹骨结实。足呈兔足形状，关节圆拱良好，脚趾紧凑，脚垫厚实。后躯长，肌肉非常发达，非常有力，膝关节适度倾斜，比前躯略宽；第一节大腿和第二节大腿强壮；飞节整洁且位置低；从后面观察，后腿相互平行。尾长，位置低，下垂。

被毛：被毛长，柔滑，平坦、呈波浪状或卷曲状。头部、耳朵、前肢前面的毛发短而平滑；颈部、后躯和尾巴的羽状饰毛十分丰富，胸部和前肢后面的羽状饰毛略少一些。

3. 工作犬

是指专门从事狩猎以外的各种劳动作业犬，这类犬大多数具有强壮的体魄，持久的耐力，忠实勤劳的性格。如雪橇犬、拖曳犬、救助犬、导盲犬、护卫犬、军犬、警犬等。代表品种有大丹犬、卡斯罗犬、拳师犬、圣伯纳犬、獒犬、日本秋田犬、阿拉斯加雪橇犬、西伯利亚雪橇犬、萨摩耶犬、大白熊犬、杜宾犬等。

(1) 大丹犬　原产地在丹麦。该犬勇敢，友好，外表高贵优雅，体形大，肌肉丰满，强壮有力。属于大型工作犬。雄性肩高76.2～81.3cm。雌性肩高71.1～76.2cm。

头部：头部应呈矩形，长，线条分明，轮廓清晰。颌呈方形，吻部宽。眼中等大小，卵圆形，凹陷，颜色深。眼睑紧，眉毛长。耳根位置高，耳中等大小和厚度，向前折，贴近面颊部。折耳的上缘与颅骨平行。除了蓝色犬的鼻子为深蓝黑色，其他颜色的犬鼻应为黑色。牙齿应结实，健全，洁白。上排门齿贴近上排门齿的内侧面（剪状咬合）。

颈部和躯干：颈部位置高，呈拱形，较长，健壮，肌肉丰满，向肩部逐渐变宽，与肩部平滑相连。颈部下方皮肤无下垂。背部短而水平，腰部宽。胸部宽深，肌肉丰满。胸骨不突出。肋部伸展，深达肘关节。腹部向上收紧。臀部应宽，稍微倾斜。尾根位置高，与臀部平滑连接，但与背部不在同一平面。尾根部应宽，向尖端均匀变细，长达跗关节。休息时尾自然下垂。激动或奔跑时尾轻微卷曲，但不应超过背部（图 1－19）。

前躯：从侧面看，前躯应强壮，肌肉丰满。肩胛骨健壮而倾斜，应与上臂成直角。肩胛上缘与肘关节后点的连线应垂直于地面。连接肩部与胸廓的韧带应坚固。肩胛骨与上臂长度相等。肘关节到地面的距离应为肩胛上缘到地面距离的一半。前脚跟健壮，稍微弯曲。脚应为圆形，紧凑，脚尖拱起。

后躯：后躯应宽，强壮，肌肉丰满，角度适当。脚趾甲应短，硬，深颜色。

被毛：短而厚，富光泽。毛色有斑纹状，芥末色、蓝色、黑色、白底上有斑纹。

（2）卡斯罗犬　原产地在意大利。该犬非常忠诚，喜欢取悦主人，有着极高的智商和可训性。雄性最小高度是 61cm，雌性为 56cm。成年雄性最小体重是 45kg，雌性为 36kg（图 1－20）。

图 1－19　大丹犬

图 1－20　卡斯罗犬

（3）拳师犬　原产地在德国。该犬热心、温顺、气质高雅，喜被抚摸，进攻时坚定、积极，表情真诚，对陌生人审慎而小心。雄性肩高为 57～63.5cm，雌性为 53.3～60cm。

头部：头明显与众不同。头骨与吻比例适度。颅顶稍拱起，平坦而宽不明显，枕部不过分突出。眼睛既不凸出也不凹陷，呈暗褐色，表情聪慧而机警。耳修整为特殊形状，位于头上，直立。额段明显。鼻宽而呈黑色。上唇垂松，形状独特，但绝不流涎（图 1－21）。

躯干：背短，四肢强壮。体型呈方形。被毛短、平滑，有光泽而贴身。毛色为浅黄色或带有介于黄色与暗红棕色的斑纹。

用途：可作为伴侣犬、护卫犬、作业犬和导盲犬。

（4）圣伯纳犬　原产地在圣伯纳。该犬威严、倔强，但对人友好。公犬肩高不小于 70cm，母犬不小于 63.5cm；体重约为 65～80kg。

头部：头大，颅宽，微拱起，额部皮肤有明显的皱褶，垂唇发达但不过分，剪式或钳式咬合。眼颇小，稍陷，呈暗褐色。耳高位，垂耳，无饰毛。鼻粗大，宽，方形，黑色。颈高昂，颇短，须下垂肉明显但不过度（图 1－22）。

图1-21 拳师犬

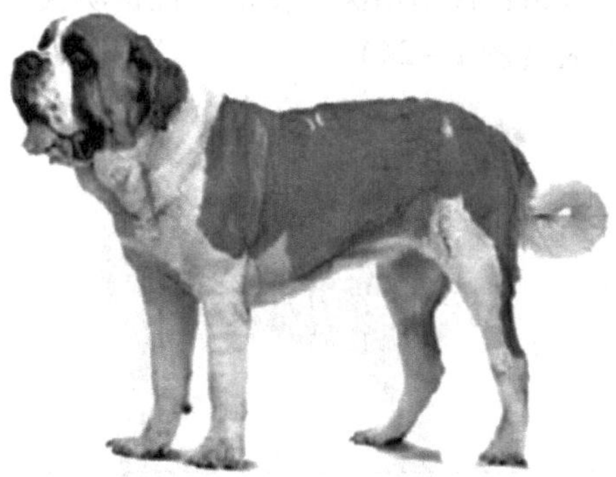

图1-22 圣伯纳犬

躯干：胸宽而深，圆形，背平直。腹微收，尾粗大而长。前肢直，骨骼粗大，后肢角度适中，脚宽，趾强，并拢。

被毛：长毛品种被毛稠密、平直，颈周围毛丰厚，大腿有饰毛。短毛品种毛密、短而光滑、平伏。毛色为红色、橙色，额、吻、颈、胸、前肢、脚趾及尾还常有白色毛。

（5）獒犬 原产地在英国。最著名的犬类品种之一。该犬忠诚、勇敢、聪明而温顺。肩高70～76cm，体重79～86kg。

头部：头呈方形，头骨宽阔。前额中间有纵向皱纹。眼睛分的较开，中等大小，眼色为棕色。耳较小，V字形，尖端略圆，位于头顶两侧。休息时耳朵紧贴面颊。面颊非常有力。口吻短、宽。下颚宽，末端略圆。鼻镜宽大，颜色为深色。鼻孔轮廓平展。颈部有力、肌肉非常发达、略拱、中等长度。肩背部皮肤松弛，有皱褶。颈部皮肤有垂肉。背线直、水平、且坚实，没有凹陷、拱起、或臀部后方急剧下垂（图1-23）。

躯干：胸部宽、深、圆且在前肢之间向下至少延伸到肘部。背部肌肉发达、有力且直。腰部宽而肌肉发达。尾巴位置高度适当，尾根宽，而末端尖细，休息时垂直悬垂，运动时略向上卷曲。前腿直、结实且距离较宽，骨量充足。后腿距离分的较开。足爪大、圆且紧凑，脚趾圆拱，趾甲以黑色为好。

被毛：被毛两层，外层披毛直、粗硬且长度略短。底毛浓密、短、平贴身体。腹部、尾巴、后腿的被毛不能太长。皮毛颜色有驼色、杏色，或带有斑纹。

（6）日本秋田犬 秋田犬高大、有力、机灵且骨量充足。头部宽阔、形成一个钝三角形，口吻深和小眼睛，立耳、耳朵向前伸，与颈部成一直线，这是这一品种的显著特征。大而卷曲的尾巴，成比例的宽大的头部也是这一品种的显著特征。

血统：原产于日本，系纯血种日本犬，是日本小型犬之一。日本秋田犬属日本本地犬中大、中、小三种类型之最大者，一直被用来狩猎。数百年来，以斗牛而闻名，遗憾的是斗牛活动早已被日本政府禁止。为了加强此犬的斗技，使之更雄壮，硕大，饲养者便经常用其他品种配种，产生了令人忧虑的杂化现象，好在今日之品种已经固定了。秋田犬在日本曾经有对主人终生忠贞不渝的感人传说，据说有一只犬在九年的时间里，每天在车站等候死去的主人，为此，在东京涉古车站为其塑了一尊铜像。第二次世界大战后，秋田犬随美军到达美国。

颜色：毛色有红色、白色、黑色等，其中纯白色更为珍贵。

性格：性情活泼，伶俐，性格明快，对主人绝对服从，耐粗饲，抗寒力强，为理想的护卫犬（图1－24）。

图1－23　獒犬

图1－24　日本秋田犬

头部：粗大，但与身体比例恰当；休息时，没有什么皱纹；两耳朵间的头颅宽而平；颌部呈正方形，有力且喉部轻微。从上部观察，头部轮廓为钝三角形。缺陷：窄或口吻长的头部。

口吻：宽而完整。从鼻镜到止部距离与从止部到后脑距离的比例为2/3。

鼻镜：宽且为黑色。白色秋田犬就是肝色鼻镜。失格：蝴蝶鼻或鼻镜缺少色素。

耳朵：秋田犬的耳朵是这一品种的显著特征。它们有力地直立着，很小。如果向前折叠，其长度使耳朵尖正好触及上眼角。耳朵呈三角形，耳尖略圆，耳根宽，耳根位置距离较宽，但耳根位置不能很低，略向前伸，超过眼睛，与颈部成同一直线。失格：垂耳或断耳。

眼睛：深褐色，小，位置深且外形为三角形。眼圈为黑色且紧。

嘴唇和舌头：嘴唇为黑色且不下垂；舌头为粉红色。

牙齿：结实，剪状咬合比较理想，钳状咬合也可以接受。

颈部：粗壮且肌肉发达；较短，向肩部逐渐加宽。在头颅下部有显著的突起。

身躯：体长略大于身高，公狗体长与身高的比例约10/9；母狗体长与身高的比例约11/9。胸宽而深；胸的深度为肩高的1/2。肋骨扩张良好，胸肌发达。背部水平，腰部肌肉坚实、适度折起。皮肤柔顺但不松弛。严重缺陷：骨量不足，身躯细长。

尾巴：大而丰满，尾根位置高且翻卷在后背，或有3/4靠在腰部，打一个卷或两个卷，总是卷到背线以下。打3/4卷时，尾巴尖耷拉在腰部。尾根粗大结实。如果尾巴下垂，其长度正好达到飞节。尾巴的毛发粗壮、直而浓密。

前躯：肩部结实而有力，适度向后。从前面观察，前肢骨骼非常粗壮，且笔直。腕部向前约15°。缺陷：肘部向内或向外翻，松肩膀。

后躯：后躯宽阔，肌肉发达且骨量与前肢不相上下。大腿轮廓清晰。后膝关节适度倾斜；飞节靠下，既不内翻也不外翻。

狼爪：一般前肢的狼爪不切除；而后肢的狼爪需要切除。

足爪：猫足，足爪圆拱且脚垫厚实。足爪笔直向前。

被毛：双层毛。底毛厚实、柔软、浓密且比披毛略短。披毛直、粗硬且竖立在身体上。头部、腿部和耳朵的毛发略短些。马肩隆处和臀部毛发的长度约6cm，比身体其他部分略长些，除了尾巴，是身体上毛发最长且最厚实的部位。缺陷：任何部位出现羽状饰毛。

(7) 阿拉斯加雪橇犬　阿拉斯加雪橇犬是一种古老的极地雪橇犬，它们结实、有力，肌肉发达而且胸很深。当它们站立时，头部竖直，眼神显得警惕、好奇，给人的感觉是充满活力而且非常骄傲。头部宽阔。耳朵呈三角形，警惕时保持竖立。口吻大，宽度从根部向鼻尖渐收。口吻既不显得长而突出，也不显得短而粗。被毛浓密，披毛有足够的长度以保护内层柔软的底毛。阿拉斯加马拉密犬有各种不同的颜色。它们脸部的斑纹是很显著的特点。头上有“帽子”，脸部是全白或有条纹或斑纹。尾巴上长着软毛，翻卷在背后，看起来像波浪状羽毛。阿拉斯加雪橇犬必须有粗壮的骨骼，健康的腿、良好的足爪、深深的胸和有力的肩膀，而且其他身体组织也要同样健壮，才能承担起它们的工作。步态必须坚定、和谐且非常有效率。它们并不只是用来比较拉雪橇的速度，阿拉斯加马拉密犬应该有足够的力量和耐力，任何一条狗，如果具有妨碍它完成工作的特点，例如性情急躁等，都被认为是很大的缺陷。

体型：阿拉斯加雪橇犬的体型大小完全是自然形成的。最理想的体型大小是：雄性肩高63.5cm，体重38.3kg；雌性肩高58.4cm，体重33.8kg。不过，身高和体重与其他一些素质（比例、步态等）相比，并非最为重要的。在比赛中，只有其他条件如比例、步态等都非常接近的情况下，身高体重越接近上述标准，获胜的机会越大。胸深大约为肩高的一半，胸最深的位置应该位于前肢后方。身体的长度（从马肩隆到骨盆最高点的距离）略大于肩高。身材不能显得肥胖，骨量与身体呈正常比例（图1－25）。

图1－25　阿拉斯加雪橇犬

头部：头部宽且深，不显得粗糙或笨拙，与身体的比例恰当。表情柔和、充满友爱。眼睛在头部的位置略斜，眼睛的颜色为褐色，杏仁状，中等大小。眼睛的颜色越深越好。蓝色的眼睛属于失格。耳朵的大小适中，但与头部相比显得略小一些。耳朵为三角形，耳尖稍圆。耳朵分得很开，位于脑袋外侧靠后的位置，与外眼角成一直线。当耳朵竖着的时候，就像是站在脑袋上一样。竖立的耳朵也许略向前倾，但当狗在工作时，有时耳朵也会折向脑袋。耳朵位置过高属于缺陷。两耳间的脑袋宽，且略略隆起，从头顶向眼睛的方向渐渐变窄、变平，靠近面颊的部分变的比较平坦。两眼间有轻微的皱纹。脑袋的轮廓线和口吻的轮廓线像两条略向下折的，连在一起的直线。与脑袋相比，口吻显得长而大，宽度和深度是从与脑袋结合的位置向鼻镜的方向逐渐变小。除了红色被毛的狗以外，其他颜色的狗都应该是黑色的鼻镜、眼圈和嘴唇。红色被毛的狗允许是褐色的鼻镜、眼圈和嘴唇。

带有浅色条纹的“雪鼻”是可以接受的。嘴唇紧密闭合。上下颚宽大，牙齿巨大。咬合为剪状咬合，上颚突出或下颚突出式咬合都属于缺陷。

颈部、背线、身躯：颈部结实，略呈弧形。胸部相当发达。身躯结构简洁，但不属于短小型。后背很直，略向臀部倾斜。腰部硬实且肌肉发达。腰部太长会削弱整个后背，属于缺陷。

尾巴：尾巴的位置在脊柱的末端。当它们不工作的时候，尾巴会翻卷在背后。它们的尾巴不会紧紧地卷在后背上，尾巴上的毛也不是短短的像刷子。阿拉斯加马拉密犬的尾巴上长着软毛，看起来像波浪状羽毛。

前躯：肩膀适度倾斜；前肢骨骼粗壮且肌肉发达，从前面观察，从肩部到腕部都很直。从侧面观察，腕部短而结实，略有倾斜。足爪属于雪鞋型的，紧且深，配合合适的脚垫，显得稳固、简洁。足爪大，足趾紧且略拱。足趾间长有保护性的毛发。脚垫厚实、坚韧；趾甲短而结实。

后躯：后腿宽，而且整个大腿肌肉非常发达；后膝关节适度倾斜；飞节适度倾斜，且适当向下。从背后观察，不论是站立时还是行走中，后腿都与相应的前腿处于同一直线，既不分的太开，也不靠的太近。后腿上的狼爪是不需要的，当幼犬出生后就需要将狼爪切除。

被毛：拥有浓密、粗硬的披毛，披毛不能长，也不能软。底毛浓厚，含油脂，且柔软。披毛的长度是随着底毛而变化的。身体两侧的被毛较短，向前延伸到肩部和脖子的时候，被毛逐渐变长，向下和向后，到臀部及尾巴，被毛都是逐渐变长。阿拉斯加马拉密犬在整个夏季，通常被毛都比较短，也不那么浓密。在比赛中，这一品种是不允许修剪被毛的，除了为了整洁而修剪足爪上的毛。

颜色：一般从浅灰色到黑色及不同程度的红色都有。只有一种纯色是可以接受的，就是纯白色。白色是下半部身体的主要颜色，白色还分布于腿、足爪和脸上的斑纹中。额头及领部有白色斑纹，或颈部有斑点都是有吸引力的，可以接受。身体被不连续的颜色覆盖或有不均匀的色斑属于缺陷。

（8）西伯利亚雪橇犬　西伯利亚雪橇犬属于中型工作犬，脚步轻快，动作优美。身体紧凑，有着很厚的被毛，耳朵直立，尾巴像刷子，显示出北方地区的遗传特征。步态很有特点：平滑、不费力。它最早的作用就是拉小车，现在仍十分擅长此项工作，拖曳较轻载重量时能以中等速度行进相当远的距离。它的身体比例和体形反映了力量、速度和忍耐力的最基本的平衡状况。雄性肌肉发达，但是轮廓不粗糙；雌性充满女性美，但是不孱弱。在正常条件下，一只肌肉结实、发育良好的西伯利亚雪橇犬也不能拖曳过重的东西。

高度：雄性肩高53～58cm；雌性肩高51～55cm。

头：表情坚定，但是友好；好奇，甚至淘气。眼睛杏仁状，分隔的距离适中，稍斜。眼睛可以是棕色或蓝色；两眼颜色不同如颜色符合标准也可以接受。缺陷：眼睛太斜；靠得太近。耳朵大小适中，三角形，相距较近，位于头部较高的位置。耳朵厚，覆盖着厚厚的毛，脖子连接头部处略微呈拱形，有力的竖起，尖部略圆，笔直地指向上方。缺陷：耳朵和头的比例失调，显得过大；分得太开；竖起不够有力。颅骨中等大小，与身体的比例恰当；顶部稍圆，从最宽的地方到眼睛逐渐变细。

鼻镜：灰色、棕褐色或黑色犬的鼻镜为黑色；古铜色犬为肝色；纯白色犬可能会有颜色鲜嫩的鼻镜。粉色条纹“雪鼻”也可以接受。嘴唇着色均匀，闭合紧密。牙齿剪状咬合。缺陷：非剪状咬合。

颈：长度适中、拱形，犬站立时直立昂起。小跑时颈部伸展，头略微向前伸。缺陷：颈部过短，过粗；过长。胸：深，强壮，但是不太宽，最深点正好位于肘部的后面，并且与其水平。肋骨从脊椎向外充分扩张，但是侧面扁平，以便自由活动。缺陷：胸部过宽；“桶状肋骨”；肋骨太平坦或无力。背部：背直而强壮，从马肩隆到臀部的背线平直。中等长度，不能因为身体过长而变圆或松弛。腰部收紧，倾斜，比胸腔窄，轻微折起。臀部以一定的角度从脊椎处下溜，但是角度不能太陡，以免影响后腿的后蹬力。缺陷：背部松弛，无力；拱状的背部；背线倾斜。

尾巴：尾巴上的毛很丰富，像狐狸尾巴，恰好位于背线之下，犬立正时尾巴通常以优美的镰刀形曲线背在背上。尾巴举起时不卷在身体的任何一侧，也不平放在背上。正常情况下，应答时犬会摇动尾巴。尾巴上的毛中等长度，上面、侧面和下面的毛长度基本一致，因此看起来很像一个圆的狐狸尾巴。缺陷：尾巴平放或紧紧地卷着；尾根的位置太高或太低（图 1－26）。

图 1－26　西伯利亚雪橇犬

肩部：肩胛骨向后收。从肩点到肘部，上臂有一个略微向后的角度，不能与地面垂直。肩部和胸腔间的肌肉和韧带发达。缺陷：肩部笔直、松弛。前腿：站立时从前面看，腿之间的距离适中，平行，笔直，肘部接近身体，不向里翻，也不向外翻。从侧面看，骨交节有一定的倾斜角度，强壮、灵活。骨骼结实有力，但是不显沉重。腿从肘部到地面的距离略大于肘部到马肩隆顶部的长度。前腿的上爪可以去除。倾斜：骨交节无力；骨骼太笨重；从前面看两腿分得太宽或太窄；肘部外翻。椭圆形的脚，不长。爪子中等大小，紧密，脚趾和肉垫间有丰富的毛。肉垫紧密，厚实。当犬自然站立时，脚爪不能外翻或内翻。缺陷：八字脚，或脚趾无力；脚爪太大、笨拙；脚爪太小、纤细；脚趾内翻或外翻。

后半身：站立时从后面看，两条后腿的距离适中，两腿平行。大腿上半部肌肉发达，有力，膝关节充分弯曲，踝关节轮廓分明，距地的位置较低。如果有上爪，可以去除。缺陷：膝关节笔直，后部太窄或太宽。

被毛：西伯利亚雪橇犬的被毛为双层，中等长度，看上去毛很浓密，但是不能太长掩盖犬本身清晰的轮廓。下层毛柔软，浓密，长度足以支撑外层被毛。外层毛的粗毛平直，光滑伏贴，不粗糙，不能直立。应该指出的是，换毛期没有下层被毛是正常的。可以修剪胡须以及脚趾间和脚周围的毛，以使外表看起来更整洁。修剪其他部位的毛是不能允许的，并要受到严厉惩罚。缺陷：被毛长，粗糙，杂乱蓬松；质地太粗糙或太柔滑；修剪除上述被允许的部位以外的被毛。

颜色：从黑到纯白的所有颜色都可以接受。头部有一些其他色斑是常见的，包括许多其他品种未发现的图案。

步态：西伯利亚雪橇犬的标准步态是平稳舒畅，看上去不费力。脚步快而轻，在比赛场地时不要拉得太紧，应该中速快跑，展示前肢良好的伸展性以及后肢强大的驱动力。行进时从前向后看，西伯利亚雪橇犬不是单向运动，随着速度的加快，腿逐渐向前伸展，直至脚趾全部落在身体纵向中轴线上。当脚印集中在一条线上后，前腿和后腿都笔直地向前伸出，肘部和膝关节都不能外翻或内翻。每条后腿都按照同侧前腿的路线运动。犬运步时，背线保持紧张和水平。缺陷：短，跳跃式或起伏式的步法；行动笨拙或滚动步法；交叉或螃蟹式的步法。

性情：西伯利亚雪橇犬的典型性格为友好，温柔，警觉并喜欢交往。不会呈现出护卫犬强烈的领地占有欲，不会对陌生人产生过多的怀疑，也不会攻击其他犬类。成年犬应该具备一定程度的谨慎和威严。此犬种聪明，温顺，热情，是合适的伴侣和忠诚的工作者。

（9）萨摩耶犬　又称萨摩犬，原本是一种工作犬，常出现在美丽的图画中。机警、有力、非常活泼、高贵而文雅。由于它是在寒冷地区的工作犬，所以拥有非常浓厚的、能抵御各种气候条件的被毛。良好的修饰、非常好的毛发质地比毛发数量更重要，雄性的“围脖”比雌性更浓厚一些。后背不能太长，软弱的后背使它无法胜任其正常的工作，失去了工作犬的价值，但与此同时，太紧凑的身体对一种拖曳犬来说，也非常的不利。繁殖者应该采取折中方案，身体不长但肌肉发达，允许例外；胸部非常深；且肋骨扩张良好；颈部结实；前躯直而腰部非常结实。雄性外貌显得雄壮，而没有不必要的攻击性；雌性的外貌或构造显得娇柔但气质上不显得软弱。雌性的后背也许比雄性略长一些。它们的外观都显得具有极大的耐力，但不显粗糙。由于胸很深，所以腿部要有足够的长度，一条腿很短的狗是非常不受欢迎的。后臀显得非常发达，后膝关节适度倾斜，而且后膝关节存在任何问题或牛肢都将受到严厉的处罚。整体外观还包括了动作和整体结构，应该显得平衡和谐，体质非常好。

体质：体质是具有充足的骨量和肌肉，相对这样尺寸的狗，骨骼比预想的要粗重得多，但也不能太过分，而影响了灵活性和速度，这在萨摩犬的构造中非常重要，骨骼与身体比例恰当。萨摩犬的骨量不能太大而显得笨拙，骨量也不能太小，看起来像赛跑犬。体重与高度比例恰当（图 1－27）。

图 1－27　萨摩耶犬

被毛：萨摩耶犬拥有双层被毛，身体上覆盖一层短、浓密、柔软、絮状、紧贴皮肤的底毛，披毛是透过底毛的较粗较长的毛发，披毛直立在身体表面，决不能卷曲。披毛围绕颈部和肩部形成“围脖”（雄性比雌性要多一些）。毛发的质量关系到能否抵御各种气候，所以质量比数量要重要。下垂的被毛是不受欢迎的。被毛应该闪烁着银光。雌性的被毛通常没有大多数雄性那么长，而且质地要软一些。

颜色：萨摩犬的颜色为纯白色；白色带很浅的浅棕色、奶酪色；整体为浅棕色。此外其他颜色都属于失格。

后肢：第一节大腿非常发达，后膝关节角度恰当（约与地面成 45°角）。飞节非常发达、清晰，位置在身高的 30%。在自然站立的姿势下，从后面观察，后腿彼此平行，后腿结实；非常发达；既不向内弯、也不向外翻。后膝关节太直属于缺陷。双倍接缝或牛肢也都属于缺陷。只有在有机会看到狗充分运动的情况下才能确定其是否有牛肢。

前肢：前肢（脚腕以上）直、彼此平行；脚腕结实、坚固、直，但相当的柔韧，配合具有弹性的足爪。由于胸部较深，所以前肢要有足够的长度，从地面到肘部的距离约占肩高的 55%，一条腿很短的狗是非常不受欢迎的。肩胛长而倾斜，向后倾斜约 45°角，且位置稳固。肩胛或肘部向外翻属于缺陷。

足爪：足爪长、大、有点平（像兔足），脚趾略微展开，但不能张的太开；脚趾圆拱；脚垫厚实、坚硬，脚趾间有保护性毛发。自然站立的姿态下，足爪既不向内弯也不向外翻，但是略略向内弯一点会更有吸引力。脚趾外翻、鸽子脚、圆形足爪（猫足）都属于缺陷。足爪上的羽状饰毛不是重点，但一般雌性饰毛比雄性要丰富一些。

头部：脑袋呈楔形、宽、头顶略凸、但不圆拱或像苹果头，两耳与止部中心点呈等边三角形。口吻：中等长度、中等宽度，既不粗糙、也不过长，向鼻镜方向略呈锥形，与整体大小及脑袋的宽度成正确的比例。口吻必须深，胡须不必去除。止部：不生硬，但很清晰。嘴唇：黑色，嘴角略向上翘，形成具有特色的“萨摩式微笑”。唇线不显得粗糙，也没有过度下垂的上唇。

耳朵：耳朵结实而厚；直立；三角形且尖端略圆；不能太大或太尖，也不能太小（像熊耳朵）。耳朵的大小是根据头部的尺寸和整体大小确定。它们之间距离分的比较开，靠近头部外缘，它们应该显得灵活；被许多毛发覆盖着，毛发丰满，但耳朵前面没有。耳朵的长度应该与耳根内侧到外眼角的距离一致。

眼睛：眼睛颜色深一些比较好，位置分的较开，且深；杏仁状；下眼睑指向耳根。深色眼圈比较理想。圆眼睛或突出的眼睛属于缺陷；蓝眼睛属于失格。

鼻镜：黑色最理想，但棕色、肝色、炭灰色也可以接受。有时，鼻镜的颜色会随着年龄、气候的变化而改变。

颚部和牙齿：结实、整齐的牙齿，剪状咬合。上颚突出式咬合或下颚突出式咬合属于缺陷。

表情：表情为“萨摩表情”，这一点非常重要，主要指在萨摩犬警惕时或决心干点什么的时候，其闪亮的眼神和热烈的脸庞。其表情由眼睛、耳朵和嘴构成，警惕时，耳朵直立、嘴略向嘴角弯曲，形成“萨摩式微笑”。

颈部：结实、肌肉发达，骄傲地昂起，立正时，在倾斜的肩上支撑着高贵的头部。颈部与肩结合，形成优美的拱形。

胸部：胸深，肋骨从脊柱向外扩张，到两侧变平，不影响肩部动作且前肢能自由运动。不能是桶状胸。理想的深度应该达到肘部，最深的部分应该在前肢后方，约第九条肋骨的位置。胸腔内的心脏和肺能得到身体的保护，胸的深度大于宽度。

腰和背：马肩隆为背部最高点，腰部结实而略拱。后背（从马肩隆到腰）直，中等长度，连接既不太长、也不太短。其身体的比例为“接近正方形”，即长度比高度约多出5%。雌性可能比雄性更长一些。腹部肌肉紧绷，形状良好，与后胸连成优美的曲线（收腹）。臀部略斜，丰满，必须延伸到非常轻微的尾根。

尾巴：尾巴长度适中，如果尾巴下垂，尾骨的长度应该能延伸到飞节。尾巴上覆盖着长长的毛发，警惕时会卷到后背上，或卷向一侧，当休息时，有时尾巴会放下。位置不能太高或太低，应该灵活、松弛。不能紧卷在背后，卷两圈属于缺陷。裁判在评判时，必须看到萨摩犬将尾巴卷到后背一次。

（10）大白熊犬　大白熊犬给人的印象是非常高雅、美丽，结合了巨大的体形和威严的气质。它的被毛是白色或以白色为主，夹杂了灰色、或不同深浅的茶色斑纹。非常聪明、和善、具有王者之气。不论站立还是运动，都显示出与众不同的优雅，总是显得坚实和协调，明确地反映出培养这一品种的目的：在各种气候条件下、在比利牛斯山陡峭的山坡上，看守羊群。

体型：肩高比体长略短一些，比例为矩形的、身体协调的狗。长度略大于高度、身体前后角度协调。体质：大白熊犬的身体为中型（不特别胖、也不特别瘦），在没有触摸其骨骼和肌肉时，容易被浓密的被毛所欺骗。与其体型及优雅的外貌相协调，充足的骨量和肌肉提供了平衡的身体结构。缺陷：大小－肩高小于下限或大于上限。体质－骨骼太重或太轻，影响身体结构的平衡（图1－28）。

头部：正确的头部和表情是这一品种的要点。对整体来说，头部不显得过于沉重。外观呈楔形，顶部略圆。表情：表情文雅、聪明、沉默。眼睛：中等大小；杏仁形；略斜；颜色为丰富的深棕色；眼眶为黑色，眼睑紧贴眼球。耳朵：尺寸从小到中等都可以，V字形、尖端略圆，耳根与眼睛齐平，正常情况下耳朵下垂，平坦，紧贴头部。有一个典型的现象是脸上部和下部的毛发的会合位置，正好是从外眼角到耳根这一线。口吻长度与脑袋长度大致相等。脑袋的长度和宽度大致相等。口吻与脑袋的结合很平滑。面颊平坦。口吻在眼睛下方，丰满。两眼睛间有轻微的皱纹，没有明显的止部。眉骨稍微有点突出。上唇

图 1－28　大白熊犬

紧贴上颚并覆盖下唇。下颚结实。鼻镜和嘴唇为黑色。牙齿：剪状咬合比较理想，钳状咬合也可以接受。下颚门牙不能向后。缺陷：过于沉重的头部；脑袋太窄或太小；表情狡猾；有明显的止部；眼睑、嘴唇和鼻镜缺少色素；眼睛圆、三角、眼睑松懈、眼睛小；上颚突出式咬合或下颚突出式咬合歪嘴。

颈部：坚硬的肌肉配合中等长度，赘肉相当少。

背线：背线水平。身躯：胸部宽度适中，肋骨支撑良好，卵形，胸深达到肘部。背和腰宽阔，连接结实，且略有褶皱。臀部略向下倾斜，尾根位于背平面以下。

尾巴：尾骨有足够的长度，延伸到飞节，尾巴有漂亮的羽状饰毛。休息时，尾巴下垂，激动时，可能卷到后背（形成轮状）。在展示时，尾巴的饰毛能形成“牧羊犬曲线”是非常重要的。行走时，尾巴可能卷到后背或下垂，这两种情况都是允许的。缺陷：桶状胸。

肩部：肩膀向后倾斜放置，肌肉发达，隐藏在身躯里。前臂与肩胛连接处的角度约为90°，前臂从与肩胛骨的结合处向后延伸到肘部这一段，决不能垂直于地面。肩胛骨与前臂骨的长度大致相等。从地面到肘部的距离与从肘部到马肩隆的距离大致相等。

前肢：前肢有充足的骨量和肌肉，与平衡的身体结构相称。不论站立时还是行走时，肘部都贴近身体且笔直向后。从侧面观察，前肢正好位于马肩隆以下位置，直且垂直于地面。从前面观察，从肩经过肘部到脚腕呈一直线。前脚腕结实而灵活。两条前肢各有一个狼爪。

前足爪：圆形，紧凑，脚垫厚实，脚趾圆拱。

后躯：后躯的角度与前躯类似。大腿：第一节大腿肌肉坚实，与骨盆成直角。第一节大腿与第二节大腿长度一致，观察轮廓可以发现第一节大腿与第二节大腿在后膝关节处成中等角度。后脚腕长度中等，当狗自然站立时，垂直于地面。从侧面观察，飞节角度适中。从后面观察，后腿（从臀部到后脚腕）直且相互平行。后肢有足够的骨量和肌肉，与平衡的身体结构相称。每条后腿都有两个狼爪。后足爪：后肢的脚尖略向外翻。这样的后肢（牛肢）是这一品种所特有的，不是缺陷。足爪与前肢相同，圆形，紧凑，脚垫厚实，脚趾圆拱。缺陷：后肢没有两个狼爪。

被毛：能抵御任何气候条件的被毛是由两层毛组成的，披毛长、平坦、厚实，毛发粗硬，毛直或略呈波浪形；底毛浓密、纤细、棉絮状。雄性颈部和肩部的毛发尤其浓密，形成围脖或鬃毛。尾巴上较长的毛发形成羽状饰毛。饰毛还延伸到前肢后面和大腿后面，形成“裤子”的效果。脸部和耳朵的毛发短而质地好。正确的被毛比毛量更为重要。缺陷：卷曲的被毛；直立的被毛（像萨摩耶犬）。

颜色：白色或白色带有灰色、红褐色或不同深浅的茶色斑纹。不同大小的斑纹可以出现在耳朵、头部（包括面具）、尾巴及身体（很少的污迹）。底毛可以是白色或深色。上面描述的各种颜色和斑纹（位置）都是这一品种所特有的，没有好坏之分。缺陷：披毛的斑纹超过身体的1/3。

步态：大白熊犬的步态平稳而优雅，准确且保持直线，显示出力量和敏捷。和谐的伸展和有力的驱动产生正确的步幅。速度增加时，足爪向身体中心线靠拢。轻松而有效的动作比速度更重要。

气质：它的气质和品格是非常重要的。在自然情况下，大白熊犬是自信、温和及友善的。会在需要时保护它的领地、羊群或家庭，通常显得从容、沉着，具有耐心且宽容。意志非常坚强，独立且略有保留，对它负责的人类或动物都很关心、忠诚，而且勇敢。虽然，大白熊犬在比赛中有所保留，但明显的羞怯、神经质、对人类有攻击性极不受欢迎，并属于严重缺陷。

（11）杜宾犬　外观为中等大小，身躯呈正方形。身体结构紧凑，肌肉发达而有力，具有极大的耐力和速度。相貌文雅，态度自信，显示出其高贵的气质。活泼、警惕、坚定、机敏、勇敢忠诚而顺从。

体型：肩高等于体长，头部、颈部和腿的长度与身体的高度及深度的比例协调。

头部：长而紧凑。不论从前面或侧面观察都呈钝楔形。从正面观察，头部由嘴至耳根的轮廓是两根逐渐变宽的完整直线。眼睛呈杏形，位置适度凹陷，眼神显得活泼、精力充沛。眼睛的颜色单一，黑色犬的眼睛颜色为从中等到非常深的褐色，其他颜色如红色、蓝色、驼色的犬，眼睛颜色与身体的斑纹颜色一致，但不论什么颜色的狗，眼睛的颜色都是越深越好。耳朵通常是剪耳，而且竖立。当耳朵直立时，耳朵上部位于头顶。头顶平坦，脑袋通过轻微的止部与口吻衔接，口吻轮廓线与脑袋的轮廓平行。面颊平坦、肌肉发达。黑色的犬有纯黑色的鼻镜；红色的犬有深褐色的鼻镜；蓝色的犬有深灰色的鼻镜；驼色的犬有深茶色的鼻镜。嘴唇紧贴上下颚，上下颚饱满、有力，位于眼睛下面。白而坚固的牙齿，剪状咬合，总共有42颗牙齿（图1－29）。

图1－29　杜宾犬

颈部、背线、身躯：颈部骄傲地昂着，肌肉发达且紧凑。颈部略拱，逐渐变宽，与身体结合。颈部的长度与身体及头部的长度比例匀称。马肩隆明显，是身躯的最高点。背短而坚固，有足够的宽度。腰部肌肉发达。从马肩隆到略圆的臀部，呈一直线。胸部宽阔，前胸适当隆起。肋骨自脊椎处隆起，向下逐渐变平，到肘部为止。胸深到肘部。腹部适度收起，从胸部延伸过来形成一条曲线。腰部宽且肌肉发达。臀部宽厚，与身体比例恰当。臀部的宽度大约与胸腔及肩部的宽度相等。尾巴在大约第二节尾骨切断，为脊椎的延伸。只有在警觉时，尾巴会举起高过水平线。

前躯：肩胛骨向前、向下倾斜，与水平面成45°角，与前臂成90°角相连。肩胛骨与上臂长度相等，从肘部到马肩隆与从地面到肘部的长度相等。前肢从肘部到脚腕，不论从正面或侧面看都是完美的笔直、彼此平行且有力，骨量充足。不管是站立时还是行走中，肘部都紧贴胸部。脚腕结实、与地面垂直。狼爪可以切除。足爪拱起、紧凑，类似猫足，既不向内翻也不向外翻。

后躯：后躯的角度与前躯平衡，臀骨与脊椎骨呈30°角（向后、向下），使臀部显得略圆、外翘。大腿骨与臀骨角度恰当。大腿长且宽，肌肉发达；大腿骨长度约等于胫骨长度。当犬安静时，飞节到脚跟这一段与地面垂直。从后面观察，腿直，两腿彼此平行。两腿间有恰当的距离，可以稳定地支撑身体。如果有狼爪，应该切除，足爪与前肢一样，也是猫足。既不向内翻也不向外翻。

被毛：平滑的毛发，短、硬、浓密且紧贴身体。颈部有不可见的灰色底毛是允许的。

颜色和斑纹：黑色、红色、蓝色、驼色（伊莎贝拉色）。边界清晰的铁锈色斑纹。分布在眼睛上方、口吻、咽喉、前胸、四肢的腿、脚及尾下。前胸有白色斑纹。失格：犬只所拥有颜色不是所承认颜色。

步态：轻松、和谐、精力旺盛，前躯伸展良好，后躯驱动有力；小跑时后躯动作有力。每条后腿与前腿都在同一面内运动，既不内翻也不外翻。背部结实而稳定。快跑时，身体结构完美的狗会沿单一轨迹运动。

气质：活泼、警惕、坚定、机敏、勇敢忠诚而顺从。比赛时，裁判将取消胆怯或恶劣的杜宾犬的比赛资格。犬只将在以下方面被判定为胆怯，如拒绝站立接受检查，躲避裁判；如害怕别人从身后靠近，如明显的害怕突发和异常的声音。攻击或试图攻击任何一个裁判或牵犬师则被认定为恶劣，对其他犬有攻击性或有好斗倾向将不被认定为恶劣。

4. 㹴类

是一类用于狩猎野兔、水獭等穴居小动物的小猎犬。它们多数具有聪明活泼、行动敏捷、勇敢顽强、勤劳忠实的性格。除少数几种㹴外，绝大部分产于英国，因此，英国可谓㹴的王国。主要有迷你雪纳瑞犬、贝林顿㹴、西高地白㹴等。

（1）迷你雪纳瑞犬　迷你雪纳瑞属于㹴类犬的一种，它们精力充沛、活泼，外型及性格与标准雪纳瑞十分类似，警惕而活泼。缺点：玩具化、过于纤细或粗糙。

体型：身体结构坚实，身躯接近正方形，即身高与体长大致相等，骨量充足（图1－30）。

图 1－30　迷你雪纳瑞犬

头部：眼睛小，深褐色，位置深。眼睛呈卵形而且眼神锐利。缺点：眼睛颜色浅、大及眼睛突出都属于缺陷。耳朵，如果是修剪过的耳朵，两耳的外形及长度一致，带有向上的尖角。长度与头部尺寸相称，不允许有太夸张的长度。耳朵位于头顶较高的位置，内边缘竖直向上，外边缘可能略呈铃状。如果未剪耳，则耳朵小，呈“V”形，折叠在头顶(纽扣耳)。头部结实，呈矩形，其宽度自耳朵至眼睛再到鼻子逐渐变小。前额没有皱纹平坦而且相当长。口吻与前额平行，有一个轻微的止部，口吻与前额长度一致。口吻结实与整个头部比例恰当；口吻末端呈适度钝角，有浓密的胡须，以形成矩形的头部轮廓。缺陷：头部线条粗糙、厚脸皮。咬合为剪状咬合。缺陷：上颚突出式咬合、下颚突出式咬合、钳状咬合。

颈部、背线及身躯：颈部结实而且略拱，与肩部完美结合，喉部皮肤紧凑，恰到好处地包裹着颈部。身躯短且深，胸部深度至少达到肘部。肋骨扩张良好，深度合适，向后与短短的腰部结合。背线笔直；自马肩隆至尾根处略向下倾斜。马肩隆为身躯的最高点。从胸到臀的长度与马肩隆的高度相等。缺陷：胸太宽或胸深不够。厚背凹陷或拱起。尾根位置高，尾巴上举。需要断尾，保留的长度为：当狗的被毛长度恰当时，长度恰好超过背线即可。缺陷：尾根位置偏低。

前躯：从各个角度观察，前肢都是笔直的，而且相互平行。它们具有结实的腕部和充足的骨量。深度适中的胸部位于两条前肢中间。肘部紧贴身体。缺陷：肘部松弛。肩部倾斜，肌肉发达，平坦、整洁。他们与脊背很好地结合，这样，肩胛的侧边正好位于肘部的正上方。肩胛向前、下方倾斜，并成恰当的角度，使前肢能最大程度地向前伸展，而不会受到制约。肩胛和前臂都很长，故允许胸部有足够的深度。足爪短而圆（猫足），脚垫厚实，黑色。足趾呈拱形，紧凑。

后躯：后躯具有肌肉发达、倾斜的大腿。在后膝关节处具有恰当的角度。在标准站姿时，有足够的角度使飞节端延伸超出尾巴。后躯看起来并不比肩部更大或更高。后脚腕短，在标准站姿时，与地面垂直，从后面观察，彼此平行。缺陷：镰刀腿，牛肢，“O”形腿或弯曲的后腿。

被毛：双层毛，坚硬的外层刚毛和浓密的底毛。头部、颈部、耳朵、胸部、尾巴及身躯需要剥毛。在比赛条件下，身体上的被毛必须有足够的长度，以体现其毛发质地。完全覆盖颈部、耳朵和头部。质感相当浓密，但不呈丝质。缺陷：被毛太软或太短，或显得很光滑。

颜色：获得承认的颜色为椒盐色、黑银色和纯黑色。不论什么颜色，皮肤的色素沉积都必须很均匀，就是说，皮肤任何位置出现白色或粉色斑块是不允许的。

（2）贝林顿㹴 一种文雅的、温柔的狗，平衡良好，没有任何粗糙、软弱的地方。安静时的表情显得十分温柔、柔和，没有胆怯或神经质的倾向。兴奋时，这种狗十分警惕、充满活力和勇气。其耐力也值得注意，在以高速奔跑时，身体轮廓会清楚的展示出来。

头部：窄，但深且圆。头颅比较短而颌部比较长。头上长有大量头髻，颜色比身体上的颜色浅，最高处为头顶，逐渐向鼻梁伸展并变细。必须没有止部，从头顶到鼻镜是一条连续的线。使头部显得细长，没有面颊或中断。嘴唇是蓝色中带黑色、蓝色、褐色、棕色等纯色和组合色。眼睛呈杏仁状、小、明亮，下陷深度恰当。位置斜，相当高。深蓝色眼睛，蓝色和棕色眼睛带有琥珀色光；茶色，茶色和棕色，带淡褐色光；肝色，肝色和棕色眼睛，颜色略深。眼圈为黑色带蓝色、蓝色、蓝色带棕色和褐色等纯色和组合色。耳朵呈三角形，耳尖较圆。耳朵位置低，平平的挂在面颊两边，略向前指。最宽处约9cm。耳朵尖靠近嘴角。耳朵薄，覆盖了一层绒毛，像天鹅绒一样。耳朵尖被柔软的饰毛覆盖，形成丝绸般的流苏状。鼻孔大且轮廓清晰。蓝色和棕色狗的鼻镜为黑色；肝色、棕色、茶色狗的鼻镜为褐色。颌部长，逐渐变细。口吻结实，骨骼粗壮。嘴唇紧闭，无飘唇。牙齿为白色，长、结实。钳状咬合或剪状咬合（图1-31）。

图1-31 贝林顿㹴

颈部：长，逐渐变细，无吊喉而且从肩部斜向上伸，没有过多的肌肉。头能高高昂起。

身躯：肌肉明显很柔韧。胸深。肋骨深而平，深度达到肘部。后背自然上拱，形成弓背。身躯的长度略大于肩高。肌肉恰当的腿也显得优雅精巧。

腿和足爪：柔韧而且肌肉发达。后腿要比前腿长一些，前腿直，在胸部的间距比足爪间距离大一些。腕部长、倾斜、略弯，但不软弱。后膝关节角度恰当。飞节结实，靠下，不向内翻或外翻。脚垫厚实，平滑，足爪为长兔足，足爪紧凑。狼爪应该被切除。

被毛：被毛是很有特点的软毛与硬毛相杂。摸上去很有弹性，但不像金属丝那种感觉。为了看上去整洁，被毛长度不应该超过3cm；腿部的毛发略长。

尾巴：位置低，根部较粗，逐渐变细。不能举过后背，也不能紧贴在身体下面。长度刚好够到飞节。

颜色：蓝色、茶色、肝色、蓝色和棕色、茶色和棕色、肝色和棕色。在双色狗中，棕色斑纹通常出现在腿部、胸部、尾巴下面、后腿内侧和眼睛周围。成年狗的头髻颜色都要比身体颜色浅。身体受伤的地方会出现深色毛发，没有关系，很快会褪掉。所有颜色都希望身体颜色深一些。

步态：行动非常轻巧。在慢步行进中，步态十分健康，既不能很夸张，也不能拖沓。步态不允许出现侧对步、交叉步或划桨姿势。

(3) 西高地白㹴　西高地白㹴是一种小体型、爱玩的、协调的、坚定的㹴类犬，具有良好的艺术气质，非常自负，身体结构结实，胸部和后腰较深，后背笔直，后躯有力，腿部肌肉发达，显示出强大的力量和活力的组合。被毛白色，质地硬，长有浓密而柔软的底毛。其外观应该显得优美，背部和身体两侧的长被毛与短一些的颈部及肩部被毛漂亮的混合在一起。在头部周围留有大量被毛，形成了典型的西部高地白㹴的表情（图 1－32）。

图 1－32　西高地白㹴

体型：西部高地白㹴是一种紧凑的狗，身体平衡、骨量充足。马肩隆到尾根间的身体相对肩高而言，略短一些。结合简短且骨量充足。缺陷：超高或高度不够。骨骼纤细。

头部：从前面观察，显示出圆形外观。与身躯比例协调。表情：尖锐、好奇、活跃。眼睛：距离分得很开，中等大小，杏仁状，深褐色，位置深，机警而聪明。从浓重的眉毛下看出来，给人以锐利的感觉。眼圈黑色。缺陷：小、突出或浅色的眼睛。耳朵小，紧紧地竖立着，彼此间距离比较宽，位于头顶两侧的边缘。耳朵末梢很尖，决不允许剪耳。耳朵上的毛发需要修剪，使其柔软一些，平滑一些，耳朵末梢留有璎珞。黑色皮肤比较理想。缺陷：耳朵末梢圆、宽、长、耳朵位置近，不能紧紧地竖立或位置太低，位于头部两侧。

头颅：宽、比口吻略长。头顶不是平坦的，但两耳间略呈圆拱形。向眼睛方向逐渐变细。止部非常明确，眉毛浓重。缺陷：过长或窄的头颅。口吻钝，比头颅略短，有力且向鼻镜方向轻微变细，鼻镜大而黑。颌部平而有力。嘴唇是黑色的。缺陷：口吻比头颅长。鼻镜为黑色外的其他颜色。

咬合：对犬体型而言，牙齿很大。上下颚的犬牙之间，必须有 6 颗门牙。偶尔缺少前臼齿是可以接受的。剪状咬合或钳状咬合都可以接受。缺陷：缺齿或牙齿不齐。缺少门牙或缺少多个前臼齿。上颚突出式咬合或下颚突出式咬合。

颈部：肌肉发达且位于肩部适当的位置，略倾斜。颈部的长度与犬的其他部分比例恰当。缺陷：颈部太长或太短。背线：不论站立时还是行走中，背线都平坦、水平。缺陷：高耸，任何与前面描述的情况有所背离。

身躯：紧凑而且结实。肋骨深，上半部肋骨支撑良好。深度至少达到肘部，显示出平坦的外观。后部肋骨也相当深，最后一根肋骨到后腿的距离很短，使身躯能自由运动。胸非常深，扩展到肘部，其宽度与犬的整个身体呈恰当的比例。腰部短、宽而结实。缺陷：柔弱，太长或太短。桶状胸，肋骨没有达到肘部。

尾巴：相对较短，骨量充足，形状像胡萝卜。当犬站立时，尾巴竖立，但不应该高于头顶的水平线。尾巴被坚硬的毛发所覆盖，没有饰毛。尽可能直，欢快地举着，但不能卷曲在背后。尾根的位置很高，所以脊椎不会向下倾斜。不允许断尾。缺陷：尾根位置太低，尾巴太长、太细，尾巴半举着或卷曲在背后。

肩胛：位置恰当，很好的与脊椎结合。前臂与肩胛连接，长度中等，角度恰当。缺陷：峻峭的肩胛或肩胛负担过重。前臂太短或太直。

腿：前腿肌肉发达，骨骼粗壮。相对较短，但有足够的长度使犬不至于太靠近地面。腿直，覆盖着浓密的、短短的、坚硬的毛发。它们位于肩胛下面，明确地支撑着狗的身躯。从肘部到马肩隆与从肘部到地面的距离大致相等。缺陷：肘部向外。骨量不足，前部不合理。

足爪：前足爪比后足爪大，圆形，比例恰当，结实，脚垫厚实；也许略向外，呈轻微外八字。狼爪可以切除。黑色的脚垫和趾甲比较理想，尽管年龄较大的犬可能趾甲会褪色。

后躯：大腿肌肉非常发达，角度恰当，距离不很宽，飞节骨量充足、短，从后面观察，彼此平行。

腿：后面的腿肌肉发达，相对较短且粗壮有力。缺陷：飞节柔弱，飞节长，缺少必要的角度。牛肢。

足爪：后足爪比前足爪小一些，脚垫厚实。狼爪可以切除。

被毛：非常重要，而且很少看到完美的被毛。首先，必须有两层被毛。头部的毛发构成了头部圆形的外观。外层被毛由直而硬的白色毛发组成，颈部和肩部的毛发短一些，经过修整，短毛区域与长毛的肚子及腿部完美的融合为一体。理想的被毛是坚硬的、笔直的、白色毛发，而且坚硬而直的小麦色毛发比白色蓬松的或柔软的毛发更可取。被毛也许有点软、有点长，但决不能给人以像绒毛的感觉。缺陷：柔软的被毛，丝状毛或卷曲的毛发。单层毛或毛发太短。

颜色：就像其名字那样，应该是白色。缺陷：除白色外的任何其他颜色，过重的小麦色。

步态：自由、笔直且从容。非常独特的步态，不做作，但有力，伸展和驱动都很好。前肢能自由的伸展，肩部不会有所阻碍。从前面观察，腿并不相互平行，而是略向中心靠拢。后腿的动作是自由、强壮且适当靠近。飞节收缩自如，靠近身体下方，所以足爪移动时，身躯被推向前。在侧面观察能作出最好的评价，背线必须保持水平。缺陷：前躯伸展不足及后躯推动不足，动作僵硬、做作。

气质：警惕、快乐、勇敢及自信，而且很友好。缺陷：过于胆怯或过于好斗。

5. 玩赏犬

是人类根据自己的愿望经过长期改良从小型犬培育出来的。这类犬的共同特点是体形娇小，姿态优雅，聪明伶俐，逗人喜爱。适合于室内饲养，如加以适当的训练，则可表演多种动作，是人们的好伴侣。如北京犬、博美犬、玩具贵宾犬、西施犬、约克夏㹴、马尔济斯犬、吉娃娃等。

（1）北京犬　原产地在中国。该犬勇敢、自尊而傲慢、好胜。一般肩高为20～23cm，雄性体重为3.6～5.4kg，雌性体重为3.2～5kg。

头部：头宽大，两耳间平坦，额段深，吻有皱沼，短而宽，下颊突出。眼大，色深，凸出，圆形。耳呈心形，高位，下垂，饰毛丰富。鼻阔、短而平，黑色（图1－33）。

躯干：身躯短而有力，胸宽、背平。四肢肢短，前肢向外弯，后肢轻而稳健。尾高位，伏在背上至体侧，被覆直、长而丰盛的饰毛。

被毛：被毛长而直、下垂、不卷曲也不呈波浪形；腿、尾和趾的饰毛长而丰厚，在颈部周围和肩上长有漂亮的鬃毛。毛色允许有各种颜色，眼周围有黑眼圈。

（2）博美犬　博美犬起源于冰岛和拉普岛的雪橇犬。该犬活泼、威严，表情警觉。肩高约为15～20cm，体重约为1.5～3kg。

头部：头呈楔形，狐狸表情，额段明显，吻精细但不长，唇紧而薄，剪式咬合。眼大小中等，杏形，色深。耳小，直立，高位。

躯干：颈颇短，背线平，躯紧凑，胸深但不宽，腹收紧，尾高位，平放于背上，饰毛长而丰富。

被毛：被毛直而松散，没有波纹或卷曲的毛。颈下和大腿的毛长，肢有饰毛。毛色为黑色、棕色、红色、橙色、淡褐色和蓝色（图1－34）。

图1－33　北京犬

图1－34　博美犬

（3）玩具贵宾犬　贵宾犬是很活跃、机警而且行动优雅的犬种，拥有很好的身体比例和矫健的动作，显示出一种自信的姿态。经过传统方式修剪和仔细的梳理后，贵宾犬会显示出与生俱来的独特而又高贵的气质。区分玩具型和迷你型的唯一标准就是体形大小。体态匀称，令人满意的外形比例应该是：从胸骨到尾部的点的长度近似于肩部最高点到地面的高度。前腿及后腿的骨骼和肌肉都应符合犬的全身比例。

头部和表情：眼睛—非常黑，形状为椭圆形，眼神机灵，成为聪慧表情的重点。主要缺陷：眼睛圆、突出，大或太浅。耳朵—下垂的耳朵紧贴头部，耳根位置在或者低于眼睛的水平线，耳廓很长，很宽，表面上有浓密的毛覆盖。但是，耳朵不能过分的长。头部—

小而圆，有轻微突出。鼻梁、颊骨和肌肉平滑，从枕骨到鼻梁的长度等于口鼻的长度。口鼻—长、直且纤细，唇部不下垂。眼部下方稍凹陷。下颚大小适中，轮廓明显，不尖细。主要缺陷：下颚不明显。牙齿—白而坚固、呈剪状咬合。主要缺陷：下颚突出或上颚突出，齿型不整齐（图1－35）。

颈部、背线、躯干：脖子的比例匀称，结实、修长。足以支撑头部，显出其高贵、尊严的品质。咽喉部的皮毛很软，脖子的毛很浓。由平滑的肌肉连接头部与肩部。主要缺陷：母羊脖子。背线是水平的，从肩胛骨的最高点到尾巴的根部既不倾斜也不成拱形。只有在肩后有一个微小的凹下。

躯干：胸部宽阔舒展。富有弹性的肋骨。腰短而宽，结实、健壮，肌肉匀称。尾巴直，位置高并且向上翘。截尾后的长度足够支持整体的平衡。主要缺陷：位置低、卷曲，翘的过于后。

前半身：强壮的，肩部的肌肉平滑、结实。肩胛骨闭合完全，长度近似于前腿上部。主要缺陷：肩部不平、突出。前肢直，从正面看是平行的。从侧面看，前肢位于肩的正下方。脚踝结实、狼趾可能会被剪掉。

足：足较小，形状成卵状，脚趾成弧状排列。脚上的肉垫厚、结实。脚趾较短，但可见。脚的方向既不朝里也不朝外。主要缺陷：软、脚趾分开。

后半身：后肢直，从后面看是平行的。肌肉宽厚。后膝关节健壮、结实，曲度合适；股骨和胫骨长度相当；跗关节到脚跟距离较短，且垂直于地面。站立时，后脚趾略超出尾部。主要缺陷：母牛式跗关节。

皮毛：粗毛—自然的粗糙的质地，皮毛非常浓密。软毛—紧凑、平滑垂下、长度不一。在胸部、身体、头部和耳朵比较长。关节部位的毛发相对短而蓬松。

（4）西施犬　西施是一种结实、活泼、警惕的玩具狗，有两层被毛，毛长而平滑。其中国祖先具有高贵的血统，是一种宫廷宠物，所以西施非常骄傲，总是高傲地昂着头，尾巴翻卷在背上。尽管西施犬大小相当不一致，但必须是紧凑、结实、有适当的体重和骨骼。

体型：从肩到尾根的长度略大于肩高。西施不能太高，变成长脚狗，也不能太矮，像个矮脚鸡。不管是什么尺寸，西施都应该是紧凑、结实而且有相当的体重和骨量（图1－36）。

图1－35　玩具贵宾犬

图1－36　西施犬

头部：头部圆且宽，两眼之间开阔，与犬的全身大小相称，既不太大又不太小。缺陷：头窄，眼睛距离近。表情热情、和蔼，眼睛大睁，友好而充满信任。整体平衡和令人愉快的表情要比其他部分都重要。比赛中检查的是实际的头部和表情，而不是通过美容塑造的外观。眼睛大而圆，不外突，两眼间距离恰当，视线笔直向前。眼睛颜色非常深。肝色和蓝色狗的眼睛颜色浅。缺陷：小，距离近，浅色眼睛；眼白过多。耳朵大，耳根位于头顶下略低一点的地方；长有浓密的被毛。脑袋呈圆拱形。止部轮廓清晰。口吻宽、短、没有皱纹，上唇厚实，不能低于下眼角。决不能向下弯。理想的尺寸是从鼻尖到止部不超过3cm。当然各种不同尺寸的狗情况略有不同。口吻前端平；下唇和下颌不突出，也不后缩。缺陷：没有明显的止部。鼻孔宽大、张开。鼻镜、嘴唇眼圈应该是黑色的，除了肝色的狗是肝色，蓝色的狗是蓝色。缺陷：粉色的鼻子、嘴唇或眼圈。下颚突出式咬合，颌部宽阔。缺齿和牙齿略不整齐都不是严重缺陷。嘴唇闭合时，牙齿和舌头不可见。缺陷：上颚突出式咬合。

颈部、背线、身躯：最重要的特点就是整体均衡，没有特别夸张的地方。颈部与肩的结合流畅平滑；颈长足以使头自然高昂并与肩高和身长相称。背线平。身躯短而结实，没有细腰或收腹。体长略大于肩高。缺陷：腿长。胸部宽而深，肋骨扩张良好，然而不能出现桶状胸。胸部的深度刚好达到肘部以下的位置。从肘部到马肩隆的长度略大于从肘部到地面的距离。尾根位置高，饰毛丰厚，翻卷在背后。太松散、太紧、太平或尾根位置太低都属于有缺陷，不符合品种标准。

前躯：肩的角度良好，平贴于躯干。腿直，骨骼良好，肌肉发达，分立于胸下，肘紧贴于躯干。腕部强壮而垂直。狼爪可以切除。脚结实，脚垫发达，脚尖向前。

后躯：后躯角度应与前躯平衡。后腿的骨骼和肌肉都很发达。从后面观察，腿直。膝关节适当弯曲，两腿不紧贴，但与前肢成一线。飞节靠近地面，垂直。缺陷：飞节长。狼爪可以切除。脚结实，脚垫发达，脚尖向前。

被毛：被毛华丽，双层毛，丰厚浓密，毛长而平滑，允许有轻微波状起伏。头顶毛用饰带扎起。缺陷：毛量稀少，单层毛，卷毛。为了整洁和便于运动，脚、腹底和肛门部位的被毛可以修剪。缺陷：修剪过度。

颜色：允许有任何颜色，而且所有颜色一视同仁。

步态：西施的行走路线直，速度自然，既不飞奔，也不受拘束，步态平滑、流畅、不费力，具有良好的前躯导向和强大的后躯驱动力，背线始终保持水平，自然地昂着头，尾巴柔和地翻卷在背后。

气质：由于西施犬的唯一目的是作为伴侣犬和家庭宠物，它的性情基本上是开朗、欢乐、多情，对所有的人友好而信任。

（5）约克夏㹴　这是一种玩具㹴，长着蓝色和棕色被毛，一部分脸上的被毛、从头到尾的被毛都直直地、柔顺地挂在身体两侧。身材小巧、紧凑而且比例匀称。他的头高高昂起，透出自信、自尊和精力充沛。

头部：头部小而且顶部较平，头颅不能突起或拱起。口吻不能太长，不能是上颚突出式咬合或下颚突出式咬合，牙齿结实。剪式咬合或钳式咬合都可以接受。鼻镜为黑色。眼睛中等大小，不突出；颜色深而明亮，透出锐利而聪慧的目光。眼圈颜色深。耳朵小，“V”字形，直立耳，耳根位置不能太远（图1－37）。

颈部、背线、身躯：比例紧凑。背较短，背线水平，肩膀的高度与其他部位相同。在总长度的1/2处断尾，举在比后背略高的位置。

腿和足爪：前腿直，肘部既不内翻也不能外翻。从后面看，后腿直，而从侧面看，后膝关节呈适当的角度。足爪圆，指甲为黑色。后腿如果有狼爪，则必须切除，前腿如果有狼爪，可以切除。

被毛：被毛的质地、品质和毛量是十分重要的。被毛有光泽、精致、像丝一般。身体上的被毛相当长而且十分直（不能有任何波浪状）。如果希望它能行动自如而且外观整洁，可以将被毛长度修剪到刚好垂到地面。头顶的毛发可以梳到中间结起来，或从中间分开，向两边梳，并结成两个髻。口吻上的毛发非常长。耳朵上和足爪上的毛发可以适当剪短，可以使外观整洁、行动方便。

颜色：幼犬在出生时的颜色是黑色和棕色，颜色很深。它的颜色是棕色中掺杂着黑色毛发，直到成年后。对成年狗的身体颜色来说，在头部和腿部有大量的棕色是很重要的。而下列颜色也是必需的：蓝色：比较深的钢蓝色，不能有银蓝色、也不能混有青铜色或黑色毛发。棕色：所有的棕色毛发都是根部颜色深、而毛尖颜色浅。棕色中不能混合烟灰色或黑色毛发。从颈部后面到尾根处都是蓝色的，尾巴的颜色是深蓝色，尤其是尾尖。在前腿的肘部以下和后腿的膝部以下是大量明亮的棕色。

（6）*马尔济斯犬*　马尔济斯犬是从头到脚披着白色丝状长毛的玩具犬。它的态度文雅而深情、热切而行动活泼，尽管体型小却具有令人满意的作为伴侣犬所需的精力。马尔济斯犬是温和的小犬，全家的宠物。可以放心地让它与儿童玩耍。通常健康良好，一直到生命晚期仍生气勃勃。马尔济斯犬是最古老的欧洲玩赏犬之一。但是肯定马尔济斯犬的原产地是马耳他岛，却引起了一系列的异议，虽然这种犬在该岛无疑已有许多世纪了。

头部：与体形大小相比长度适中。颅顶部略呈圆形，额鼻阶适度。下垂耳位较低，有大量长毛形成耳缘饰毛，毛下垂至头。眼距极宽，眼色极深而呈圆形，其黑色眼边增强了文雅而机敏的表情。吻长适中，精巧而逐渐收缩但不显长吻状。鼻黑色。牙齿钳状咬合或剪状咬合。

颈部：最好有充分长度以便头能高昂（图 1－38）。

图 1－37　约克夏㹴

图 1－38　马尔济斯犬

躯干：紧凑，肩高等于肩峰至尾根长。肩胛斜位，肘部结实并紧贴躯干。背线平，肋骨扩张良好。胸相当深，腰紧而强，下面略收腹。

尾巴：尾有长羽状饰毛，优美地位于背上，尾尖向体侧超过 1/4。

腿与脚：腿骨纤细，有良好的饰毛。前腿直，掌节结实，不见弯曲。后腿强健，膝关节和飞节角度适当。脚小而圆，趾垫黑色。脚上参差不齐的毛可修剪使之更整洁。

被毛和颜色：单层被毛，即无绒毛层。被毛长、平而呈丝状，向体侧下垂及地。头部长毛可用头饰扎住或任其下垂。任何缠纹、卷曲或毛茸茸状迹象都是要不得的。毛色纯白，允许耳部有淡黄褐色或柠檬色，但不是最好的。

步态：马尔济斯犬的步态轻快、平稳而流畅、侧观，按体形大小考虑，给人以运动迅速的印象。后腿“X”（飞节向内靠而后脚趾向外）或后脚趾向内或向外的任何迹象都算缺点。

气质：尽管马尔济斯犬体型极小，但却似乎不知道害怕。它的自信和有感情的反应性是很诱人的。它是所有小犬中态度最温和的，但它又是活泼爱玩和生气勃勃的。

优劣：体重不要超过3kg，毛色纯白，允许耳部有淡黄褐色或柠檬色，但不是最好的。

(7) 吉娃娃犬　吉娃娃犬是一种优雅，机警，迅速，带有活泼表情的小型犬。体型紧凑，拥有狸犬一样易激动的性情。吉娃娃犬是一种均衡的小型犬。比例：身体近似正方形；从肩点到臀端的长度略微长于肩胛隆的高度（即身长略长于身高）；在公犬中，拥有较短躯干是最理想的（图1－39）。

图1－39　吉娃娃犬

头部：适当圆拱形的“苹果头”颅骨，有或没有头洞。表情：愉悦，活泼。双眼：圆，但不突出，均衡，适当地远离，呈现明亮的深黑色或深红色。（浅黄色或白色毛发的犬，允许有较浅色的眼睛。）

耳朵：大，竖立的双耳。当警惕的时候，会保持更垂直地竖立，但静止的时候，会张开形成45°的角度（与头部中心线），形成两耳之间的宽度。口吻：适度的短，略尖，双颊及下颚瘦削。

鼻子：在金黄色系的犬中，鼻色要与自身毛色相对应，或者呈暗黑色。在云石，蓝色，巧克力色的犬中，鼻色与自身颜色一致；在浅色系中（指拥有浅色毛发的犬中），淡红色的鼻子是允许的。

咬合：应水平或剪状。上超或下超咬合，以及任何扭曲的咬合或颚部，将被视为严重缺点而受到处罚（指比赛当中）。失格：破损下折或裁剪过的双耳。

颈部：微微拱形，优雅地连接到倾斜的肩部。

背线：水平。

躯干：肋骨圆弧形伸展（但不能太过，成桶状），且有良好的弹性。

尾巴：适度长，以形成镰刀状向上或者向外，或在背上形成圈状，同时尾尖刚好触背。(决不能夹在两腿之间)。失格：裁剪过的尾巴，天生的短尾。

肩部：倾斜，有弧度地渐宽，以支撑肩部以上的部分，将前肢连接并固定好，使肘部运动不受制约。肩部应该表现得平衡，健全，倾斜地连接至水平的背部（决不向下或降低)。这样一来，前胸发育良好，使得前驱有力，但不能有斗牛犬样式的胸部。

脚：小巧精致的脚部，脚趾间分离但不叉开，脚垫有肉垫。既不像兔足也不像猫足。

后躯：强健，跗关节间间距理想，既不向外也不向内，良好伸展，稳固强健。后肢双脚如同前脚。

被毛：短毛犬，披毛应该质地柔软，细致紧密，光滑而有光泽（允许有较厚的底毛）。披毛均匀覆盖全身，在颈部形成环状较理想。相比之下头部和耳朵的披毛略显不足。尾部披毛最好丰厚。长毛犬，披毛应该质地柔软，平直或轻微卷曲，有底毛者佳。双耳有饰毛（拥有大量饰毛的双耳，可能会由于饰毛或耳朵软弱无力的关系，造成耳尖轻微下垂，但决不向下）。

尾部：饰毛丰富而长（羽状尾）。饰毛也分布在脚和腿。后腿饰毛成裤腿状，拥有丰厚的环状领毛的犬较理想。失格：长毛犬披毛稀疏近乎光秃。

颜色：认可任何颜色，单一色，带标记或带斑块的。

步态：吉娃娃的行进应该迅速而平稳，动作坚定，前驱良好步幅所形成的驱动力，与后驱相等。行进时，从后面看，后腿跗关节之间保持平行，后脚的落点紧跟前脚之后。当速度加快时，前后脚都会轻微向中心线靠拢。从侧面观察应展现出良好步幅，提供强大驱动力的后驱与前驱间形成相当大的步区，头部保持高昂。当犬只行进的时候，整个完整背线应保持平稳，同时背部线条保持水平。

失格：破损下折或裁剪过的双耳。修剪过的尾，天生短尾。长毛犬披毛稀疏近乎光秃。

6. 非运动犬

又称实用犬或伴侣犬。这类犬性情好，喜欢与人在一起，对人有感情，不乱走动，且易于训练。如沙皮犬、松狮犬、英国斗牛犬、大麦町犬、卷毛比熊犬等。

(1) 沙皮犬　原产地在中国。该犬庄严、机警、聪慧，表情阴郁，对陌生人冷淡，对主人极其忠诚。理想的肩高为45.7～50.8cm，理想体重为18～25kg。

头部：头稍大，昂头，额部有丰富的皱褶。颅部平坦而宽广，额段适度清晰，吻宽广而丰满。鼻大而宽，深色，且以黑色为佳。舌呈蓝黑色。眼小，深色，呈杏形而深陷，表情阴郁。耳极小而颇厚，呈三角形，耳尖略圆，耳缘可卷曲，耳下垂贴于头部（图1－40)。

躯干：颈的长度适中，在颈部和喉部有松弛的皮裙和垂皮。背短，腰短，臀平，尾高位。皮肤松弛，形成大量皱裕。

被毛：被毛短，极其粗糙。毛色只允许纯色毛，但有色调的深浅变化。

(2) 松狮犬　原产地在中国。该犬聪明、尊贵、严肃和冷淡。成年个体的平均肩高为43～51cm。

头部：头大，颅部宽而大，吻短、宽而深，头高举而颈毛发达。眼小而深陷，色暗，呈杏仁状。耳小直立，呈三角形，鼻大、宽，黑色，鼻孔开张。舌呈蓝黑色（图1－41）。

图1－40　沙皮犬

图1－41　松狮犬

躯干：身体呈方形。胸阔而深，背短，腹不收。尾高举，卷至背上。四肢短而强健。爪似猫爪。

被毛丰厚直而长，形成类似狮鬃样的领毛。毛色为单一的黑色、红色、黄褐色、蓝色、米色、白色、银紫色。

（3）大麦町犬　原产地在南斯拉夫。该犬行动敏捷，性情温顺，易训练，表情聪敏而忠于主人。理想肩高为48～58cm。

头部：头长，颅顶平坦有垂直浅沟，额段明显，吻顶平，吻长而有力。眼大小中等，略呈圆形，眼色为褐色或蓝色或由此产生的任何混合色，眼色越深越好。耳高位，大小适中，耳尖呈圆形，皮肤质地细而薄，贴近头部。鼻镜色素沉着完全，黑斑犬的鼻为黑色，褐色犬的鼻为褐色。唇干净而紧贴，牙齿呈剪式咬合（图1－42）。

躯干：颈长，无松弛下垂的皮肤，背线平滑。胸深，肋骨扩张，腰短，肌肉发达而略拱起，腹稍上收，尾根强而逐渐缩小为尾尖，稍弯曲；四肢强而有力，脚趾似猫爪。

被毛：被毛短而密且贴身，硬而光滑。毛色为白底带有黑色或褐色斑点，斑点轮廓清晰，多为圆形，直径约为1～2cm。

（4）英国斗牛犬　完美的英国斗牛犬必须是一种中等体型、被毛平顺的狗；拥有沉重、肥壮、低矮而摇晃的身躯，脸部短，厚重的头部，宽阔的肩胛和强健的四肢。整体外观和姿势显示出非常稳固，有活力且充满力量。性格显得平静而和蔼，坚定而勇敢（不显得恶意或好斗），风度显得平和而威严。这些品质透过表情和风度体现出来（图1－43）。

图1－42　大麦町犬

图1－43　英国斗牛犬

(5) 卷毛比熊犬　卷毛比熊犬是一种娇小的，强健的白色粉扑型的狗，具有欢快的气质，其气质从它羽毛般欢快地卷在背后的尾巴和好奇的眼神中就能体现出来。这个品种没有任何粗重或无能夸张的地方，所以其步态没有理由显得不匀称或不健全。任何背离标准中所描述的理想的卷毛比熊犬的地方都属于缺陷，并需要根据背离的程度进行扣分。卷毛比熊犬的结构方面的缺陷与其他品种一样不合需要，尽管这些可能在该品种的标准中没有详细描述出来（图1－44）。

图1－44　卷毛比熊犬

体型：体长（从胸部最前面一点到臀部最后一点的距离）比肩高多出大约1/4。从马肩隆到胸底的距离大约为从马肩隆到地面距离的1/2。体质：紧凑，骨量中等。既不显得粗糙，也不显得纤细。

头部：表情柔和，深邃的眼神，好奇而警惕。眼睛圆、黑色或深褐色，位于脑袋上，正对前方。过大或过分突出的眼睛、杏仁状的眼睛及歪斜的眼睛都属于缺陷。眼睛周围，黑色或非常深的褐色皮肤环绕着眼睛，这是必须的，可以突出眼睛并强调表情。眼圈本身必须是黑色。眼圈色素不足或完全缺乏色素，产生一种没有表情或呆滞的表情的样子，属于明显的缺陷。眼睛的颜色为黑色或深褐色以外的任何颜色都属于严重缺陷，并将受到严厉的惩罚。耳朵下垂，隐藏在长而流动的毛发中。如果向鼻镜方向拉扯耳朵，耳廓的长度能延伸到口吻的中间。耳朵的位置略高于眼睛所在的水平线，并且在脑袋比较靠前的位置。所以当它警惕时，耳朵成为面孔的一部分。脑袋：略微圆拱，允许向眼睛方向呈圆弧形。口吻：非常匀称的头部，口吻与脑袋的长度比例为3∶4，口吻的长度是从鼻镜到止部的距离，脑袋的长度是从止部到后枕骨的距离。经外眼角和鼻尖连成的虚线，正好构成一个等边三角形。眼睛下方轮廓略显清晰。但不能太过分，而形成虚弱或尖细的前脸。下颌结实。鼻镜：突出，且总是黑色。嘴唇：黑色，精致，但不下垂。咬合：剪状咬合。上颚突出式咬合或下颚突出式咬合属于严重缺陷。弯曲或不成一线的牙齿是允许的，但缺齿属于严重缺陷。

颈部：长而骄傲地昂起，竖在头部之后。平滑地融入肩胛。颈部的长度，从后枕骨到马肩隆的距离大约为从前胸到臀部距离的1/3。背线：水平。

身躯：胸部相当发达，宽度能允许前肢能自由而无拘束的运动。胸部最低点至少能延伸到肘部。肋骨适度撑起，向后延伸到短而肌肉发达的腰部。前胸非常明显，且比肩关节略向前突出一点。下腹曲线适度上提。

尾巴：有许多羽毛，尾巴的位置与背线齐平，温和地卷在背后，所以尾巴上的毛发靠在背后。当尾巴向头部方向伸展时，至少能到达去马肩隆的中途。尾巴位置低、尾巴举到与后背垂直的位置、或尾巴向后下垂都属于严重缺陷。螺旋状的尾巴属于非常严重的缺陷。

肩胛：肩胛骨与上臂骨长度大致相等。肩胛向后倾斜，大约呈45°角。上臂骨向后延伸，从侧面观察，使肘部能正好位于马肩隆下方。

前肢：骨量中等；前臂和腕部既不能呈弓形，也不弯曲。

骹骨：相对垂直线而言，略显倾斜。狼爪可以切除。

足爪：紧而圆，类似所谓的猫足，直接指向前方，既不向内弯，也不向外翻。

脚垫：黑色。

趾甲：控制在比较短的状态下。

后躯：后躯骨量中等。大腿角度恰当，肌肉发达，距离略宽。第一节大腿和第二节大腿长度大致相等，与适度弯曲的膝关节结合在一起。从飞节到足爪这部分后腿完全垂直于地面。狼爪可以切除。脚掌紧而圆，脚垫为黑色。

被毛：被毛的质地最为重要。底毛柔软而浓厚，外层披毛粗硬且卷曲。两种毛发结合，触摸时，产生一种柔软而坚固的感觉，拍上去的感觉像长毛绒或天鹅绒一样有弹性。经过沐浴和刷拭后，被毛站立在身躯上，整体上产生一种粉扑的效果。刚毛质的被毛不合需要。柔软的被毛、丝质被毛，被毛平贴在身上，或缺乏底毛都属于非常严重的缺陷。修剪：被毛需要修剪，显示出身躯的自然曲线。所有部位都圆圆的，不能剪得太短，显得修剪过度或显示出四方形的外貌。头部装饰、胡须、髭须耳朵和尾巴保留较长的长度。头部长长的毛发修剪成圆圆的外观。背线修剪成水平状，被毛必须保留足够的长度，以维持该品种的粉扑形外貌。

颜色：卷毛比熊犬的颜色为白色，在耳朵周围或身躯上有浅黄色、奶酪色或杏色阴影。成熟个体身上的其他颜色超过被毛总数的10%，就属于缺陷，并将受到惩罚。但幼犬身体上出现这些允许的颜色则不属于缺陷。

步态：小跑的动作舒展、准确而轻松。从侧面观察，前腿和后腿的伸展动作相互协调，前躯伸展轻松，后肢驱动有力，背线保持稳固。运动中，头部和颈部略微竖立，随着速度增加，四肢有向身躯中心线聚拢的趋向。离去时，后腿间保持中等距离，可以看见脚垫。过来或离去，动作精确。

气质：温和而守规矩，敏感、顽皮且挚爱。愉快的态度是这个品种的特点，而且很容易因为小事情而满足。

7. 牧用犬

牧用犬组别始创于1983年，是美国养犬俱乐部的最新分类，这类犬最初是从工作犬中划分出来的，主要协助牧人进行放牧，如进行牧羊、牧牛等。这类犬忠诚、聪明、体格强壮，耐力持久，而且擅长追赶牲畜，它们兴奋时嚎叫不止，并有驱赶畜群的欲望，如布里犬、可蒙犬、德国牧羊犬、苏格兰牧羊犬、边境牧羊犬等。

（1）布里犬　原产地在法国。该犬充满热情，聪明勇敢，忠诚顺从，和善可亲，对儿童极有耐心。有非常好的记忆力，热衷于讨好主人。具有保护主人和家庭的遗传本能。对陌生人则有点矜持。肩高57～69cm，体重34kg左右（图1-45）。

（2）可蒙犬　原产地在匈牙利。该犬警惕、勇敢而且非常忠实。雄性最小肩高63.5cm，雌性最小肩高60cm。重量：36～38kg（图1-46）。

图1-45　布里犬

图1-46　可蒙犬

（3）德国牧羊犬　一条好的德国牧羊犬给人的印象是结实、敏捷、肌肉发达、警惕、且充满活力。非常平稳，前后躯非常和谐。体长略大于身高，身躯很深，身体轮廓的平滑曲线要胜于角度。身躯坚固而非细长，不论在休息时还是在运动中，给人的印象都是肌肉发达、敏捷，既不显得笨拙，也不显得软弱。理想的德国牧羊犬给人的印象是素质良好，具有无法形容的高贵感，一眼就能分辨出来，不会弄错。性别特征非常明显，根据其性别不同，或显得雄壮、或显得柔美。

体型：德国牧羊犬的体长略大于身高，理想的比例为10/8.5，身体长度的测量方法是从胸骨到骨盆末端，坐骨突起处。理想的身躯长度不是单由背部的长度提供，而是整体长度（匀称的比例，与高度协调），从侧面观察，身躯长度的组成包括前躯的长度、马肩隆的长度、后躯长度。

头部：头部高贵，线条简洁，结实而不粗笨，但是，整体不能太过纤细，要与身躯比例协调。雄性的头部明显地显示出雄壮，而雌性的头部明显地显示出柔美。表情：锐利、聪明、沉着。

眼睛：中等大小，杏仁形，位置略微倾斜，不突出。颜色尽可能深。

耳朵：略尖，与脑袋比例匀称，向前观察时，耳朵直立，理想的姿势（耳朵姿势）是，从前面观察，耳朵的中心线相互平行，且垂直于地面。剪耳或垂耳都属于失格。从前面观察，前额适度圆拱，脑袋倾斜，且长，口吻呈楔形，止部不明显。

口吻：长而结实，轮廓线与脑袋的轮廓线相互平行。

鼻镜：黑色。如果鼻镜不是彻底的黑色属于失格。嘴唇非常合适，颌部非常坚固。

牙齿：42颗牙齿，20颗上颚牙齿和22颗下颚牙齿，牙齿坚固，剪状咬合。上颚突出式咬合或钳状咬合不符合需要，下颚突出式咬合属于失格。齿系完整。除了第一前臼齿外，缺少其他牙齿都属于严重缺陷（图1-47）。

颈部、背线、身躯：颈部结实，且肌肉发达，轮廓鲜明且相对较长，与头部比例协调，且没有松弛的皮肤。当它关注或兴奋时，头部抬起，颈部高高昂起，否则，典型的姿势是颈部向前伸（支撑着头部），而不是向上伸，使头部略高于肩部，尤其是在运动时。

图 1－47　德国牧羊犬

背线：马肩隆位置最高，向后倾斜，过渡到平直的后背。后背直，非常稳固，没有下陷或拱起。后背相当短，与整个身躯给人的印象是深而可靠，但不笨重。胸部：开始于胸骨，丰满，且向下到两腿之间。胸深而宽，不浅薄，给心脏和肺部足够的空间，向前突出，从轮廓上观察，胸骨突在肩胛之前。肋骨：扩张良好，且长，既非桶状胸，也非平板胸。肋骨向下延伸到肘部位置。正确的肋骨组织，在狗小跑时，能允许肘部前后自由移动。过圆的肋骨会影响肘部的运动，且使肘部外翻；过平或过短的肋骨会造成肘部内弯。肋骨适当向后，使腰部相对较短。腹部稳固，没有大肚子。下腹曲线只在腰部适度上提。

腰部：从上面观察，宽且强壮。从侧面观察，从最后一节肋骨到大腿的长度不正确，是不符合需要的。臀部长，且逐渐倾斜。

尾巴：毛发浓密，尾椎至少延伸到飞节。尾巴平滑的与臀部结合，位置低，不能太高。休息时，尾巴直直地下垂，略微弯曲，呈马刀状。呈轻微的钩子状，有时歪向身体一侧，属于缺陷（会破坏整体外观的程度）。当狗在兴奋时或运动中，曲线会加强，尾巴突起，但决不会卷曲到超过垂直线。尾巴短，或末端僵硬都属于严重缺陷。断尾属于失格。

前躯：肩胛骨长而倾斜，平躺着，不很靠前。上臂与肩胛骨构成一个直角。肩胛与上臂都肌肉发达。不论从什么角度观察，前肢都是笔直的，骨骼呈卵形而不是圆形。骹骨结实而有弹性，与垂直线成25°角。前肢的狼爪可以切除，但通常保留。足爪短，脚趾紧凑且圆拱，脚垫厚实而稳固，趾甲短且为暗黑色。

后躯：从侧面观察，整个大腿组织非常宽，上下两部分大腿都肌肉发达，稳固，且尽可能成直角。上半部分大腿骨与肩胛骨平行，而下半部分大腿骨与上臂骨平行。跖骨（飞节与足爪之间的部分）短、结实且结合紧密。狼爪，如果后肢有狼爪，必须切除。足爪与前肢相同。

被毛：理想的狗有中等长度的双层被毛。外层披毛尽可能浓密，毛发直、粗硬、且平贴着身体。略呈波浪状的被毛，通常是刚毛质地的毛发，是允许的。头部，包括耳朵内，前额，腿和脚掌上都覆盖着较短的毛发，颈部毛发长而浓密。前肢和后腿后方，毛发略长，分别延伸到骹骨和飞节。缺陷：被毛柔软；丝状被毛；外层披毛过长；羊毛质地的被毛；卷曲的被毛；敞开的被毛。

颜色：德国牧羊犬的颜色多变，大多数颜色都是允许的。浓烈的颜色为首选。黯淡的颜色、褪色、蓝色及肝色为严重缺陷。白色狗为失格。

气质：这一品种有非常明显的个性特征：直接、大胆，但无敌意。表情：自信、明显的冷漠，使它不那么容易接近和建立友谊。该品种必须平易近人、平静地站在那里、显得很有信心，乐于接受安排，不固执。它应该泰然自若，但机会允许，它会显得热情而警惕，有能力作为伴侣犬、看门狗、导盲犬、牧羊犬或护卫犬，不论哪种工作，它都能胜任。他决不能显得胆小、羞怯，躲在主人或牵犬师背后；决不能显得神经质，四处张望、向上看或显出紧张不安的情绪，如听到陌生声音或见到陌生事物，就夹起尾巴。在任何环境中都缺乏信心，是心理素质不好的表现。缺乏良好的气质，是属于严重缺陷，最好让它离开比赛现场。必须允许裁判检查它的牙齿、睾丸等部位。有任何咬裁判的企图都属于失格。理想的德国牧羊犬应该是一种不易收买的工作犬，其身体构造和步态能使它完成非常艰巨的任务，这是制订标准的首要目的。

失格：剪耳或垂耳、鼻镜不是完全的黑色、下颚突出、断尾、白色被毛、有咬裁判的企图。

（4）苏格兰牧羊犬　苏格兰牧羊犬是一种柔韧、结实、积极、活泼的品种，意味着它没有无价值的地方，自然站立时，整齐而稳固。深且宽度适中的胸部显示出力量，倾斜的肩胛和适度弯曲的飞节显示出速度和优雅，脸部显示出非常高的智商。苏格兰牧羊犬给人的印象深刻，是自信的化身、代表真正的和谐，每一部分都与其他部分及整体构成完美、和谐的比例。除了在这个标准中所描述的技术细节外，繁殖者和裁判脱离标准也能判断出柯利犬的优劣，其实这很简单，只要没有任何一个部分与其他部分有比例不协调之处就对了。胆怯、脆弱、易怒、缺少生气、外观笨重 、缺乏整体平衡都会削弱苏格兰牧羊犬的整体外观得分。

头部：头部是至关重要的部分。与整体结构比例协调的头部应该显得轻盈，且决不显示出任何沉重的迹象。沉重的头部无法表现出欢快、警惕、充满理性等必要的表情。不论从前面还是从侧面观察头部，共同之处在于都可以明显地观察到倾斜的楔形。轮廓清晰、平顺，精致且比例协调。从侧面观察，从耳朵到黑色鼻镜方向，头部逐渐变细，但后脑不向外扩张，苏格兰牧羊犬口吻也没有突然变窄的样子（像被截断的口吻）。观察脑袋的轮廓和口吻的轮廓，是两条大致平行的直线，长度大致相等，被一个非常轻微，但可察觉的止部分隔开。两个内眼角的中点（止部的中点）正好是整个头部长度的中点。平滑且丰满的口吻末端，形状比较钝，但不能呈直角形。下颚结实，轮廓清晰，深度（从眉骨到下颚的距离）不夸张。牙齿排列整齐，剪状咬合。苏格兰牧羊犬上颚突出式咬合及下颚突出式咬合都属于缺陷，后者会受到更严厉的处罚。眉骨突出（非常轻微）。脑袋平坦，既不向侧面退缩、也不向后面退缩，且后枕骨也不非常突出。正确的后脑必须依靠脑袋和口吻的长度所构成，同时，后脑的宽度要小于长度。因此，不同的个体，正确的宽度是不同的，必须依赖于口吻的长度及宽度。由于苏格兰牧羊犬头部特征是非常重要的，所以明显的头部缺陷会受到严厉的惩罚（图 1－48）。

图1－48　苏格兰牧羊犬

眼睛：由于头部由平坦的脑袋、拱形的眉毛、轻微的止部、圆形的口吻组成，所以前额必须轮廓分明，留给眼窝的位置只能略微倾斜，这样才能有比较好的前方视野。除了芸石色犬外，眼睛的颜色必须匹配。苏格兰牧羊犬眼睛形状为杏仁形，中等大小，既不太大，也不突出。苏格兰牧羊犬眼睛的颜色为暗黑色，不能因为瞳孔周围有黄圈，或瞬膜显露出来，而影响了狗的表情。眼睛清澈、欢快，显示出聪明、好奇，尤其是当耳朵竖起，非常警惕的时候。芸石色的狗，深褐色的眼睛最为理想，但是两个眼睛或单个眼睛为蓝色或灰色是允许的。大、圆、突出的眼睛会严重影响狗的甜蜜表情，属于缺陷。眼睛的缺陷会受到严重处罚。

耳朵：耳朵的尺寸应该与头部呈正确的比例，耳朵天生呈准确的半立耳姿态是很少见的。耳朵过大，通常无法举起，即使能举起，苏格兰牧羊犬的尺寸与头部的比例也不协调。休息时，耳朵向前折叠，呈半立耳姿态。警惕时，耳朵会在脑袋上竖起，保持3/4部分是直立的，1/4的耳朵尖向前折叠。如果狗的耳朵为立耳或耳朵位置太低，而无法显露出正确的表情，将会因此受到处罚。

颈部：苏格兰牧羊犬颈部稳固，整洁，肌肉发达，有大量饰毛。长度恰当，竖直向上举着，颈背略微圆拱，显示出自豪，直立的姿态可以更好的展示饰毛。

身躯：身躯稳固、坚实、且肌肉发达，比例上，体长略大于身高。肋骨扩张良好，在适度倾斜的肩胛之后，胸部深，深度达到肘部。背部结实且水平，由有力的臀部和大腿支撑着，臀部倾斜，形成一个漂亮完美的圆弧形。腰部有力且圆拱。过度肥胖、缺少肌肉、皮肤病、由于健康条件不好而缺少底毛，都属于缺陷并适当惩罚。

腿：前肢直，且肌肉发达，骨量充足，与整体协调。不应该显得笨重。前肢距离太近或太远都属于缺陷。前臂适度丰满，骨柔韧但不软弱。后腿不那么丰满，大腿肌肉发达且非常有力，飞节和膝关节适度倾斜。牛肢或后膝关节过直都属于缺陷。足爪相当小，呈卵形。脚垫厚实而坚韧，脚趾圆拱且紧密。当柯利犬不运动时，允许为它摆造型（按自然站立的姿势，将前后肢都分开恰当的距离，足爪都笔直向前）。但过分“摆造型”是不合需要的。

步态：步态坚实。当狗以慢速小跑，面对裁判走来时，可以观察到前肢很直，足爪在地面的落点非常靠近。肘部不向外翻，没有“交叉”步，步伐没有起伏、也没有踱步、更没有滚动式步态。从后面观察时，后腿直，足爪在地面的落点非常靠近。在中速小跑时，后腿提供了强大的驱动力。从侧面观察，步幅大，前肢的伸展非常顺畅而平滑，使背线保持水平和稳固。当速度增加后，柯利犬的足迹趋向于单一轨迹，就是说，前肢从肩部开始呈一直线，向身体中心线倾斜；后肢从臀部开始呈一直线，向身体中心线倾斜。作为牧羊犬，要求其步态中，能随意改变速度，并且有能力几乎在瞬间改变行进方向。

尾巴：尾巴长度适中，能延伸到飞节或更低。当它休息时，尾巴下垂，但尾巴尖向上扭曲或呈漩涡是这个品种的特点。当狗在运动时或兴奋时，尾巴欢快地举起，但不应该高过背平面。

被毛：合身且质地正确的被毛，是无比的光荣。除了在头部和腿部以外的位置，毛发都非常丰厚。外层披毛直、触觉为粗硬。如果外层披毛柔软敞开、或卷曲，那么不论毛量如何，都属于缺陷。底毛柔软、浓厚、紧贴身体，以至于分开毛发都很难看见皮肤。鬃毛和饰毛的毛发都非常丰富。脸部毛发短而平滑。前肢毛发短而平滑，骨后方长有羽状饰毛。后腿在飞节以下部分的毛发短而平滑。比赛中，飞节以下部分的羽状饰毛都需要修剪掉。尾巴上的毛发异常丰厚，且臀部的毛发也又长又浓密。被毛质地、毛量、及范围（被毛“合身”于否）都是非常重要的指标。

颜色：有四种颜色是被承认的，即黄白色，三色，芸石色，白色。四种颜色没有优劣之分。“黄白色”是以黄色（驼色，深浅程度从浅金色到暗桃木色不等）为主，带白色斑纹。白色斑纹主要出现在胸部、颈部、腿、足爪、尾巴尖等位置。前额和脑袋可能出现白筋（两处都有或只有一处）。“三色”是以黑色为主要色调，与黄白色一样带有白色斑纹，在头部和腿部有茶褐色阴影。“芸石色”是杂色或大理石色，通常是蓝灰色和黑色为主要颜色，与黄白色一样带有白色斑纹，通常带有与三色一样的茶褐色阴影。“白色”是以白色为主，最好带有黄色、三色或芸石色斑纹。

表情：表情是评价苏格兰牧羊犬的最重要指标之一。表情很难用抽象词汇，很学术的描述出来。不像颜色、体重、身高等具体物理特征，也很难用图形表达。但是，脑袋与口吻的比例、位置、尺寸、形状，眼睛的颜色、位置、大小，耳朵的方向等还是可以描述的。表情所表达的情绪或许与其他品种完全不同。所以，苏格兰牧羊犬的表情至今无法准确评判，需要谨慎对待。

（5）边境牧羊犬　边境牧羊犬是非常匀称的、中等体型的、外观健壮的狗。显示出来的优雅和敏捷与体质及精力相称。它的身躯坚实、肌肉发达，具有平滑的轮廓，给人的印象是动作毫不费力，且具有无穷的耐力。这一特征使它成为世界排名第一位的牧羊犬。它精力充沛、警惕而热情。聪明是它的一大特点。

体型：身体长度（从肩胛末端到臀部的距离）略大于肩高。骨骼结实，但不夸张，与整体尺寸相称。整体的高度、长度、体重、骨量的匀称是至关重要的，比单一特征要重要得多。体重超标不应该误认为是肌肉或骨量造成的。任何单一特征影响整体的平衡将被认为是缺陷（图1－49）。

图1－49　边境牧羊犬

头部：表情聪明、警惕、热情且充满好奇心。眼睛分的较开，中等大小，卵形。眼圈色素和眼睛颜色为褐色；如果身体主要颜色不是黑色，眼睛的颜色会明显浅一些。眼圈色素缺乏属于缺陷。除了山鸟色外，其他颜色的狗出现蓝眼睛属于缺陷。山鸟色狗单眼蓝色或两眼蓝色；单眼部分蓝色或两眼部分蓝色都是允许的。耳朵中等大小，分的较开，耳朵竖立或半立（保持1/4到3/4的耳朵竖立）。耳尖指向前面或向两侧。耳朵灵敏，且灵活。脑袋：宽阔，后枕骨不突出。脑袋的长度与前脸的长度相等。止部适中、但清晰。口吻：略短，结实，且钝，鼻镜端略细。下颚结实且非常发达。鼻镜的颜色与身体主要颜色相称，鼻孔发达。像被截断的口吻属于缺陷。牙齿和颚部结实，剪状咬合。

颈部：长度恰当，结实且肌肉发达，略拱，向肩部方向逐渐放宽。背线：平，腰部后方略拱。

身躯：外观健壮。胸深、宽度适中，显示出巨大的胸腔容积。胸深达到肘部。肋骨扩张良好。腰部深度适中，肌肉发达，略拱，无上提。臀部向后逐渐倾斜。

尾巴：位置低，中等长度，尾骨延伸到飞节。末端有向上的漩涡。在全神贯注完成任务时，尾巴低垂，以保持平衡。兴奋时，尾巴可能上举到背部的高度。放荡的尾巴属于缺陷。

前躯：从前面观察，前肢骨骼发达，彼此平行。从侧面观察，脚腕略微倾斜。肩胛与上臂角度恰当。肘部既不向内弯也不向外翻。狼爪可以被切除。足爪紧凑，卵形，脚垫深且结实，脚趾适度圆拱、紧凑。

后躯：宽阔且肌肉发达，轮廓温和的向尾巴处倾斜。大腿长、宽、深且肌肉发达。膝关节角度恰当，飞节结实、位置低。从后面观察，后肢骨量充足、直、彼此平行且有非常轻微的牛肢。狼爪可以被切除。足爪紧凑，卵形，脚垫深且结实，脚趾适度圆拱、紧凑。趾甲短而结实。

被毛：允许有两种类型粗毛和短毛。两种类型都有柔软、浓密、能抵御恶劣气候的双层被毛。幼犬的毛发短、柔软、浓密且能防水。成年后转化成底毛。粗毛型：毛发长度中等，质地平坦，略呈波浪状，脸部毛发短而平滑。前肢有羽状饰毛。后脚腕的毛发可以被剪短。随着年龄的增加，毛发会逐渐变成很厉害的波浪状，这不属于缺陷。短毛型：全身的毛发都很短，前肢可能有饰毛，胸部毛发丰满。

颜色：边境牧羊犬具有很多种颜色，有各种不同的式样和斑纹。最普通的颜色就是黑色带（或不带）白筋、白围脖、白袜子、白尾尖，带（或不带）褐色斑纹。身体出现各种不同的颜色都是允许的，唯独全白色是例外。单色、双色、三色与传统的颜色在比赛中应该一视同仁。颜色和斑纹在比赛中为次要指标，身体结构和步态才是主要指标。

气质：边境牧羊犬是聪明、警惕而敏感的品种，对朋友非常友善而对陌生人明显地有所保留，所以是一种非常优秀的看门狗。它还是一种卓越的牧羊犬，它乐于学习并对此感到满足。并在人类的友谊中茁壮成长。有明显的凶恶倾向或非常羞怯都属于严重缺陷。

上述分类方法是世界上比较公认的分类方法，也是最常用的分类方法。但这种分类方法也未能按照品种起源的亲缘关系分类，基本上是按犬原始用途分类的。许多品种实际使用情况并不符合其分类归属，如著名的德国牧羊犬分类是牧用犬，现在几乎完全用做警犬和军犬；又如许多伴侣犬以前都曾是猎犬。

（二）根据犬的体高和体重划分

（1）大型犬　体高 61cm 以上，体重 20.5kg 以上。

（2）中型犬　体高 40.7～61cm，体重 12.7～20.5kg。

（3）小型犬　体高 25.5～40.7cm，体重 4～12.7kg。

（4）极小型犬　体高 25cm 以下，体重 4kg 以下。

另外也可仅根据体重分：小型（小于 10kg）、中型（11～25kg）、大型（26～44kg）、巨型（45kg 以上）。

二、猫的分类

世界上现存猫的品种大约有百余种，但常见的品种只有 30～40 种。目前，猫品种的分类方法有以下几种：

（一）根据生存环境可分为野猫和家猫

野猫：是家猫的祖先，它们生活在野外环境。

家猫：是由野猫经过人类长期驯化饲养的猫。

（二）从品种培育的角度可分为纯种猫和杂种猫

纯种猫：是指人们按照某种目的精心培育而成的猫，一般要经过数年才能培育成功。至少经过四代以上其遗传性才能稳定。

杂种猫：是未经人为控制，任其自然繁衍的猫，经过数年，也可能形成具有一定特性的品种。

（三）根据猫被毛的长短可分为无毛猫、短毛猫和长毛猫

1. 无毛猫

主要品种有斯芬克斯猫。斯芬克斯猫原产国加拿大，中等瘦长型（图 1－50）。

斯芬克斯猫除在耳、口、鼻、尾毛前端、脚和睾丸等部位有些又薄又短的柔软胎毛外，其他全身部分无毛，皮肤多皱、有弹性，和别的猫相比，多汗。头部呈楔形，耳朵大，眼睛大呈圆形，稍倾斜，多为蓝色或金黄色。尾长且细。肌肉发达，触摸体温比其他

猫高。

斯芬克斯猫非常老实，忍耐力极强，容易和人亲近，对主人忠诚。

2. 短毛猫

短毛猫品种较多，目前世界上大约有200多种。短毛猫被毛较短，不需梳理，易于照管，体魄强壮。另外，短毛猫捕鼠能力也比较强，是以防鼠为目的的家庭饲养的首选。主要品种有美国短毛猫、阿比西尼亚猫、日本短尾猫、曼克斯猫、苏格兰塌耳猫、东方短毛猫、俄国蓝猫、孟买猫、英国短毛猫、泰国猫、埃及猫、新加坡猫、缅甸猫、印度猫、异国短毛猫、北部湾猫、色点短毛猫、欧西猫、欧塞特猫、叭蜜子猫等。现将其主要品种介绍如下：

(1) 美国短毛猫　原产地在美国，稍大型的粗胖型。18～19世纪，英国的清教徒和大批欧洲人迁移到美洲大陆，在他们移居时，同时也带去了一些欧洲猫的品种，他们将带来的短毛猫和美国当地猫进行杂交，经过细心的培育改良，从而培育成了体质强壮、体型优美的美国短毛猫。这种猫很受当地美国人的喜爱，并在猫展上受到好评（图1－51）。

图1－50　斯芬克斯猫

图1－51　美国短毛猫

美国短毛猫性格乖巧，通人性，很重感情，只要给予尊重，对饲养它的主人及全家成员都能很亲近。这种猫身体强壮，能忍耐严寒和酷热的气候，喜欢攀登，跳跃技术高，善捕捉。

美国短毛猫身体过肥或过瘦，被毛太长或太短，鼻子凹陷，多趾以及尾巴太短等为不合格者。

(2) 阿比西尼亚猫　原产地在英国，瘦长型。

阿比西尼亚猫，经过改良后，身材修长，四肢高而细，尾长而尖，头略尖，眼睛大而圆，眼睛为金黄色、绿色或淡褐色，耳朵大且直立，耳内长毛。毛短，毛色漂亮，最常见的毛色是黄褐色，间有黑色杂毛（有白色杂毛者为劣种）。被毛细密，绒毛层较发达，富有弹性。这种猫喜欢独居，善爬树，体态轻盈，性情温和，通人性，产仔数不多，一窝约产4仔，幼仔较小，发育较慢，出生仔猫被毛开始时较暗，以后逐渐消退（图1－52）。

(3) 日本短尾猫　原产地在日本，中等瘦短型。

该猫体型中等偏瘦，但肌肉发育良好。身体较短，额、鼻部宽而圆，耳朵直立。眼睛大而圆，两眼外角稍向上挑。尾巴短，只有5～7cm长，很像兔子尾巴，但尾尖运动灵活，短尾是该猫的主要特征。被毛中等长度，柔软如丝，毛色漂亮，白色为其基本色型，如果白色上再嵌有红色或黑色斑点，这三种颜色集于一身则是比较名贵的品种，也有的深色毛似老虎皮斑纹排列的。

日本短尾猫，性情伶俐温顺，健壮，活泼好动，叫声悦耳动听（图1－53）。

图1－52　阿比西尼亚猫

图1－53　日本短尾猫

（4）曼克斯猫　又称作曼岛猫、海曼岛猫、曼岛无尾猫。原产地在英国，身材短小，无尾。

曼克斯猫身体短小，肌肉发达，臀部呈圆形，臀部比肩部高。头圆而宽，颈短粗壮，长鼻子，两耳稍圆且耳间距较宽。眼大而明亮呈棕色。全身被毛为双层、紧密，光滑而发亮。毛色有青紫蓝色、红色、褐色和淡紫色。该猫繁殖能力低，一窝只产2～3只，而且成活率低。曼克斯猫聪明伶俐，性情温顺，易于训练，善于爬树，极为恋家（图1－54）。

图1－54　曼克斯猫

图1－55　苏格兰塌耳猫

（5）苏格兰塌耳猫　又称做小弯耳猫。原产地在英国，中等粗短胖型。

这种猫最大的特点是小巧的双耳往前方弯曲。头呈方形，颈短而粗壮。鼻子小而扁，眼睛大而圆，眼睛的颜色因毛色不同而异。四肢粗壮，尾较短，尾尖钝圆。被毛短而密，柔软富有光泽。毛色有金黄色、黑色和浅蓝色等。性情温和。抗病和御寒能力强。每窝平均产仔3～4只。小猫刚出生时，两耳直立，这时欲鉴别是不是塌耳猫，只能看其尾巴、尾巴短而粗的是塌耳猫。4周龄以后，耳朵下垂（图1－55）。

（6）东方短毛猫　原产地英国和美国。健壮，类似于泰国猫。

东方短毛猫其体形类似于泰国猫，眼睛多为绿色，也有的为琥珀色。性格类似于泰国猫。毛色丰富，有白色、灰蓝色、烟色、乌黑色、淡紫色、红色、淡黄色、银色、龟甲斑纹色等多种（图1－56）。

(7) 俄国蓝猫　又称作西班牙蓝猫，大天使猫，马尔他猫。原产地在英国，瘦长型。

骨骼发育良好，足呈正圆形。头略尖，额角凹陷，耳大目长。眼睛为杏核眼，两眼间距宽，眼为绿色。尾巴长而光滑，呈锥形。毛短而密，光滑富有光泽。毛色为灰色、蓝灰色。性格温顺安详、热情，机敏，易与人相处（图1－57）。

图1－56　东方短毛猫

图1－57　俄国蓝猫

(8) 孟买猫　原产地在美国，中等瘦长型（图1－58）。

该猫身体中等大小，肌肉发达，四肢匀称，爪垫为黑色。头呈圆形，脸圆，鼻子和嘴巴短小，界线分明显眼。耳朵中等大小，竖立，耳尖稍呈圆形。眼睛呈圆形，黄色或紫铜色。尾巴中等长度，尾型漂亮。被毛颜色为黑色，鼻子也呈黑色。每窝产仔3～5只，刚出生的仔猫，毛色较淡，6～7月龄后被毛才变为黑色。

孟买猫对主人忠实友好，温和而乖巧，喜安静，叫声小而甜蜜。

(9) 英国短毛猫　又称作欧洲短毛猫。原产地在英国，中等粗短胖型（图1－59）。

图1－58　孟买猫

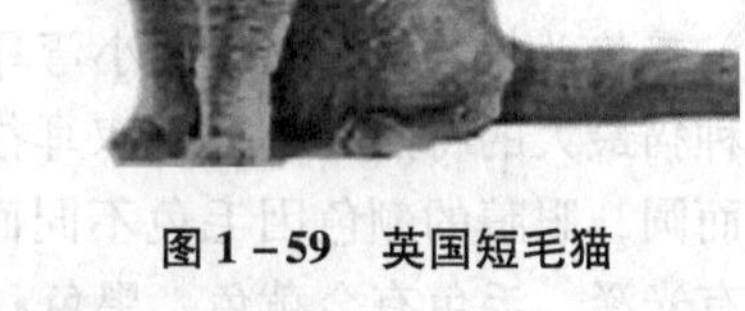

图1－59　英国短毛猫

体型紧凑匀称，肌肉发达，胸部宽大，头圆，颈粗短，鼻子宽而直，双耳间距较宽，耳朵小，耳尖圆形。眼睛大且圆，眼睛的颜色因毛色的不同而有差异。尾巴稍粗短，尾尖钝圆。四肢短，强健有力，趾爪圆形。被毛短、柔软而密生。毛色和花纹没有一定的标准，有的具有青灰色和斑色。

(10) 泰国猫 原产地在泰国，瘦长型（图1－60）。

泰国猫的头颅为三角形，耳朵根部要宽，并逐渐地直细到耳尖。眼睛呈银杏形，像蓝宝石样光亮。身体修长，体型适中、紧凑，肌肉发达。后肢细长，稍长于前肢，足小，呈椭圆形。尾巴细长，尾尖部弯曲。全身被毛短，整齐柔软，毛色一般为米黄色，背部的毛为淡黄色，腹部的毛大多为白色。面部、耳、四肢下部和尾巴部位为酱色。泰国猫身上有海豹样的色点，根据颜色的不同，又有蓝色点、巧克力色点、淡紫色点、红色点、奶油色点等。仔猫刚出生时，全身被毛均为白色，约经过6～12个月，身上的被毛渐渐变深，并出现海豹样色点。

(11) 埃及猫 原产地在埃及，中等瘦长型。

埃及猫头圆略显尖，口鼻稍突，耳大常抽动，基部较宽，顶端稍尖，耳内呈粉红色。眼睛大呈杏核形，浅绿色。尾长呈锥形。被毛上的色斑特点突出，在额面部的花纹像眉笔画过似的呈深色条纹，似英文大写字母“M”形，颈部呈细线状，肩部条纹较宽，肩部以后呈斑点状，尾斑呈带状。埃及猫的毛色有三种类型：一种是银白色的基调有黑色斑纹；一种是银白色的基调有巧克力色斑纹；一种是灰色的基调有黑色斑纹。埃及猫生性脆弱、胆小，怕陌生人，叫声轻细，声调优美（图1－61）。

图1－60 泰国猫

图1－61 埃及猫

(12) 新加坡猫 又称作新加普拉猫。原产地在新加坡，中等粗短胖型。

这种猫是家猫中体型最小、最轻的品种，成年雌猫体重还不足3kg。该猫头圆，鼻短，下颌较大。耳大呈尖状。眼睛呈杏仁状稍斜，眼睛上有漂亮的眼线，眼睛为淡褐色、黄色或绿色。身材匀称结实，背稍拱，肌肉发达，四肢中等长度，动作敏捷，富有弹性，尾巴中等长。被毛短细，柔软如丝。毛色有淡褐色，黑貂色等。

新加坡猫适应性强，性格温顺，安静，对主人十分忠诚（图1－62）。

(13) 缅甸猫 原产地在缅甸，中等瘦长型。

缅甸猫体型中等瘦长，但身体强壮，肌肉结实。头圆略尖，两耳距离较宽，眼睛呈圆或椭圆形，向鼻端倾斜，眼睛的颜色有金黄色或黄绿色。尾长而直。被毛短而紧密、光滑，毛色为棕色，猫成熟后逐渐成深棕色。这是美国和北美其他国家认可的颜色。但在英国等除认可的棕色外，还认可橙黄色、红色、巧克力色、青灰色、蓝色等颜色的缅甸猫。聪明伶俐，热情可爱，勇敢（图1－63）。

图 1－62　新加坡猫

图 1－63　缅甸猫

(14) 印度猫　原产地在印度，中等瘦长型。

印度猫的特点是皮毛上有斑点，现在的这种印度猫成了唯一一种留有此种天然斑点的猫。该种猫的这种斑点镶嵌在爪、脸和尾巴上的横向条纹和颈及前胸之间的项链状条纹间。从它的外形看来这种猫似乎极具野性，但实际上很温顺，具有浪漫气息，爱孤独（图 1－64）。

图 1－64　印度猫

图 1－65　异国短毛猫

(15) 异国短毛猫　原产地在美国，中、大型的短、粗、胖型。

异国短毛猫的体型健壮，比较短，体态滚圆，肌肉发达，四肢粗壮有力，头大而圆，脸扁平，鼻梁扁平。耳朵小直立且圆。眼睛大而圆。尾巴粗壮。被毛短却很光滑，这种猫性情温和，天真可爱（图 1－65）。

3. 长毛猫

(1) 波斯猫　又称作长毛猫，原产地在土耳其、阿富汗（图 1－66）。

波斯猫的身体呈近似正方形的长方形，肌肉发达，骨骼健壮。头大面宽，鼻子短而扁小。耳朵圆且小，耳间距离宽，耳朵上的毛很厚。眼睛大而圆，其颜色有绿色、蓝色和金黄色等。四肢较短，显得结实粗壮，脚尖小。尾巴中等大小，毛长而蓬松柔软，有光泽。被毛丰富、有弹性，肩膀和脖子的毛特别长而松散，有如公狮的鬃毛，下层毛很短。脚尖上的毛密生。这种猫温文尔雅，反应灵敏，善解人意，少动好静对主人忠诚。叫声尖细优美，容易适应新的环境。每窝产 2～3 只仔猫，刚出生时仔猫的毛短。

根据波斯猫被毛的颜色和花纹，可将其被毛分为：

1）单色毛：毛的颜色有黑色、白色、蓝色、红色、奶油色、灰色、金黄色、棕色、巧克力色等多种颜色，配上黄色或蓝色的眼睛。

2）双色毛：被毛毛色有两种颜色，再配协调的眼睛颜色。

3）被毛的颜色有两种以上，眼睛的颜色随着毛色而有变化。

（2）安哥拉猫　原产地在土耳其，体型硕长（图1－67）。

图1－66　波斯猫

图1－67　安哥拉猫

安哥拉猫身材修长，略长于波斯猫，四肢高而细，头长而尖，耳大且尖，颈细长。眼睛为杏核眼，呈蓝色，或者一蓝一绿。有些蓝眼白色被毛的安哥拉猫天生无听力。尾巴呈锥形。全身有丝状般的长被毛，颈、腹部和尾巴的软毛较丰厚。毛色有红色、褐色、黑色和白色。一般认为白色为正宗的安哥拉纯种猫。该猫早熟，母猫繁殖能力强，每窝产仔4只，小猫发育很快，生后睁眼的时间也较早，幼猫喜欢嬉闹玩要。

（3）喜马拉雅猫　原产地在英国，粗短胖型（图1－68）。

图1－68　喜玛拉雅猫

喜马拉雅猫身体结实，四肢健壮，18月龄时，体型基本定型。头颅宽而圆，具有波斯猫的典型头形，面颊稍圆、颈较短，眼睛大而圆，有和泰国猫一样迷人的宝石蓝色眼睛。全身被毛和波斯猫一样松软、长而密生，毛色为奶油色，脸部、四肢、耳朵和尾巴为酱色、并具有花纹。这种猫每窝产2～3 只仔猫。

(4) 索马里猫 又称作索玛丽猫，原产地在英国，瘦长型。

索马里猫实际上是由突变的长毛阿比西尼亚猫有计划选育而成的，有时阿比西尼亚猫的父母会生出这种猫（图 1－69）。

图 1－69 索马里猫

图 1－70 巴曼猫

该种猫四肢强壮但不显粗大，腰稍弓。头呈圆形，耳朵宽大，像始终保持警觉一样。眼睛略呈杏核形，呈绿色或金黄色，有一黑色眼圈。尾巴长而壮实。被毛光滑、细长，颈部的毛密又厚。

索马里猫好动，聪明伶俐，能捉善捕。

(5) 巴曼猫 也称作波曼猫，原产地在缅甸，瘦长粗胖型（图 1－70）。

巴曼猫全身有银白色的长毛，面部、耳朵、尾巴、四肢呈黑色。巴曼猫的四肢足前端呈纯白色。此猫腿短体长，鼻子、耳朵较大，眼睛为蓝色。头圆而宽大，嘴大须浓、足粗壮，被毛附着良好。此猫天生恬静，活泼可爱，对主人温顺，渴求主人的宠爱。

巴曼猫生长较快，早熟，大约 7 个月就能发情交配。一般每窝产仔 3～5 只。

(6) 巴厘猫 又称作巴厘岛猫，原产地在美国，瘦长型。

巴厘猫身材细长，但肌肉发育良好。腿细长、且后腿稍长于前腿。头长而尖，颈细长，耳基部宽，鼻子长且直。眼睛为杏核眼，呈深蓝色，尾巴长呈锥形。被毛长呈丝状光滑，贴附于皮上，没有内层绒毛。毛色有白色、蓝色、巧克力色和淡紫色。面、耳、尾巴和四肢呈黑色。

巴厘猫喜欢跑跳，好爬高。感情丰富，容易和人建立感情。此种猫每窝产仔 3～4 只。与其他长毛品种相比，巴厘猫的性成熟早（图 1－71）。

(7) 缅因猫 又称作缅因浣熊猫，原产地在美国，硕大型。

缅因猫体型高大，肌肉发达，一般的公猫有 7kg，母猫可达 5kg。此种猫头宽厚，颈部中等长，耳大，四肢较高而粗壮，尾长。眼睛大呈卵圆形，呈绿色、金黄色和浅黄色，只有白色的缅因猫的眼睛呈蓝色。毛色有红色、棕褐色和巧克力色，以棕褐色最为常见，有时可见条状或块状的斑点。

缅因猫身体强壮，抗病能力强，特别耐寒。聪颖机灵、热情可爱，易与人相处，重感情。该猫每窝产仔 2～3 只，小猫大约 4 岁时才完全发育成熟（图 1－72）。

图1－71 巴厘猫

图1－72 缅因猫

（8）挪威猫 又称作挪威森林之猫，原产地在挪威，高大、健壮。

挪威猫身体健壮、高大，肌肉发达，四肢健壮有力，脚爪灵巧，善于爬树。头圆而强壮，眼睛明亮有神，眼睛的颜色随毛色的不同而异。尾巴中等长。该猫为抵御严寒，皮毛渐渐变得丰厚致密，内层绒毛保暖性能好，领毛较为丰富，颇具魅力。挪威猫聪颖机敏，行动谨慎，能捕善捉。性情偏于沉稳，很少鸣叫（图1－73）。

（9）美国卷毛猫 原产地在美国，中等瘦长型。

该猫体型中等，身体结构较匀称，两腿略显矮些，但结实，足呈卵圆形。头呈圆形，两颊略显突出，鼻子稍弯曲。眼睛圆形，有神，两眼间距较宽，眼睛的颜色与被毛色调相协调。尾巴中等长度。被毛卷而弯曲。头、背、两肋和背根的被毛较粗，下颜和下腹部的被毛则较细软。毛色富于变化（图1－74）。

图1－73 挪威猫

图1－74 美国卷毛猫

（10）威尔士猫 原产地在加拿大，身材比较短小（图1－75）。

威尔士猫的被毛中等长或更长些，并有一层厚厚的内层绒毛。被毛虽长，但不缠绕。被毛柔软光滑且富有光泽。

图 1－75　威尔士猫

（四）根据毛色类型划分

1. 分为单一色

以黑色波斯猫最受欢迎、巧克力色哈瓦那猫、白色日本猫和黑色英国短尾猫也很受欢迎。

2. 渲染毛色

此类有绒鼠色、阴影色和朦胧色。

3. 虎斑色

美国短毛猫额头的“M”形标记为虎斑猫的典型特征，还有阿比西尼亚猫、埃及猫。

4. 部分毛色

波斯猫、龟甲波斯猫、日本短尾猫、黑白色外围短毛猫、黑色底色套乳白色、橘色毛色，还有巧克力蓝紫丁香色和肉桂色均属此类。

5. 斑毛色

有海豹色斑巴曼猫、蓝色斑巴厘猫。

（五）根据猫的身体类型划分

短壮型、半短壮型、半外国型、外国型、东方型和长重型。

（六）根据猫的功能划分

观赏猫、捕鼠猫、经济用猫和实验猫。

（七）根据猫出生地或活动地域分类

1. 挪威

森林猫。

2. 英国

康沃尔帝王猫、德文帝王猫、海曼岛猫、苏格兰折叠猫、英国短毛猫。

3. 法国

沙特尔猫。

4. 埃及

埃及猫。

5. 埃塞俄比亚

阿比西尼亚猫。

6. 土耳其

土耳其安哥拉猫、土耳其凡城猫。

7. 阿富汗

波斯猫。

8. 缅甸

波曼猫。

9. 新加坡

新加坡猫。

10. 日本

日本猫。

11. 加拿大

斯芬克斯猫。

12. 美国

短毛猫（北美）、巴厘猫、美国硬毛猫（纽约州）。

复习题

1. 简述犬有哪些行为与心理?
2. 简述猫的心理。
3. 简述运动犬分类，并描述它们的特点。
4. 列举五种长毛猫并描述它们的特点。

第二章　宠物美容器具与用品

第一节　美容设备

一、美容桌

美容桌是宠物美容必需用具，美容桌的大小要根据宠物的体重而定。要求桌面防滑并配有各种用途的美容支架，有的支架可以给宠物安全感，主要将宠物套在皮带上，体格大的宠物也配有腹带，使之在适应美容之前防止它挣脱；有的支架具有固定吹水机和吹风机作用，可使美容师腾出两手梳理宠物。美容桌应符合以下条件：理想的美容桌要稳定且坚固，设备的下方要平稳，不能晃动；台面要有防滑防水桌面，以防止犬从台上滑下去；用来固定宠物的支架要牢固，能承受犬的拉扯；美容桌的高度应该以使用者感到舒服为标准，不至于让使用者弯腰屈背地趴在犬身上。美容桌的类型有液压型和普通型两种。

（一）型号

宠物美容桌可分大、中、小三种型号。小号折叠美容台规格为76cm（长）×45cm（宽）×80cm（高），承重100kg；中号折叠美容台规格为95cm（长）×60cm（宽）×75cm（高），承重150kg；大号折叠美容台规格为120cm（长）×60cm（宽）×65cm（高），承重180kg。

（二）结构

1. 桌面

桌面要求防滑性能好，有助于安定宠物；韧性好，不怕宠物抓挠。台面颜色清新，美观并能降低长时间操作的眼部疲劳感，同时有利于与各种颜色犬猫的毛发相区别。

2. 桌板

要求防潮性能良好，稳定性好，不易变形、开裂，长期使用也不会因为水气而吸潮变形。

3. 包边

要求全封闭包边，结实耐用又不易藏污纳垢。

4. 桌腿

要求桌体稳定性好。

5. 吊臂

坚固稳定、而且避免因为潮湿而生锈腐烂（图2－1）。

图2－1　宠物美容桌

（三）美容桌组合用具

1. 美容师靠背升降椅

为降低宠物美容师患职业病的概率，有效缓解美容师站立营业的疲劳和痛苦，提升美容效率和效果，美容店需设有美容师靠背升降椅。通常该椅高低可升降幅度达15cm，可配合美容桌高低调整，方便修剪宠物的背部和四肢。同时椅脚带万向轮，能360°旋转，移动灵活方便。

2. 美容桌电吹风支架

搭配各种美容台使用，框架可夹住所有规格的电吹风。双管电吹风的最佳使用搭配。释放双手，轻松操作，可腾出两手梳理宠物。成型夹具，坚固耐用。软管坚韧耐用，定位准确，各个角度、高低都能固定使用（图2－2）。

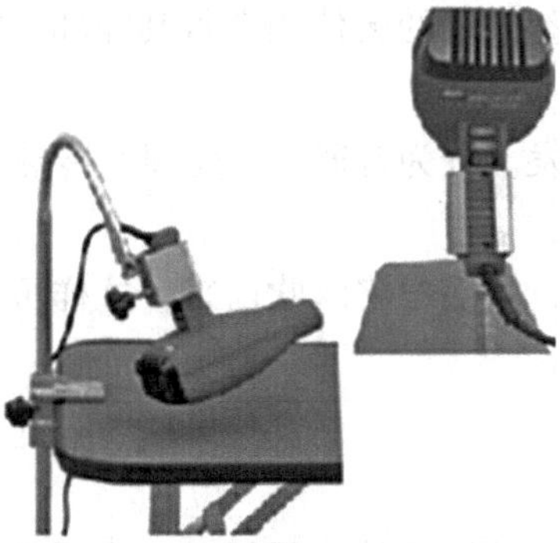

图2－2　美容桌电吹风支架

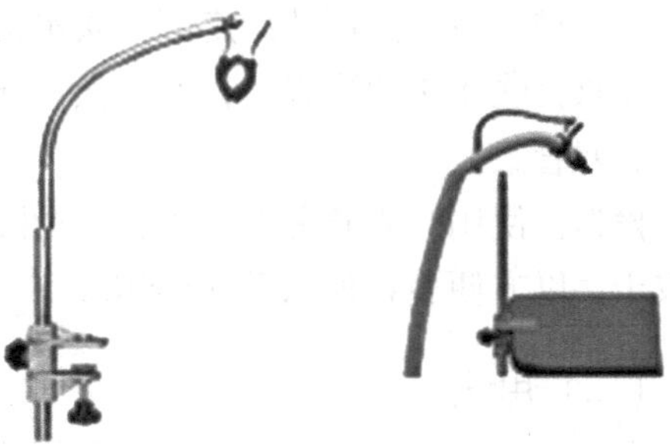

图2－3　美容桌吹水机支架

3. 美容桌吹水机支架

可搭配各种美容台使用。橡皮头夹子要求可夹住所有规格的吹水机软管。软管坚韧耐用，定位准确，各个角度、高低都能固定使用（图2-3）。

4. 美容桌置物托盘

避免动物踢掉或撕咬放在桌面上的工具用品。可安装在小号美容桌下部支架上，方便防止常用工具、用品和杂物滑落，使用方便能提高工作效率（图2-4）。

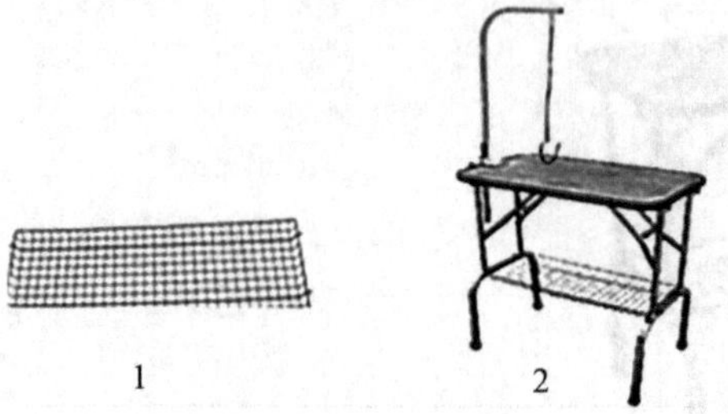

1　　2

图2-4　美容桌置物托盘

1. 置物托盘　2. 美容桌

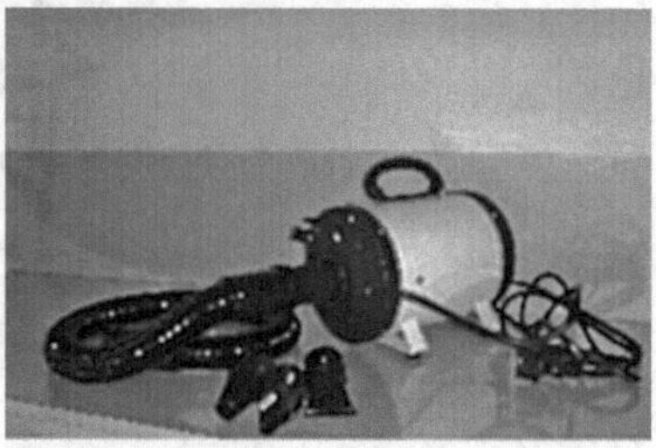

图2-5　吹水机

二、吹水机

（一）外型

宠物吹水机，分变频吹水机和不变频吹水机，两种吹水机配有金属喷塑外壳，串激式电机，自动伸缩软管。风力无极变频调节，噪声低。智能化温度自动调节，随风力大小自动调整适应温度；风温不会过高，从而避免伤害毛发，可依季节和室温打开或关闭辅助加温。其功率≤2400W，风速≤42m/s，加热温升≤60℃，能快速吹干宠物毛发（见图2-5）。

普通吹水机是针对大型犬及毛发厚的犬来使用的，其作用是去除犬身上不易擦干的水。因其风量大而不适合小型犬及幼犬使用，如对小型犬及幼犬使用会将其吓坏，或将其吹倒，小型犬及幼犬可选用变频式吹水机。

特点：吹水机的噪音大，风量强，能将水吹离毛发。分为普通型、变频（冷热风）及立式、双管式。

操作：使用时要紧握住风管，尽量贴近犬的皮肤，从毛根将水吹出来，这样可以达到八成干，以方便美容师以后的操作。

（二）用途

迅速吹干长毛犬或大型犬。除了可迅速吹干长毛犬的被毛外，还可迅速吹干电吹风难以吹干的被毛下的绒毛，有效杜绝因潮湿的体表环境导致细菌病菌滋生而产生的湿疹和皮肤病。除了提高效率，省时省力外，宠物的毛发看起来自然蓬松又好看，一点也没有毛发粘贴与参差不齐的感觉，线条变得清楚又好看。

三、吹风机

吹风机是必备的吹干设备，不论是大型犬还是小型犬都很适用，吹风机分为双筒吹风机、单筒吹风机、立式吹风机和壁挂式吹风机。一般都使用双筒吹风机，双筒吹风机有8个档位调节，风力比较大，所吹拂的面积也很广，所吹的风也很均匀，很适合给宠物吹干毛发，单筒吹风机不够专业，会因为风热而集中，将犬的毛发吹焦。

（一）双筒吹风机

双管出风，温度、风力可单独调节，最大功率为2 000W，有效的小区域强风聚焦，六档热度，两档风力。配有扁口吹风头，风力大而集中，配合吹风机支架使用，可解放美容师的双手，加倍提高效率。适合洗澡后细节吹干和局部造型使用。

（二）立式吹风机

出风口温度调节范围为25～70℃，不伤毛发，结实稳定的支架，配以灵活坚固的万向脚轮，自由、灵活移动吹风机头，出风口可360°旋转，定位精准，正常运转噪音低于40分贝；出口风速最高可达12m/s。使用方便，可以释放美容师的双手，方便长时间的仔细梳理、吹干和造型，是美容店必备的专业大型吹风机，特别适合长毛犬的吹干造型，达到蓬松、自然、饱满的效果，也适合专业比赛随身携带（图2－6）。

（三）壁挂式吹风机

由吊臂和机头两部分组成，距离地面适宜的高度，将吊臂安装在墙体上。出风口最高温度不超过70℃，不伤宠物毛发；能释放美容师的双手，方便长时间的仔细梳理、吹干和造型；吊臂180°旋转，覆盖半径3m的范围；吹风机头，出风口可360°旋转，正常运转噪音低于40分贝；风速、温度无极控制；温度调节范围为25～70℃；出口风速最高可达12m/s。适用于赛级犬造型和长毛犬的吹干造型(图2－7)。

图2－6　立式吹风机

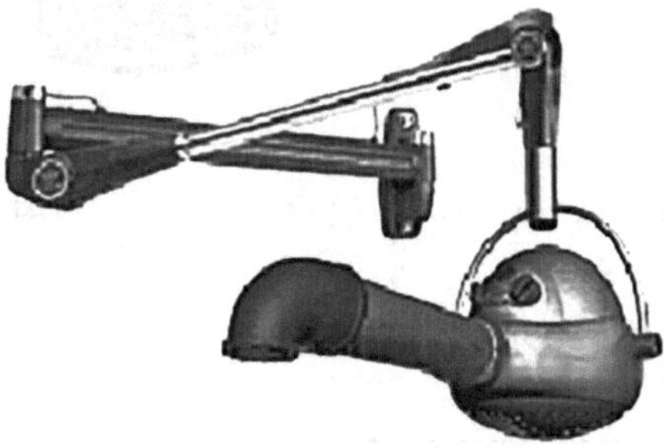

图2－7　壁挂式吹风机

四、烘干箱

烘干箱的使用能让美容师得以休息，此外还安全、省电、方便，紫外线的功能还能给美容工具消毒，但不适合松狮等毛量厚密的犬、老年犬，有心脏病的犬也要慎用。

操作：烘干箱在使用前应该先预热5～10min，设置温度冬天在45℃，夏天在40℃左右。同时，在放犬时也要注意犬的反应，放入犬后要迅速将烘干箱的门插好，以防止犬跑出来。

由机壳、控制面板、透气孔、透明开启门和栅网等部件组成。其中控制面板的结构比较复杂，是由漏电保护器、定时器、保险丝、调速开关、紫外线开关、加温开关、备热开关和温度设定器组成。漏电保护器连接电源，保护烘干机器的电器设备。保险丝的作用是当烘干机发生故障时保护烘干机。定时设定器可根据要求在0～60min内，设定烘干机自动运转时间，一般在20min左右。温度设定器可根据要求在0～60℃范围内调节箱体内温度，调节箱体内空气温度，一般设定在40～45℃。加热开关根据温度要求，可单独开启加热开关，易可同时开启加热开关和备热开关。调速开关，可调节风速大小，选择强档或弱档。紫外线灯开关要根据需求设置30min左右。

五、工具箱

工具箱分为中号工具箱和大号工具箱，其结构和功能基本相似，质地多用结实耐用的铝合金制成。主要用于储藏保管电吹风、电推剪、剪刀、刀头、梳子等美容用具。具有携带方便，方便外出美容和比赛，大小、容量设计合理等特点（图2-8）。

图2-8 工具箱

六、宠物浴缸

浴室或卫生间的洗手盆可以作为猫、玩具犬和幼犬的浴缸，尤其是配备了喷淋头之后更适合。有些浴室龙头与喷淋头不能匹配，只需找一条足够长的软管，一头接龙头或淋浴喷头，然后拉到洗手盆上方即可。对于体重中等以上大小的宠物来讲洗手盆作为浴缸偏小，浴缸或洗衣盆最合适。地板上垫块毛巾会使人膝更舒服。在浴缸底面放上防滑垫，在淋浴喷头和软管间安装一个分流器，可以使冲洗更加简便。如果不习惯跪在浴缸旁，可以购进价格合理的狗用澡盆，挂钩和疏水管安装在浴盆旁。

第二节　剪刀工具

一、电剪

1. 电剪介绍

电剪是用来剃除宠物毛发的，一副合适的电剪对于初学者是一个好的开端。专业的电剪对于宠物美容师来说实用性强，通过定期的保养可以使用终生。

刀头：因造型不同，专业电剪配有多种型号刀头，不同品牌的刀头可配不同品牌的电剪使用。大致可分为以下几种型号。

10 号（1.6mm）：主要用于剃腹毛，适用范围广。

15 号（1mm）：用于剃耳朵毛。

7F 号（3mm）：剃㹴类犬的背部。

4F 号（9mm）：用于贵宾犬、北京犬、西施犬的身躯修剪。

2. 电剪的正确使用姿势

（1）最好是像握笔一样握住电剪，手握电剪要轻、灵活。

（2）平行于犬皮肤平衡的滑过，移动刀头时要缓慢、稳定。

（3）皮肤敏感部位避免用过薄的刀头及反复移动。

（4）皮肤褶皱部位要用手指展开皮肤，避免划伤。

（5）因耳朵皮肤薄、软，要铺在手掌上小心平摊，注意压力不可过大以免伤及耳朵边缘的皮肤。

二、刀头

刀头均为全钢质地，有可拆分的特点。上刀片为粗齿，下刀片有 8 个细齿，间距为 0.6～0.8mm，电剪均能双速调节，每分钟 3400～4400 转，具有防止剃伤宠物，便于清理的特点（图 2－9）。

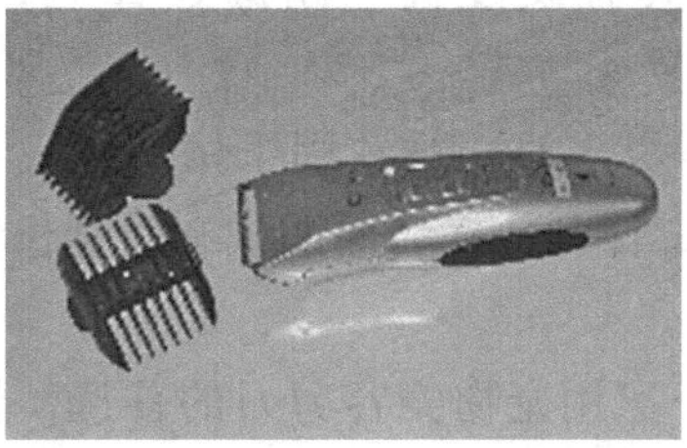

图 2－9　电剪及刀头

刀头的保养：彻底的保养可以使电剪保持良好状态，每个电剪刀头使用前，先要去除防锈保护层。用后要清洁电剪，涂润滑油，并做周期性保养。

（1）去除方法　在一小碟去除剂中开动电剪，使之在去除剂中摩擦，十几秒后取出刀头，然后吸干剩余试剂，涂上一薄层润滑油，用软布包好收起。

（2）使用中应避免刀头过热。

（3）冷却剂的作用　冷却剂不仅能冷却刀头，还会除去黏附的细小毛发和留下的滑润油残渣。方法是卸下刀头，正反两面均匀喷洒，几秒钟后即可降温，冷却剂自然挥发。

三、剪刀

（一）剪刀的使用方法

（1）将无名指伸入一指环内。

（2）将食指放于中轴后，不要握得过紧或过松。

（3）将小拇指放在指环外支撑无名指，如果两者不能接触要尽量靠近无名指。

（4）将大拇指伸直，另一指环拿稳即可。

运剪口诀：由上至下、由左至右、由后至前、动刃在前、眼明手快、胆大心细。

（二）注意事项

（1）保持剪刀的锋利，不要用剪刀剪毛发以外的东西，修剪脏毛也会使刀变钝。

（2）千万不要放在美容台上，防止摔落、撞击。

（3）防止生锈，工作后要消毒并上油保养。

（4）正确握剪刀将减少疲劳，提高工作效率。

（三）分类

分为直剪、牙剪和弯剪三种。直剪的7寸以上用于全身修剪；5寸用于脚底的修剪。7寸牙剪用于去薄及最后的修饰。7寸弯剪用于圆形的部分修饰，比直剪的效率高很多。

1. 直剪

宠物直剪主要有5.5寸直剪、6.5寸直剪、7.5寸直剪、8寸直剪。这几种均方便整体造型修剪，也可作为电推剪修剪之前的长毛辅助剪短，是各类犬修剪造型的必备工具，其质地为优质钢，具有硬度高、耐磨、锋利，用钝后可多次重新研磨的特点。

（1）5.5寸直剪　长度5.5寸，小巧精致用于修剪脚底毛和其他要求精细部位，一般采用钢材铸造，硬度高、耐磨、锋利，横切面凹式有效延长锋利度。适用于小型犬被毛修剪（图2－10）。

（2）6.5寸和7.5寸直剪　家用宠物美容剪刀的首选，长度适中，方便整体和局部造型修剪。配合牙剪使用更能修剪出理想的造型，也可作为电推剪修剪之前的长毛辅助剪短，是长毛犬修剪造型必备。一般使用钢材铸造，硬度高、耐磨、锋利，横切面凹式有效延长锋利度；用钝后可多次重新研磨使用，注意不要用于修剪脚底毛和较脏的毛，也尽量不要用于修剪毛球和毛结，否则会严重影响锋利度（图 2－11）。

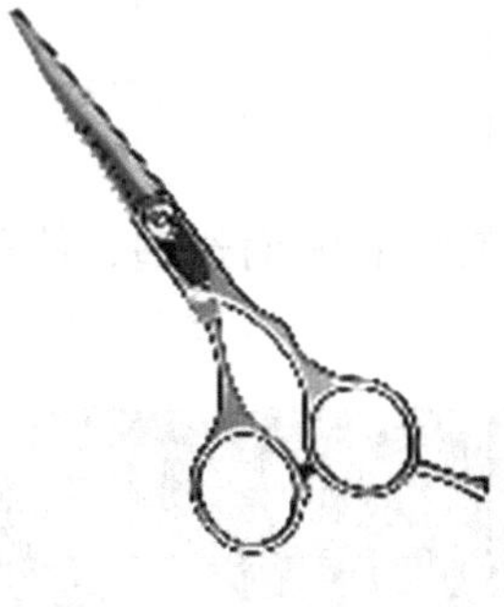

图 2－10 5.5 寸直剪

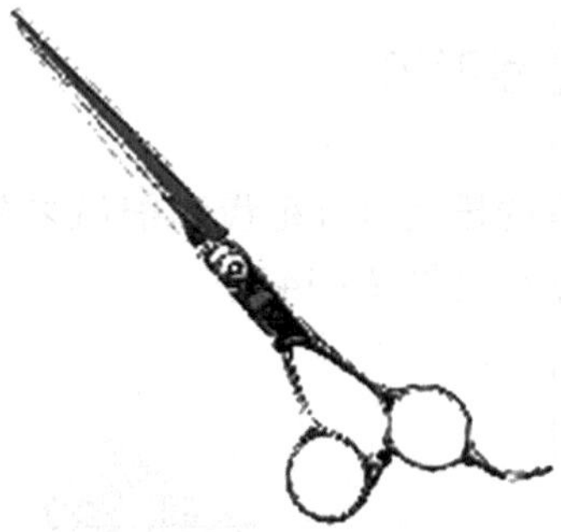

图 2－11 7.5 寸直剪

（3）8 寸直剪 能有效提高修剪效率，常采用进口钢材锻造，另加钴、钒、钼等微量元素。质地优良。配有松紧螺丝，旋转一圈有 8 个刻度方便精准调节，具有硬度高、韧性强，刃口锋利，持久耐磨的特点。适合高强度的修剪，用钝后可多次重新研磨使用。

2. 弯剪

弯剪的刃口有一定的弧度，由钢材锻造，双尾设计，正反两用，适合各种剪法。有的弯剪在锻造时另加钴、钒、钼等微量元素。具有硬度高、韧性强，刃口锋利，持久耐磨的特点，适合高强度的修剪，用钝后可多次重新研磨使用（图 2－12）。

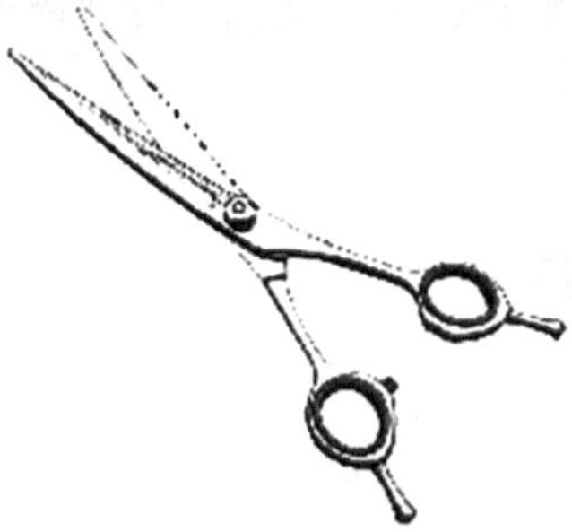

图 2－12 弯剪

图 2－13 牙剪

3. 牙剪

牙剪一侧为刃口，另一侧为排梳，排梳有 27 齿、40 齿等之分。采用进口钢材锻造，另加钴、钒、钼等微量元素，配有松紧螺丝，旋转一圈有 8 个刻度方便精准调节。具有硬度高、韧性强，刃口锋利，持久耐磨特点，适合高强度的修剪，用钝后可多次重新研磨使用（图 2－13）。

适用于家庭日常修剪狗、猫等宠物毛发，也适合于美容师初学练手使用。修剪效果自然，不用担心宠物乱动造成明显的修剪缺陷，能保留原有毛发的长度，既不影响美观又能打薄毛发。让大量的毛剪除并减量，但在外观上却不会出现明显的参差痕迹、可保留原有长度和轮廓但达到整理的效果。特别适合头部、耳朵、四肢、外腹侧和尾巴的长毛打薄修剪。夏天造型特别适用。注意使用时不要随意调节松紧螺丝，否则容易出现咬齿，或导致夹毛、卡毛和带毛。

四、拔毛刀

专业的拔毛刀有粗齿和细齿之分，设计成符合人体工学的弧面造型，使用顺手、舒适、效率高（图 2－14）。

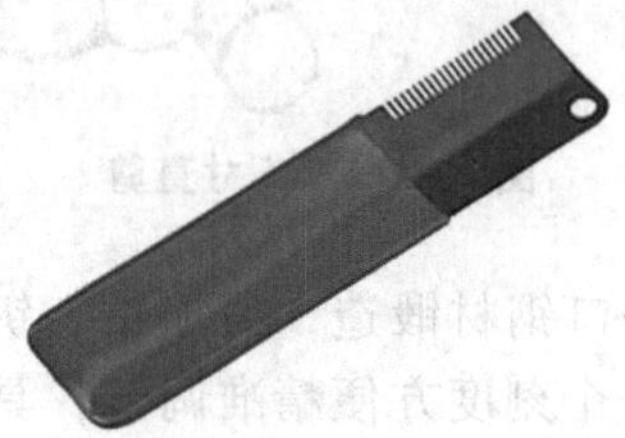

图 2－14　拔毛刀

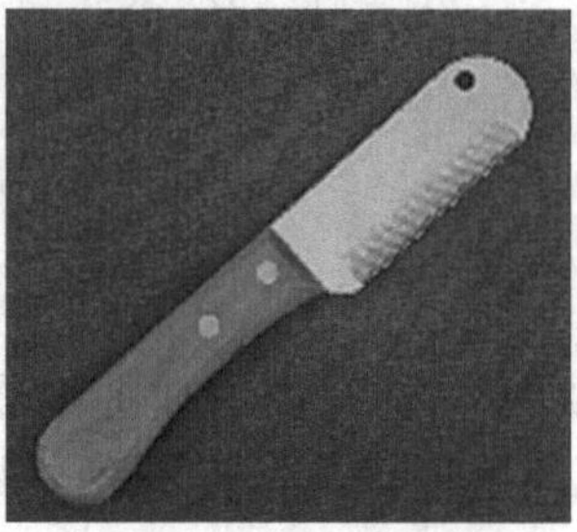

图 2－15　刮毛刀

五、刮毛刀

刮毛刀有 18 直浅齿，22 直浅齿和 19 直深齿，25 直深齿、33 直深齿及 31 直粗齿之分。但无论哪种均有孔，方便吊挂，有沟槽，便于临时贮存被毛。适用于专业级或赛级给雪纳瑞等刚毛犬美容造型及面部和细部拔毛（图 2－15）。

第三节　美容工具

一、开结刀

开结刀一端为木制手柄，一端为硬塑刀体，刀体为尖钝型，具有开结作用（图 2－16）。

二、趾甲钳

（一）趾甲钳

饲养在室内的狗、猫因指甲太长往往会抓坏家里的沙发和用具，抓坏主人的衣服和手。所以要定期修剪，尤其是前爪的指甲。宠物趾甲钳不同于一般的剪刀，其上下刀锋呈圆弧状，能够确实剪断犬的圆柱状趾甲。常用的宠物趾甲钳均为高级不锈钢材质精制而成，具有强度高、耐用、不变形、外形美观的特点。使用时对于呈半透明状且隐约可见红色血管的趾甲，可采用平剪、左进剪和右进剪三种角度修剪，要注意不要剪到血管的部分。对于趾甲呈黑色看不到血管的趾甲，只修剪掉趾甲尖端即可，剪完以后把指甲挫平。根据趾甲钳的大小可分为两种：

1. 大号趾甲钳

采用精钢锻造，刃口锋利耐磨。能轻易剪断直径 3mm 的钢丝；适合修剪各类大、小型犬及猫的趾甲（图 2－17）。

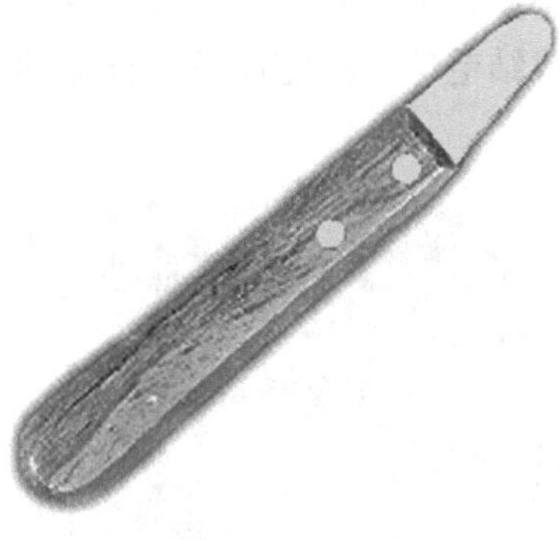

图 2－16　开结刀

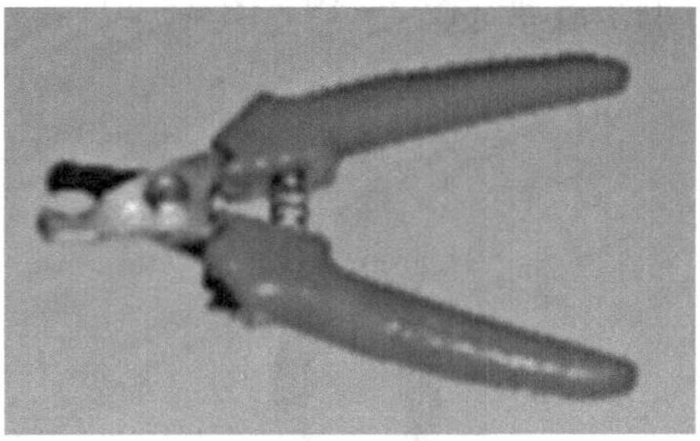

图 2－17　大号趾甲钳

2. 小号趾甲钳

采用精钢锻造，外形美观耐用，手感轻巧；符合人体工学，舒适耐用，刃口锋利，另有安全锁片，有效防止修剪过度而剪伤宠物，适合修剪小型犬的趾甲（图 2－18）。

（二）趾甲锉

用于打磨宠物的趾甲，消除剪后的粗糙和毛刺，防止抓伤主人。此外，如果担心修剪趾甲会使宠物受伤，可以直接用趾甲锉慢慢锉平趾甲。

三、梳理工具

春秋两季是宠物的换毛期，春季旧的毛发与角质屑也会脱落。因此，春季换毛期应该为犬猫等宠物梳理毛发，并通过梳毛的动作促进俗称“冬毛”的旧毛顺利脱落，并顺便刺激毛孔，促进俗称“夏毛”的新毛生长。梳理工具较多，常用的有刷子、针刷和排梳等。具有梳理宠物被毛，令其整齐、柔顺、蓬松。来保持皮肤健康和外形美观。

（一）刷子

分为兽毛制品和塑胶制品两种，形状则分为带柄的及椭圆形的刷子。大小尺寸不等，可根据宠物的大小选择容易使用的刷子。

用于短毛犬的日常护理，刷子能够清除犬、猫被毛上的所有污垢。尤其是被毛上沾到的灰尘或沙粒。可去除皮屑及杂毛，经常使用可使被毛变得光滑亮泽。如是不带柄的刷子，可将手伸出刷面背部的套绳内；如是带柄的刷子，手法与木柄针梳相同。使用时手腕不要太用力，按脚、腹部、身体、颈部、脸的部位依序梳理。每处轻轻地刷几次即可。

（二）针刷

与衣刷的形状相似，在橡皮上附有长针。由于针刷具有弹力，针又很长，所以能够深入犬的底肌，充分刺激毛囊以进行梳理，是大、中、小型长毛犬必用的工具之一。

使用针刷即可以去除污垢，也可以防止被毛打结或结毛球。洗完澡后的长毛种犬要使用针刷来清理（图2－19、图2－20）。

图2－18　小号趾甲钳

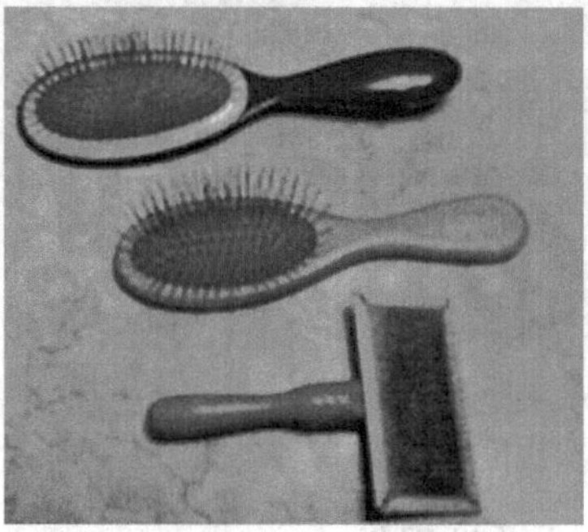

图2－19　针刷

（三）梳子

材质以金属为主，这样不仅持久耐用，而且可避免梳子与毛发之间摩擦时产生静电。

1. 木柄针梳

柄端多为木制，刷身底部为弹力胶皮垫，上面均匀排列若干金属针。

用途：用于刷理犬只毛发，适合长毛犬种使用，可将其毛发梳理通顺。

用法：用右手轻握住梳柄，食指放于梳面背部，用其他四个手指握住刷柄。放松肩膀和手臂的力量，利用手腕旋转的力量，动作轻柔。

2. 钢丝梳

梳面多为金属细丝组成，柄端由塑料或木头制成等。配合犬的大小，可选用不同型号的钢丝梳。

用途：去除死毛、毛球以及拉直毛发的必备工具，适合贵宾犬、比熊犬及类犬腿部使用。

用法：用右手握住刷子，将大拇指按在刷面背后，其他四个手指齐握刷面前端的下方。放松肩膀和手臂的力量，利用手腕旋转的力量，动作轻柔。

3. 标准型美容师梳

又称“窄宽齿梳”。以梳子中间为界限，梳面一面较疏，一面较密。有130mm和191mm的。130mm的排梳，一端梳齿较密，另一端较疏，粗针、密针各半（图2－21）。

图 2－20　使用针刷

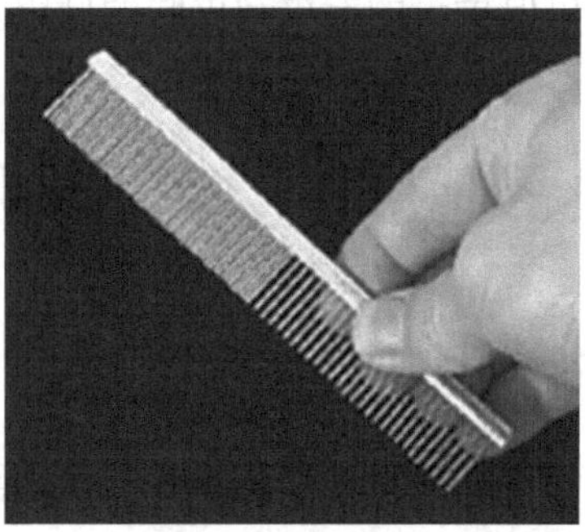

图 2－21　标准型美容师梳

这种排梳具有一梳两用的功能，疏的一端将动物的长毛梳开，再用密的一端将长发梳理整齐，主要用于梳理长毛狗的毛发以及梳理短毛狗头顶、面部和胡子等。梳齿极细密的梳子可以去除眼睛沾有的眼屎，也能去除跳蚤。191mm 排梳为针齿加长型。用于梳理犬猫的全身，加长针齿可以深入到毛发根部。

用途：用于梳理刷过的被毛以及挑松毛发便于修剪整齐，是全世界专业宠物美容师最常用的美容工具。

用法：将梳子拿在手中，用拇指、食指、中指轻轻握住梳子的柄部，使用时运用手腕的力量，动作轻柔。

4. 面虱梳

外形小巧，梳齿间距较密。

用途：用于面部毛发梳理，以便更有效地去除宠物眼部周围粘有的脏物。使用方法同上。

5. 极密齿梳

梳齿更为紧密的梳子。

用途：用于身体带有体外寄生虫的犬只，有效剔除毛发中隐藏的跳蚤及蜱等。使用方法同上。

6. 分界梳

梳身由防静电梳面和金属细杆组成。

用途：长毛犬的背部分线、头部扎辫子时使用。

四、头花橡皮圈

佩戴头花能使犬变得更加可爱，故许多主人都相当喜爱俏丽的蝴蝶结造型。蝴蝶结能直接在市面上买到，也可以用彩带造型而成。佩戴蝴蝶结时一般配有橡皮圈和美发用纸。在使用时，除将宠物毛发梳顺，还要将被美容部位的适量毛发用美容纸完全包起横向、纵向分别对折两次，然后以橡皮圈捆牢纸卷，再将蝴蝶结绑上即可。

由于犬的皮肤、毛发会分泌皮脂，如果打蝴蝶结的时间过长，会让宠物的毛发容易打结，甚至产生皮肤病。因此在正确地进行蝴蝶结造型的同时，要求在 3 天内就要将蝴蝶结取下，以保护犬的毛皮和皮肤的健康。

第四节　护理产品

一、洗毛精

市面上的洗毛精品牌杂乱，选择时要考虑宠物的肤质是否干燥？皮肤是否过敏？是否患有皮肤病？另外人与宠物的肤质、发质酸碱度是不同的，所以不能用人的洗发精代替宠物的。购买时要考虑以下几种特殊用途。

（1）亮发用洗毛精，可选择亮白、加黑或红等种类；

（2）有护毛特点，方便长毛或卷毛犬浴后的梳理；

（3）对刚毛犬而言，选择保养刚毛坚硬质地的洗毛精；

（4）对于皮肤、眼睛易于过敏的动物，要选择低变应原性或无泪洗毛精；

（5）患有皮疹、过敏、疥疮或其他敏感症状，选择专门的药用洗毛精；

（6）如果有跳蚤，则应含有杀寄生虫成分，如除虫菊酯和柠檬油精类的柔性洗毛精。

除了选择以上特殊用途的洗毛精外，为了不引起皮肤过敏的问题，首先要选择纯天然成分的洗毛精。

（一）蛋白洗毛精

1. 主要成分

荷荷芭、芦荟、维他命 A、D、E、酪梨。

2. 主要特点

具有酸碱值平衡、温和不刺激皮肤、洁净亮丽、浓密蓬松、气味芳香的特点。可用于深层清洁，适用于所有犬毛。

（二）椰焦茶树油洗毛精

1. 主要成分

椰子油、芦荟、茶树油、十一烯酸、桉树油、鼠尾草萃取物、可可萃取物、维他命 E。

2. 主要特点

属于天然植物洗毛精。酸碱值平衡，具有深层清洁功能且包含有十一烯酸，能广泛用在皮肤学上控制皮脂漏、头皮屑，有助于细菌感染的改善，并能去除异臭，留下清新干净的气味。适合各年龄犬毛及其他宠物使用。

（三）杀菌洗毛精

1. 主要成分

牛至油、印楝油、芦荟提取液、植物蛋白、维他命原 B_5 及维他命 A、E。

2. 主要特点

富含从印楝中萃取出的纯天然杀菌成分，具有很好的广谱抗菌效果，对90%以上的致病细菌都有抑制或杀灭作用，对真菌类皮肤病也有很好的治疗作用；并对由细菌和真菌引起的皮肤损害有良好的帮助，长期使用无毒副作用。

（四）除虫洗毛精

1. 主要成分

非洲山毛豆提纯物、鱼藤酮、植物蛋白、右旋泛醇及维他命A、E。

2. 主要特点

富含从植物非洲山毛豆中提取出的纯天然杀虫成分鱼藤酮，对螨虫、跳蚤及体虱的杀灭有较好的效果，对身体无副作用；溶液有很好的滞留效果，杀灭效果好，维持时间长，有很好的杀虫止痒效果。适用于皮肤感染、寄生虫咬伤处及破溃伤口，对患病皮肤恢复有很大帮助。

（五）美白洗毛精

1. 主要成分

荷荷芭、芦荟、椰子、维他命A、B、C、D、E、酪梨、香蕉、曼越橘。

2. 主要特点

不仅能够除臭、去食物残渣，还能够去除黄、绿氧化斑，使白毛犬猫恢复亮白的毛色。同时具有不刺激流泪、酸碱值平衡，清新香气特点。

二、洗眼液

（一）洗眼水

为保持宠物眼睛卫生，坚持天天查看宠物的眼睛，很多宠物的眼角时常会积聚分泌物，坚持每天用湿布擦洗面部，然后用湿棉球把眼角清洗干净。用洗眼水为宠物冲洗眼睛，每只眼睛滴1滴，之后用软布或干棉球擦掉眼角的异物。

（二）润眼露

对眼球突出的宠物其眼睛容易干涩，需要每天滴润眼露一次来护理。

（三）泪痕去除液

对于浅色被毛的宠物，眼部有明显的泪痕，常见眼睛下面有褐色的条纹，对这类宠物要勤于清理，天天擦洗，根据不同产品说明，在泪痕处的皮毛上涂上去除液，然后用软布或干棉球擦掉异物。

三、洗耳水

图 2－22　洗耳水

无论宠物的耳朵是大而松垂的，还是短而直立的，如果耳垢堆积过多不清理会导致感染，若发现大量红棕色，或条纹状，或异味的耳垢则说明已经感染，要立即清理，常用的清洁剂为洗耳水（图 2－22）。若耳道里耳毛较多，则先修剪耳毛后再清洁耳道。

1. 主要成分

尤加利（桉树）、草药、维他命 A、D、E、氢氧基乙烷。

2. 清洁和养护的作用

主要用于外耳清洁，使用时要配备止血钳和药用棉花。具体操作步骤是：撕下适量药用棉，一端用止血钳夹紧，再将药棉在止血钳顶端缠成棉棒状，将超洁耳水滴在棉棒上，然后用棉棒轻轻将耳道内的污垢擦拭干净，并于另一耳重复以上相同的步骤。如果耳内污垢量较多，可先洒适量的洗耳水于耳朵内，再将其耳朵盖上，用手按摩耳朵底部（靠近颈部的那端），使宠物自己摇头以深入耳道内部，一分钟后，再进行清洁工作。

四、牙具

宠物的牙齿比较坚固长久，但是常会产生牙菌斑和牙垢。光亮黏性的牙菌斑如不清理会积聚成牙垢，破坏牙龈导致感染。口腔若感染则会危及心脏，因疏忽口腔护理而导致严重疾病的宠物不在少数。因此，要常给宠物刷牙，尤其是宠物狗。

为宠物清洁牙齿的刷洗产品较多，如软毛牙刷或专用的宠物牙刷（图 2－23）或固定于食指尖的鬃毛橡皮牙刷。要根据宠物牙齿情况选择系列牙具，如大小形状不一的牙刷、刷牙纱布、口腔喷剂（如犬用漱口水），或诸如咀嚼刷式的玩具，甚至是呼吸清新剂。

五、美毛喷剂

（一）润毛精

由于宠物毛发量多，且皮脂分泌状况与人类不同，因此，在选择洗毛精的同时，还要选择润毛精，尤其是长毛狗，更要使用润毛精，以避免毛发打结、断裂。选购时注意必须是纯天然成分，以免伤害到宠物的毛质（图 2－24）。

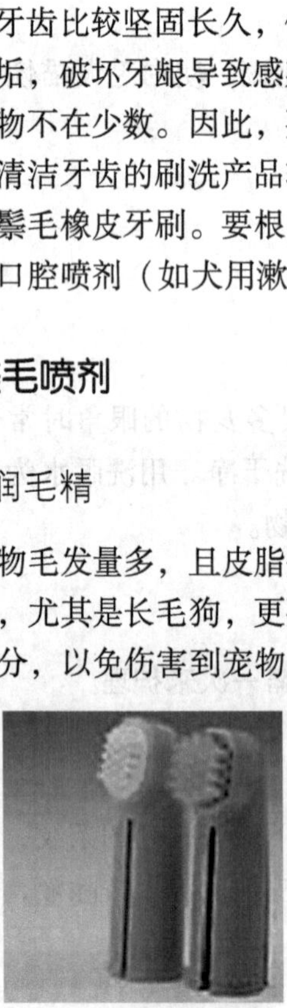
图 2－23　宠物牙刷

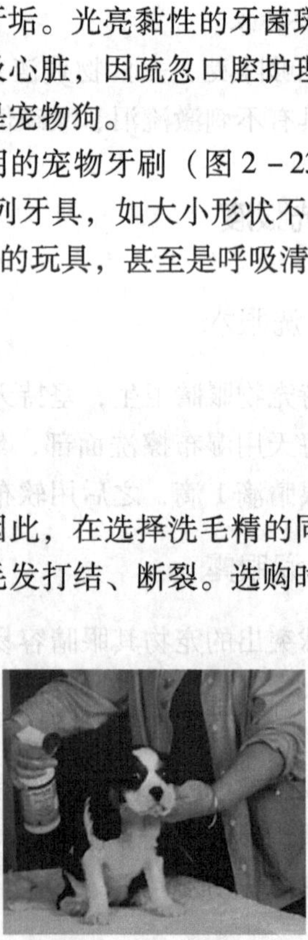
图 2－24　润毛精

（二）去纠结喷剂

除具有去纠结作用外，还对中性毛质具有磨光与润滑作用。它能使宠物被毛洗浴后快干，还能减少梳整的工夫与梳整时的掉毛（图 2－25）。其主要成分有水、矽树脂、玫瑰、维生素 E 等。

六、耳粉、毛巾、美毛袍

（一）耳粉

对于长毛犬，手指可以蘸些耳粉以便容易抓住耳毛，不要一次拔掉，那样会引起疼痛，可选用耳毛镊，同样每次只能拔 1～2 根毛发。对于短毛犬耳毛不易拔除，可以用小的钝尖剪刀修剪耳毛。同时，在易感染的宠物耳朵上撒上耳粉有助于向外轻拉耳朵便于打开耳道。

（二）毛巾

毛巾的种类很多，但常选择宠物专用吸水巾，它具有超强的吸水能力，能迅速吸干毛发的水分，能防止宠物感冒。洗浴后只需将宠物包裹擦拭，无须吹风、烘干，还可保护爱宠毛发不受损伤。

宠物专用吸水巾属于高科技海绵复合材料，吸水量大，可反复使用不粘毛，只需在水中轻轻一涮就干干净净，常湿状态下即可重复使用（图 2－26）。

图 2－25　去纠结喷剂

图 2－26　专用吸水巾

（三）美容袍

美容袍分有袖和无袖两种，采用特殊胶料制造。美容袍适用于穿着后给宠物洗澡、吹干和修剪。具有防水、防静电、不粘毛等特点，不用担心毛发、水分和脏物弄脏身体和衣物，胸关附带二个工具袋，密针缝制，可以盛装物品。

复习题

1. 美容店常用的美容设备及工具都有哪些？
2. 剪刀如何使用？写出运剪口诀？
3. 简述刀头如何保养。

第三章　犬猫美容的保定方法

在对犬或猫进行美容之前，需要对犬或猫进行保定，防止在美容的过程中人和犬猫受到不必要的伤害。在小动物美容过程中，用人力、固定工具或药物限制犬猫活动的方法，称犬猫美容保定法。保定的目的在于便于犬猫美容工作的顺利实施，确保人和动物的自身安全，其基本原则是：安全、简单、确实。保定的方法有多种，可根据动物的种类、体型大小、性格和美容的项目选择不同的保定方法。美容保定有别于动物诊疗保定，下面分别介绍几种犬和猫的保定方法。

第一节　犬美容保定方法

犬对主人有很强的依赖性，保定时，若有主人的配合，可使保定工作顺利完成。对犬进行保定，一方面是为了美容工作的顺利实施，另一方面也是为了保证人和犬的安全，防止在美容过程中造成不必要的伤害。对于从小习惯美容的犬可以不必保定，一边安抚一边美容即可，但对于一些性情急躁的犬或从来没有做过美容的犬则需要借助外力手段进行保定，以保证美容的顺利实施。保定犬的方法很多，常用的有如下几种。

一、口笼或扎口保定法

这种保定法主要是为了防止在美容过程中，美容师被犬咬伤，可以使用口笼或绷带（细绳）对犬的嘴进行保定。

1. 口笼保定法

即选择大小合适的口笼套在犬的嘴上，防止其咬人的保定方法，对于长嘴犬可以使用口笼保定法。口笼通常是用牛皮革、尼龙等材料制成，质地柔软、有韧性，不会损伤犬面部皮肤。佩戴时，选择大小合适的口笼套在犬的嘴上，将带子绕过耳后扣牢即可。目前市面有售的口套大多适用于大型品种的犬。

2. 扎口保定法

对于体型较小的犬或短嘴犬通常采用扎口保定法，即用绷带或细绳对犬的嘴部进行捆扎固定，防止犬咬人的一种保定方法。可用一条 1m 左右长度的绷带或细的软绳，在其中间绕两次，打一个活结圈套，套住嘴后，活结调整至下颌部位收紧，然后将绷带或细绳的游离端沿下颌拉向耳后，在颈背侧枕部收紧打结，这种方法保定确实可靠，一般不易被犬抓挠松脱。另一种扎口法是先打开口腔，将活结圈套在下颌犬齿后方勒紧，再将两游离端从下颌绕过鼻背侧，打结即可。适用于小型长嘴犬，对于短嘴犬通常采用第一种方法进行扎口保定。

口笼或扎口保定法适合于犬身体清洁时使用，可防止犬对美容师进行攻击，保证美容师的安全。

二、站立保定法

站立保定法是最常用的一种美容保定方法，这种方法适用于对犬实施基础的美容护理工作以及专业的毛发护理工作，在犬的诊疗中也是最常用的方法之一。即令犬保持身体站立的体位，并采用牵引绳限制犬的自由活动的一种保定方法，站立保定法通常需要在美容台上进行。将犬置于美容台上，美容师靠近美容台站好，接近犬后用友善的态度，轻柔的声调，不时呼唤犬的名字，消除犬的恐惧感，同时可用手轻抚犬的头部和背部，取得犬的信任，然后将牵引绳从犬的颈部和前肢部位套过，固定在美容台的支架上，保持一定的紧张度，以犬不能趴卧为宜，不可将牵引绳直接套在颈部，防止挣扎时造成呼吸困难。在美容的同时也要不断的注意牵引绳的位置，并随时调整犬的姿势，防止对犬造成伤害，尽量保持犬直立的姿势，需要改变体位时要先将牵引绳松开，然后再调整体位，整个过程都要保持动作轻柔，不可使用暴力，防止犬对美容产生恐惧心理，不利于以后的美容工作的继续进行。

对于经常进行美容的犬或性情温顺的犬可以采用站立保定法，为了严格保证美容师的人身安全，可在站立保定的同时实施口笼或扎口法保定，尤其是对于一些过于敏感的犬比较适用。

三、徒手侧卧保定法

对于特别凶猛的犬或完全未经过美容的犬，可以采用徒手侧卧保定法。即令犬保持身体横卧的体位，并用手限制犬的自由活动的一种保定方法。先将犬口笼保定或扎口保定后，将犬置于美容台上按倒，保定者站在犬背侧，两手分别抓住下方前、后肢的前臂部和大腿部，保定者手臂压住犬颈部和臀部，并将犬背紧贴保定者腹前部。由美容师站立在保定者对面进行美容。

在对犬进行趾甲修剪及精细部处理时可以采用此种保定方法。适用于中、小型犬。

四、保定台直立保定法

利用保定台与地面的高度差，令犬保持身体直立的体位，限制犬的自由活动的一种保定方法，此法适用于小型观赏犬。可由保定员提起犬的两前肢，使其站立在保定台上，保持两后肢着地，两前肢搭在保定台上的姿势，面向保定员，美容师即可对犬进行美容修剪。在修剪腹部时可将犬两前肢搭在保定员的手臂上进行操作，这种方法简便易行。容易调换体位，进行不同部位的美容修剪。

五、颈钳保定法

此法主要用于凶猛咬人或处于兴奋状态的犬，即用特制的颈钳限制犬自由活动的一种保定方法。颈钳是由铁杆制成，包括钳柄和钳嘴两部分。通常钳柄长约90～100cm，钳嘴为20～25cm的半圆结构。钳嘴合拢时成圆形，保定时，保定人员手持颈钳，张开钳嘴，将犬的颈部套入，合拢钳嘴后手持钳柄即可。将犬牢固的予以保定。

六、化学保定法

化学保定法又称药物保定法，即应用一定的化学保定药物（麻醉药、镇静药），在不影响犬意识和感觉的情况下，使之安静、嗜眠和肌肉松弛，停止抗拒和挣扎，使犬达到镇定、镇静或者浅麻醉的临床效果，暂时失去其正常活动能力，从而达到限制犬自由活动的一种保定方法。

化学保定法较上述保定法安全、省力、省时，简便易行，也可减少犬的机体损伤和体力消耗，如果是特别凶悍的犬，可以采用这种方法。化学保定药属于中枢抑制药，常用的作为化学保定的药物有非吸入麻醉药、镇静药和镇痛药。

在使用化学药物保定时，要严格按照药物剂量使用，并在美容过程中密切监控犬的各项生理指标，防止发生意外。

目前国内外应用的保定药物较多，下面简单介绍几种常用药物。

（一）麻醉药

在兽医临床上由于设备和使用条件的限制一般采用非吸入性麻醉药，又称静脉麻醉药，其优点在于易于诱导，可快速进入外科麻醉期，不出现兴奋期，操作简便，不需特殊麻醉装置，但不易控制麻醉深度、用药剂量和麻醉时间。因此应用时要严格控制药物用量，并且要随时监测动物的生理指标。

1. 硫喷妥钠

属超短效巴比妥类药，静注后快速呈现麻醉状态。无兴奋期，通常使用2.5%的溶液，犬静注15～17mg/kg体重，可持续麻醉7～10min；18～22 mg/kg体重可获10～15min麻醉；25mg/kg体重可维持麻醉15～25min。给药的前一半时间宜快速静脉推注，大约1ml/s。如果过快或剂量太大，会引起呼吸抑制。在具体应用时，可将静脉注射针留在静脉内，当动物觉醒或有必要时随时追加药量，这样可延长麻醉时间，以便美容修剪能够顺利完成。

2. 氯胺酮

又称开他敏，临床一般应用盐酸氯胺酮。属于短效保定药物，可使动物意识模糊而不完全丧失，麻醉期间眼睛睁开，咽喉反射依然存在，可达到制动的目的，属于分离麻醉药。为防止流涎，于使用麻醉药物前15min注射阿托品，然后肌肉注射氯胺酮10～15mg/kg体重，5～10min后犬即平稳地进入浅麻醉状态，可维持30min左右的麻醉时间。本剂最长不超过1小时即可自然复苏，副作用小，安全；氯胺酮的优点在于诱导快而平稳、清醒快、无呕吐及骚动等特点，适当地增加药量可延长麻醉时间，但是药物剂量过大可能导致全身性的肌肉痉挛，这时可用1～2mg/kg体重的安定加以对抗。为改善氯胺酮的麻醉状况，使麻醉过程更加安全有效，可用如下的复合麻醉。

氯丙嗪+氯胺酮：麻醉前给予阿托品，肌肉注射氯丙嗪3～4mg/kg体重，15min后再肌肉注射氯胺酮5～9mg/kg体重，可平稳地获得30min的麻醉时间。

隆朋+氯胺酮：麻醉前给予阿托品，然后肌肉注射隆朋1～2mg/kg体重，15min后再肌肉注射氯胺酮5～15mg/kg体重，可平稳地获得20～30min的麻醉时间。

复方噻胺酮：又称复方氯胺酮注射液。是以15%的氯胺酮和15%的隆朋为主的复合麻醉剂，对狗的麻醉效果确实，肌松作用良好。

安定+氯胺酮：安定1～2mg/kg体重肌肉注射，15min后再肌肉注射氯胺酮，可获得30min的平稳麻醉。

3. 速眠新（846合剂）

是静松灵（赛拉唑）、乙二胺四乙酸（EDTA）、盐酸二氢埃托啡和氟哌啶醇的复方制剂。使用剂量为0.1mg/kg体重，肌肉注射。本药使用方便、成本低、麻醉效果良好，可用于犬的保定。个别耐药犬需要加大剂量。麻醉维持时间在45min左右，其副作用主要是对犬的心血管系统有影响，表现为心动徐缓，血压降低，呼吸性窦性心律不齐等，用药量过大，呼吸频率和呼吸深度受到抑制，甚至出现呼吸暂停现象。出现上述征状时，可用846合剂的催醒剂作为主要急救药，用量为0.1ml/kg体重，静脉注射。

（二）镇静药

能使中枢神经系统产生轻度的抑制作用，减弱机能活动，从而起到缓和激动，消除躁动，不安，恢复安静的一类药物。临床上常用的镇静药有：

1. 溴化钠

本品为镇静药，可使兴奋不安的犬安静，减轻疼痛反应，并有抗癫痫作用。口服：犬0.5～2.0g/次。

2. 氯丙嗪（冬眠灵）

吩噻嗪类代表，对犬用药后，明显减少自发性活动，使动物安静与嗜睡，加大剂量不引起麻醉，可减弱动物的攻击行为，使之驯服，易于接近。具有刺激性，静脉注射时宜稀释且缓慢进行。犬猫等动物往往因剂量过大而出现心律不齐，四肢与头部震颤，僵硬等不良反应。内服，犬2～3 mg/kg，肌肉注射和静脉注射，犬1～3 mg/kg。

3. 乙酰丙嗪

作用类似于氯丙嗪，具有镇静作用，且强于氯丙嗪，催眠作用较强。毒性反应和局部刺激性小。内服，犬0.5～2 mg/kg，肌肉、皮下或静脉注射，犬0.5～1 mg/kg。

4. 地西泮

又名安定。内服吸收迅速，肌肉注射吸收缓慢且不规则。具有镇静作用，可使兴奋不安的动物安静，使具有攻击性的狂躁的动物变为驯服，易于接近和管理，如肌肉注射15min后即出现镇静、催眠和肌松现象。可用于各种动物的镇静催眠，保定等。防止动物攻击。内服，犬5～10mg，肌肉静脉注射，犬0.6～1.2 mg/kg。

5. 苯巴比妥

又名鲁米那，内服和肌肉注射均易吸收，为长效巴比妥类药物，具有抑制中枢神经系统作用，尤其是大脑皮层的运动区。无镇痛作用，具有镇静作用，可用于犬的镇静。给药后起效慢，内服后1～2h，肌肉注射20～30min起效。内服，犬6～12 mg/kg，肌肉注射，犬6～12 mg/kg。

6. 复方氯丙嗪（复方冬眠灵）

成分：无水亚硫酸钠、焦亚硫酸钠、抗坏血酸、盐酸异丙嗪及盐酸氯丙嗪。深部肌肉注射，犬0.5～1.0mg/kg体重。

（三）镇痛药

1. 赛拉嗪（隆朋）

在我国生产的商品名叫麻保静。其化学名称为2，6-二甲苯胺噻嗪。其盐酸盐作为注射药供临床应用。临床上常以其盐酸盐配成2%～10%水溶液供肌肉注射、皮下注射或静脉内注射用。具有中枢性镇静、镇痛和肌松作用，在一般使用剂量下，能使犬精神沉郁、嗜睡或呈熟睡状态。本品的安全范围较大，毒性低，无蓄积作用。无论是单独使用，或者和其他镇静剂、止痛剂合用，均能收到满意效果。主要经肾脏排泄，在麻醉过程中犬出现排尿时，则很快苏醒。麻保静对呼吸影响不大，犬仅出现呼吸加深变慢，总通气量基本不受影响，容易恢复。犬的用量为0.5～2.5mg/kg。

2. 静松灵

是我国合成的一种镇痛性化学保定药，有安定、镇痛和中枢性肌肉松弛作用。静脉注射后1min或肌肉注射10min后显效，犬用药后，出现镇静和嗜睡状态，可用于犬的保定。

第二节　猫美容保定方法

猫的美容修剪与犬类的修剪有所区别，首先，猫的美容修剪没有犬的复杂，美容造型也没有犬类的造型复杂多变，猫的美容修剪主要以整洁、干净为主，造型也是随其自身的特点和形状进行修剪，最大的特点就是不改变其本身的特点，做到被毛理顺、整体清洁美观即可。因此对于猫的美容保定主要侧重于清洁皮肤及被毛过程，而在美容修剪方面略显简单容易。就我国目前关于宠物美容领域，猫美容修剪也是由犬转变而来，因此在保定方法上与犬近似，只是依据猫的性格特点和生活习性有所不同。下面着重介绍一下关于猫的美容保定方法。

一、猫徒手扑捉与保定

猫在动物分类学上与虎、豹等猛兽同属一科，即猫科动物。因而在形态结构、生理习性等方面，彼此有很多相似之处。猫的性格倔强，独立性、自尊心很强。因此，在对猫的保定上与犬有所区别，对伴侣猫，利用猫对主人的依恋性由主人亲自捕捉，抱在主人的怀里即可。

对于有些猫在陌生的环境下面对陌生人通常比犬更胆怯和惊慌，当人伸手接触猫时，就会表现愤怒，发出嘶嘶的声音或抓咬，猫爪过于锋利，抓伤人的机会更大，因此保定者应戴上厚革制长筒手套，保护自身安全。

一般扑捉或保定猫时，不能抓其耳、尾或四肢，正确的方法是保定人员先轻柔接近猫，给猫以亲近无威胁的表示，轻轻拍其脑门或抚摸其背部，当猫的戒备心理减少时，可一只手抓住猫的颈背部皮肤，另一只手托住猫的腰荐部或臀部，使猫的大部分体重落在托臀部的手上，此种保定方法简单确实，能防止猫的抓咬。对于小猫，只需抓住其颈部或背部的皮肤轻轻托起即可。对野性大的猫或新来就诊的猫，最好要两个人相互配合，即一个人先抓住猫的颈背部皮肤，另一个人用双手分别抓住猫的前肢和后肢，以免把人抓伤。

二、扎口保定法

尽管猫嘴短平，仍可用扎口保定方法，以免美容者被咬伤。用绷带（或细的软绳），在其1/3处打活结圈，套在嘴后，于下颌间隙处收紧。其两游离端向后拉至耳后枕部打一个结，并将其中一长的游离绷带经额部引至鼻合侧穿过绷带圈，再返转至耳后与另一游离端收紧打结。

三、猫保定架保定法

把扑捉后的猫放在对开的保定筒之间，合拢保定筒，使猫的躯干固定在保定筒内，其余部位均露在筒外。

四、颈圈保定法

颈圈又称伊丽莎白氏颈圈，是一种防止自我损伤的保定装置。有圆形和圆筒形两种。可用硬质皮革或塑料制成特制的颈枷，也可根据猫的头形及颈的粗细，选用硬纸壳、塑料板、三合板或X线胶片自行制作。

五、侧卧保定法

温顺的猫可采用同犬一样的侧卧保定法，但猫体躯较短，此法难以使猫体伸展，对于脾气暴躁的猫，保定者可一手抓住猫颈背部皮肤，另一手抓住两后肢，使其侧卧于美容台上，两手轻轻对应牵拉，使猫体伸展，可有效地制动猫。

六、化学保定法

猫的化学保定法与犬基本相同，只是猫对麻醉药比较敏感，在美容中使用仅限于一些特别凶猛的猫，对于用机械保定法即可达到目的的猫最好不使用化学保定法，以免发生药物过敏反应，导致猫死亡。

在使用化学药物保定时，需严格按照药物剂量使用，并在美容过程中密切监控猫的各项生理指标，防止意外的发生。目前对于猫的保定，常用的化学药物有以下几种。

1. 隆朋

用于保定剂量为 1.8～2.1mg/kg 体重，纯种剂量稍减。麻醉前肌注阿托品，效果确实。

2. 氯胺酮

猫肌肉注射 10～30mg/kg，可使猫产生麻醉，持续半小时左右。我国在数年前多用此药作猫的全身麻醉。现已多复合应用，以减少兴奋现象。给药后，猫表现瞳孔扩大，肌松不全，流涎，运动失调而后倒卧，意识丧失，无痛。有的猫可能出现痉挛症状。为减少流涎，可在麻醉前皮下注射阿托品，剂量为 0.03～0.05mg/kg。猫处于麻醉状态时，要防止舌根下沉而阻塞呼吸道。

3. 硫喷妥钠

属超短效巴比妥类药，静注后无兴奋期，快速进入麻醉状态，但麻醉维持时间较短，当动物觉醒或有必要时可根据情况适当追加药量，这样可延长麻醉时间，以便美容修剪能够顺利完成。临用时用注射用水或生理盐水配成 2% 的溶液，猫静注 9～11 mg/kg 体重。

4. 氯丙嗪（冬眠灵）

吩噻嗪类代表，给药后，明显减少自发性活动，使动物安静与嗜睡，加大剂量不引起麻醉，可减弱动物的攻击行为，使之驯服，易于接近。因其具有刺激性，静脉注射时宜稀释且缓慢进行。内服，猫 2～3 mg/kg，肌肉注射和静脉注射，猫1～3 mg/kg。

5. 乙酰丙嗪

作用类似于氯丙嗪，具有镇静作用，且强于氯丙嗪，催眠作用较强。毒性反应和局部刺激性小。内服猫 1～2 mg/kg，肌肉、皮下或静脉注射，猫 1～2 mg/kg。

6. 地西泮

又名安定。内服吸收迅速，可使兴奋不安的动物安静，使具有攻击性的狂躁的动物变为驯服，易于接近和管理，如肌肉注射 15 min 后即出现镇静催眠和肌松现象。可用于猫的镇静催眠，保定等。防止猫攻击人。内服，猫 2～5mg/kg。

7. 苯巴比妥

又名鲁米那，内服和肌肉注射均易吸收，具有抑制中枢神经系统作用，尤其是大脑皮层的运动区。具有镇静作用，可用于猫的保定。给药后起效慢，内服后 1～2h，肌肉注射 20～30min 起效。内服，猫 6～12 mg/kg，肌肉注射，猫 6～12 mg/kg。

8. 舒泰

舒泰是法国维克公司生产的麻醉药。有舒泰 20（20mg/ml）、舒泰 50（50 mg/ml）和舒泰 100（10 mg/ml）三种浓度。本药是新型麻醉药，有效成分为盐酸替来他明和镇定剂盐酸唑拉西泮，用作保定药物使用时，猫 3～5mg/kg，肌肉注射，用量不宜过大。

复习题

1. 简述犬猫美容常用的保定方法有哪些？
2. 列举 3 种化学保定剂并说明如何使用？

第四章　犬猫的养护技术

第一节　犬的养护技术

一、犬的洗澡

（一）洗澡的必要性

为了防止皮肤干燥，阻止病原微生物入侵，犬皮肤的皮脂腺能分泌适量的皮脂，它既可防水，又可保护皮肤，因此皮脂对于皮肤健康来说是不可缺少的东西；但是皮脂具有一种难闻的气味，如果在皮肤和被毛上这些分泌物积聚多了，再加上外界粘到身上的污秽物，以及排泄后留下的一些粪尿，便可使被毛缠结，发出阵阵的臭味，同时污垢会妨碍皮肤的新陈代谢，成为细菌的温床，进而引发皮肤病。尤其是在我国南方炎热潮湿的春夏季节，如果不给犬洗澡，病原微生物和寄生虫就容易侵袭犬。洗澡不仅能够洗掉污垢，而且还能促进皮肤新陈代谢，维持健康。因此必须给犬洗澡，保持皮肤的清洁卫生，防止疫病的发生，维持犬的健康，使犬的皮毛变得更加美观。

（二）洗澡的目的

（1）洗去皮肤和被毛上的污垢，使身体保持清洁。

（2）提高皮肤新陈代谢的功能，促进被毛生长发育。

（3）理顺被毛，使修剪更方便。

（三）洗澡的频率

人们对犬洗澡频率的认识随着时间的变化而变化。一般情况下认为，频繁的洗澡会对犬类产生不良的影响。如果洗澡过于频繁，洗澡时使用的洗发剂或香波会把犬毛上的油脂洗掉，没有了油脂的保护作用，就会使犬毛变得脆弱暗淡，容易脱落，并失去防水的作用，使皮肤容易变得敏感，还会引发疾病，如严重者易引起感冒或风湿病。如今随着新型洗浴香波的研究开发，即使每天都洗澡也没关系。但是，即使是现在，在被公认为服务照顾最好的欧洲洗刷中心里，也没有形成以周为单位给室内饲养犬清洗的文化。相信，今后，人们对犬的清洁要求会越来越高，为犬洗澡也将成为每天工作的一部分。

一般应当根据犬毛的质地、颜色、犬毛弄脏的程度、所在地区的温度、湿度、季节和饲养环境等条件，来决定犬洗澡的频率。通常室内喂养的犬一般每 1～2 周洗澡 1 次，冬季可每月洗1次。但这些也不是固定不变的，一般应根据犬的品种、清洁的程度及天气情况等而定。例如，被毛较短，分泌物较少的大型工作犬，洗澡次数可少一些，一般1月洗1～2次。家庭观赏犬，如北京犬（京巴犬），毛长，分泌物多，腥味大，应1周洗1次。

(四) 洗澡前的准备工作

1. 体检

洗澡前，一定要确认犬是否一切正常，如果觉得有异常状态，即使是非常细微的异常也要立刻与其主人进行沟通并加以确认。否则，可能会引起不必要的麻烦。下面是洗澡前体检项目的示例。可以在接受预约时，一边与其主人交谈，一边检查确认，这样会比较方便。

(1) 体况　查明有无呕吐、痢疾、口水等。

(2) 皮肤　身上有无死皮、湿疹、皮肤发红等异常情况。

(3) 耳朵　耳内是否脏污、发炎、肿胀，有无耳垢等。

(4) 眼睛　首先检查眼睛的颜色及周围的情况，有无眼屎或受伤等。

(5) 呼吸　细心倾听有无呼哧呼哧的喘息声或咳嗽声。

(6) 触摸　触摸犬的全身，注意其是否有疼痛感及发怒的情况。

只有在确定了犬的身体状况后，才可以根据具体情况采取相应的方法进行美容操作。

2. 梳理

洗澡前一般要进行充分的毛发梳理。首先要去除毛球，其次还要梳通纠结处，使梳子能够顺滑地一梳到底。这不仅会使清洗工作变得顺畅，而且还能减轻犬的负担。可以说，提高洗澡效率的秘诀在于洗澡前的梳理工作。

3. 选择合适的水温

把犬放入浴缸前应事先用手确认水温是否合适，以防烫伤犬。给犬洗澡最好使用温度在35～38℃之间的水。浴缸要经过消毒，然后放入适宜温度的水，如果是淋浴则不需此操作。此外，选择淋浴器和塑胶软管也是有很大区别的。淋浴器的水流和塑胶软管的水流带给犬的感觉有明显的差异。淋浴器可以淋湿很大的范围，但水流多少有些剧烈，而且是从高处往下喷水，有些怕生的家犬可能不太喜欢。而塑胶软管不仅可以使水很快深入到毛根，对于冲掉洗发香波也非常有效。使用塑胶软管还有一个好处就是它比淋浴喷头容易控制，可以用手更好地控制调节水流和水压。总之，无论是怎样的情况，事先都应用手测试水温、水压，这一点是非常必要的。

4. 准备好应用的浴巾、梳子、吹风机、浴液、香波和眼药水。

5. 用棉球将犬耳塞住以防水进入犬耳内，注意不能塞得太往里以免最后取不出来。

(五) 香波的选择

犬的毛发和皮肤为弱酸性，而人的呈弱碱性，因此，不要用人使用的香波给犬洗澡，因为犬需要酸性的香波以保持毛发及皮肤的健康。酸碱度的尺度为pH值，pH值等于7为中性，0～7之间为酸性，7～14之间为碱性。下面介绍几种特效香波。

1. 干洗香波

是一种无须使用清水，利用碳酸镁和硼酸砂等粉末粒子的吸附洗净功能而制成的溶剂。它的作用仅限于为还不能入浴的幼犬和白色被毛较多的犬种进行暂时的局部清洁。但是，这类产品若残留在皮肤上会造成皮肤疾病，所以操作起来需要具备相当的熟练程度。

2. 药用香波

这是专门为患有皮肤病或者皮肤比较脆弱的犬类生产的药浴剂。有些香波液还掺有去除跳蚤、扁虱的除虫剂。为了配合药物的性质，多数产品呈弱酸性，所以不能过于期待它们的去污能力。也有很多产品添加了硫磺化合物，它不仅具有杀菌效果，同时还能起到软化皮肤表面的角质层、去除皮垢的作用。但如果频繁使用，将使皮肤变得粗糙，出现更加严重的皮屑现象。所以，应该按照产品的说明书来决定使用频率和清洗方法。

3. 漂白香波

这种香波里面含有漂白成分，会给被毛造成想象不到的损害，因此应避免频繁、连续地使用。由于碱性较强，需要加入护毛剂进行中和。如果用于白色被毛以外的毛色上，则能引起变色和脱色。

4. 护毛香波

虽然说是目前备受关注的新产品，但终究是面向消费者的商业产品。在去除污垢的同时又要给被毛施加养分，从理论上来说这需要有时间差，同时进行有很大困难。因为不能达到完全清洁养护的标准，所以不能算是专业级的香波。

（六）洗澡的基本方法

一般3个月以内或未完全注射完疫苗的幼犬，是不应该洗澡的。因为3个月以内或未完成免疫的幼犬，抵抗力较弱，易因洗澡受凉而发生呼吸道感染、感冒和肺炎，尤其是北京犬一类的扁鼻犬，由于鼻道短，容易因洗澡而发生感冒、流鼻涕，甚至咳嗽和气喘。而且这个时候还非常容易患上传染病，如犬瘟或细小病毒病。同时，洗澡还可影响毛的生长量、毛质和毛色。因此，3个月以内或未完全注射完疫苗的幼犬不宜水洗，而应以干洗为宜，即每天或隔天喷洒稀释100倍以上的宠物护发素或婴儿爽身粉，勤于梳刷即可代替水洗。也可去专业的美容院买宠物专用的干洗粉进行清洗。还可以用温热潮湿的毛巾擦拭其被毛及四肢。擦拭的顺序依次是：脚垫、四肢、肛门（肛门是犬比较敏感的部位，擦拭时一定要小心。水温不能过热，过热会烫伤肛门黏膜，但也不能过凉，过凉也会刺激肛门，使犬感觉特别不舒服，并且会使犬产生恐惧和害怕的感觉，以至于以后都不愿意接受人为的擦拭）、尾部、背部、头部，擦拭时注意不要碰到眼睛。最后是下颌和胸部。擦拭过后应马上用干毛巾再擦拭一遍，顺序与前面相同，然后再轻轻地撒上一层爽身粉，最后用梳子轻轻地梳理10～20min，这样就可以了。

一般仔犬都怕洗澡，尤其是沙皮仔犬更怕水，即使是地上的一个小水坑它也会避开，因此要做好仔犬第一次洗澡的训练工作。用一个大的水盆，装满温水，水温大约在37～38℃之间。水位以将犬头露出的位置为好，不宜过高，过高很容易使仔犬呛到水，水位也不宜过低，水位过低仔犬会感到寒冷，并且也会非常难洗。只有水位正好到下颌的位置才会使仔犬感觉舒服和温暖，以后也就愿意洗澡了。另外，还应防止仔犬眼睛和耳朵进水。

（七）洗澡的具体方法

调试好水温后，将犬放入浴缸内，使其头朝向左侧，尾朝向右侧。侧立在浴缸内，右手拿起沐浴器头，轻轻打开沐浴器（刚开始水不要开得太大，以免吓到犬），先在其背上冲刷。左手拿一个针梳，边冲边梳理。将其被毛向左右两侧分开，用水轻轻的冲洗，背部冲湿后，接着是四肢和腹部，将沐浴器头向下移动，将四肢打湿，再翻转沐浴器头，使其水流朝向上方，将其放到肚皮的下方，将四肢和腹部周围的毛发打湿。接着再移动沐浴器头，将其后腿内侧以及前躯胸部的毛发打湿，然后是前肢及下颌，最后是头部。头部打湿的方法是：将沐浴器头放在犬头的上方，水流朝下，由额头向颈部的方向冲洗，耳朵要下垂似的冲洗，由额头上方，向耳尖处冲洗，再翻转耳内侧，这时就不能用沐浴器头冲洗了，而是用手轻轻地将耳内侧的毛发打湿。注意不要将水浸入耳内，以免造成耳内感染。眼角和嘴巴周围的毛发也不能用沐浴器头冲洗，因为急流的冲洗会使犬不适应或产生恐惧，正确的方法是用双手将其慢慢的打湿。待其身体的毛发全部打湿后，用针梳将犬的毛发再重新梳理一遍。注意：一定要顺着毛梳，千万不要逆毛梳理，逆毛梳理会折断很多毛发。四肢和脸部的毛发，沿下垂似梳理就可以了。梳理过后要将全身的毛发用清水再冲洗一遍。然后用手将其全身的毛发涂上洗浴香波，在涂头部时应注意眼睛、鼻子、嘴巴和耳朵内一定不能涂上香波，尤其是眼睛，如眼睛不慎沾上香波，应立即用清水冲洗，或者用氯霉素眼药水冲洗，以免造成眼部疾病。香波涂好之后用双手进行全身按摩，使香波充分的吸收并产生大量的泡沫，用双手轻轻地抓拍背部、四肢、尾巴及头部，这时可逆毛方向进行抓洗。可用双手轻轻地在肛门周围由内环绕型清洗及按摩，待爱犬的全身产生丰富的泡沫，就可以用清水将其冲洗掉。冲洗方法与前面被毛打湿的方法基本相同，但一定要注意多冲几遍，一定要把犬身上的香波全部冲洗干净，冲洗的次数一般在2～4次为宜。冲洗过后用事先准备好的浴巾将犬的头及身体包裹住。将犬抱出浴缸放到美容台上，用浴巾反复搓擦其身体，直到将身体表皮的水分完全擦干，之后拿掉浴巾，同时拿起吹风机，一手拿起针梳，将吹风机对准犬的身体先由背部吹起，边梳边用吹风机吹干（图4－1）。

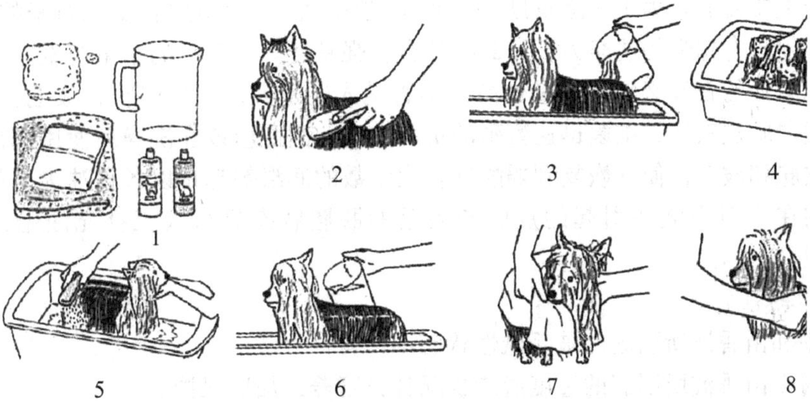

图4－1　犬的洗澡方法*

1. 洗澡用具　2. 洗前梳毛　3. 用杯子在皮毛上倒温水　4. 打浴液及揉搓
5. 用清水冲洗浴液　6. 顺着毛势倒水以理顺皮毛　7. 用毛巾擦干　8. 用吹风机吹干
（*马金成　爱犬养护与训练大全 辽宁科学技术出版社）

（八）洗澡的注意事项

（1）洗澡前一定要先梳理被毛，这样既可使缠结在一起的毛梳开，防止被毛缠结更加严重，也可把大块的污垢除去，便于清洗。嘴巴周围、耳后、腋下、股内侧和趾尖等处是犬最不愿让人梳理的部位，更要梳理干净。梳理时，为了减少和避免犬的疼痛感，可用一只手握住毛根部，另一只手梳理。

（2）由于洗澡后可除去被毛上不少的油脂，这就降低了犬的御寒力和皮肤的抵抗力，一冷一热也容易发生感冒，甚至导致肺炎。所以洗澡时要注意室内外温度，给犬洗澡应在上午或中午进行，冬季室内应加温，以防止犬感冒。不要在空气湿度大或阴雨天时洗澡。洗后应立即用吹风机吹干或用毛巾擦干。切忌将洗澡后的犬放在太阳光下晒干。

（3）根据被毛、皮肤的状态和洗澡的频率，注意选择适当的香波液。如果洗澡频繁，最好使用优质的香波、润滑剂和护理液。如果选择不恰当的香波，会产生一些弊端。例如，去除皮脂后，被毛和皮肤失去弹力，造成体温调节功能下降，防止皮肤干燥的能力下降，防水功能下降，造成被毛脱落，给被毛细胞带来坏的影响等，所以必须密切注意。

（4）香波液要事先稀释到最佳的浓度。香波液应涂在湿润的毛上，这样才能方便涂抹开。

（5）洗澡水的温度，不宜过高过低，最好使用温度在35～38℃之间的温水。一般春天以36℃，冬天以37℃为最适宜。

（6）不要竖起指甲搓揉犬毛，要用指腹顺着毛势进行清洗。

（7）当犬身体状况不佳或者有疾病的时候忌洗澡；身上带有剃毛器或钉刷等造成的伤口时忌洗澡；生了皮肤病的犬，只能进行与病症相适应的药浴。

（8）洗澡时一定要防止香波流到犬眼睛或耳朵里。冲水时要彻底，不要使肥皂沫或浴液滞留在犬身上，以防刺激皮肤而引起皮肤炎症。

（九）护理

洗澡的主要目的是为了去除皮肤和被毛上的污垢。为使由皮脂变化而来的污垢脱落，要求香波必须具有超强的洗净力，因此必然含有强碱性。一般碱的含量与洗净力是成正比的，去污能力强的香波必然碱含量也高。不管是人还是犬，如果皮肤和被毛在碱性状态，将会产生蛋白质被破坏、细菌迅速繁殖的负面效应。因此应该在洗澡后使用润滑剂中和偏向碱性的皮肤和被毛，使其恢复到弱酸性。大多数的润滑剂都是以各种油为原料加工而制成的，目的在于对香波所引起的皮肤与被毛的脱脂状态进行人工补充油脂，起到保护作用。

1. 护理的目的

（1）中和由香波所引起的被毛碱性状态。

（2）对于由香波所引起的过度脱脂状况补充营养，加以保护。

（3）增强柔软性、防止被毛干燥，使色泽更加艳丽。

（4）具有防止静电的效果。

（5）使刷子、梳子能够顺畅地通过，方便修剪操作。

2. 护理的具体方法

将洗浴香波冲洗干净后，顺着毛势将水分挤干。润滑剂的使用方法，首先应该严格按照使用说明书上的稀释比例进行稀释。实际应用的润滑剂浓度，可根据犬种和被毛的状态进行适量的增减。将润滑剂均匀地涂抹到犬全身，从头部通过背线直到尾巴。注意，不提倡把润滑剂的原液先涂到被毛上，再掺水的马虎做法。为了使被毛不打结，用手掌做按压状使香波充分渗入毛里。要用润滑剂充分浸透胸前的装饰毛等容易起球的地方。若想要巩固润滑液的效果，需把犬的身体浸到已经被稀释成低浓度的润滑液中，保持2～3min。把尾巴的被毛放置到手掌上，用润滑液将其充分浸透。最后用喷头把润滑液冲洗干净。如果过分洗净的话，会影响到润滑液的效果，所以应根据毛质进行适量调节。若是长毛犬，则用手夹住毛粗略地绞干水分。也可对犬的耳朵吹气，令其浑身打颤，以达到清除水分的目的。用浴巾把犬包裹起来，隔着毛巾把水分挤干。然后再隔着毛巾抓起四肢，这样干的比较快。

3. 润滑剂的种类

（1）酸性润滑剂：以中和碱性被毛为目的，也有人把食醋稀释后使用。如果过度（过浓）使用润滑剂，毛会变软，这将不利于修剪的进行，有时也会发生被毛褪色的现象。

（2）油性润滑剂、乳液润滑剂：在绵羊油和橄榄油等油性物质中加入表面活性剂，由于易溶于水，能够赋予被毛柔软性和光泽。绵羊油系列的润滑剂多用于把被毛烫成波浪形的场合。使用时要注意，油性润滑剂是没有中和作用的。

（3）染色润滑剂：加入染料，以染毛为目的的润滑剂。

如果说要考虑到维持健康皮肤、被毛的话，润滑剂的选择应该说比香波的选择更为重要。有一时期，曾经流行过因不喜欢柔软的被毛而对特定犬种无须进行护理的说法。如果高频率地为犬洗澡，那么对于皮肤和被毛的人工护理就变得更加重要了。即使是同一犬种，使用同一种润滑剂，其被毛的状态也可能产生不同效果。使用润滑剂的浓度、冲洗的时间、干燥的方法等在许多案例中都有误区，对于如此多的犬种来说，会有很多的被毛状态，所以选择好合适的润滑剂是非常重要的。

二、犬的吹干技术

洗澡、护理之后紧接着的就是吹干作业。看似简单，实际操作却是最富有技术性的。换言之，技术的好坏将直接影响到整套程序的结果。吹干作业是以宠物美容为前提的，字面意义上的吹干不是其主要目的。被毛的主要成分是蛋白质，如果富含水分，皮质组织的结聚力就会变弱，除去水分后，又会再次牢固的结合起来。皮质组织从洗澡时富含水分而变柔软一直到因为吹风机的热量而失去水分，皮质总是呈直线状地延伸，所谓的吹干其实是一个把犬的被毛按照自己意愿的形状重新造型的过程。

根据犬种不同、修剪目的不同，吹干的手法也大相径庭。当然，以一身直毛为目的而被放入烘干箱的犬类又另当别论。经过正确的吹干操作，再加以梳理造型。这个环节可以影响到整个清洁修剪过程。如果只针对被毛状态而言，吹干作业的结束也就意味着整个美容造型工作的结束。

使用手握式吹风机、悬挂式吹风机或直立式吹风机等，一边梳理一边进行吹干是最一般的手法。根据犬种的不同，也有的犬会被放置到烘干机中进行吹干。对于毛量多的犬来说，一定要尽快把毛吹干，要不然被毛干了以后就会呈卷曲状。所以在吹干操作前，先用浴巾吸去大部分水分，把浴巾盖在犬的身上直至实施吹干操作。

根据犬种、被毛质量、美容目的等的不同，清洗、护理、吹干这一连串的步骤都略有不同。有些犬种（如马尔济斯犬、日本狆、西施犬、约克夏㹴等）需要顺着毛势进行吹干；有些犬种（如贵宾犬、贝林顿㹴、卷毛比熊犬等）需要逆着毛势进行吹干。也有些犬种（如英国古老牧羊犬、波尔瑞猎犬、苏格兰牧羊犬、西德兰犬的下层被毛等）需要部分逆着毛势进行吹干。

1. 吹干的具体方法

将爱犬抱出浴缸放到美容台上，用浴巾反复搓擦其身体，直到将身体表皮的水分完全擦干，之后摘掉浴巾，同时拿起吹风机，一手拿起针梳，将吹风机对准犬的身体先由背部吹起，边梳边用吹风机吹干，吹时温度不要过高也不要过低，风速可以稍微大一些。尾巴的吹干方法，由助手拎起尾巴，左手拿针梳、右手拿风筒，沿尾尖向尾根部，边梳边吹，此时应逆毛进行，直到尾部吹干为止。四肢及肚皮的吹干方法：四肢是全身吹起来比较麻烦的部位，因为四肢的内侧吹起来比较费劲，所以吹干时风筒可以稍微接近身体内侧，或让助手将犬体抱起并直立站起，这样就方便了吹四肢的内侧，同时还能将肚皮的毛发吹干。值得注意的一点就是，在吹肚皮及四肢内侧的毛发时不能用针梳梳理。因为肚皮及四肢内侧的皮肉比较娇嫩，皮肤易剐伤。此时，应该用手轻轻抚摩其毛发，再进行吹干。四肢的脚尖是操作中的最难的环节之一，经常会出现被毛蜷缩的现象，让犬躺下，把脚抬起来进行精心操作。耳朵和头部的被毛要拉直到直线状态。利用喷雾式润滑剂将毛再度弄湿，把毛立起来的同时加以吹干，这样效果比较好。最后吹干的部位为头部和前胸。头部为犬吹干中最为困难的部位，因为犬头部的器官最多，并且头部是犬听觉、嗅觉、视觉最为敏感的部位，此外，大多数犬都不适应吹风机吹干的方式，所以在吹干的过程中，犬会动来动去，而且有的犬还会将头藏起来，并对你产生敌意。所以，在这个时候给犬吹干一定不能用针梳梳理，以免扎到眼睛或其他部位。当吹风机到达脸部时，要用手遮住犬的眼睛，目的是不让热风直接吹进眼睛里。除了正在吹干的部位，其余部位应用毛巾包裹。头部的毛吹干后，用橡皮圈进行固定，能方便后面的操作。注意不要把钢针刷梳得太深，使钢针发挥作用，让毛从头至尾完全被拉直。如果刷子的动作太慢，被毛就会缩回去。此时，吹干的目的就不仅限于把毛吹干，拉直它们也是非常重要的。

吹干作业即将结束的时候，被毛是带有静电的。吹风机的热风会使被毛打结，不能达到紧贴皮肤的状态。因此，通过梳理来解开纠结的被毛，端正毛势，整理被毛是吹干操作结束后不可缺少的一个环节。

2. 吹干的注意事项

（1）吹风机不可以过于靠近被毛，保持20cm以上的距离比较好。

（2）吹干时要用梳子轻柔地进行梳理。

（3）要使被毛从根部开始完全干燥。

（4）不要让吹风机的风量过大，也不要让温度过高。

（5）不要对着长毛犬的同一部位吹太久，把吹风机一边慢慢移动一边吹干。不要把吹风机从正面朝着脸吹。

（6）如果是卷毛犬的话，若不对着同一个部分集中吹干，毛就会蜷缩起来。

三、犬毛发的刷理与梳理

（一）刷理与梳理的必要性

对于梳理而言，刷理是不可缺少的基本工作之一。刷理是指用刷子为犬刷理被毛，这可以刷去犬身上的死毛及毛结，令被毛柔顺、整洁、富有光泽。刷理完成后，还要用梳子梳理被毛，因为经过刷理之后还会有小结球，所以必须用梳子做彻底的梳理。梳理是宠物美容的重要内容，美容梳理后的犬，会变得更加美丽漂亮，人见人爱，给人们的日常生活增添乐趣。梳理不仅是对犬形象的修饰，同时还起到按摩皮肤、增加血液循环、使犬不生皮肤病的功效。

由于室内饲养的犬，一年四季都有毛生长和脱落，尤其在春秋两季要换毛，此时会有大量的被毛脱落，脱落的被毛不但影响犬的美观，而且被犬舔食后在胃肠内形成毛球，影响犬的消化。此外，脱落的被毛常常附着在室内各种物体或人身上，引起家人对犬的反感和不满。刷理与梳理不但可以除去脱落的被毛、污垢、灰尘，防止被毛缠结成毡状，使犬的被毛清洁美观，而且还可以按摩皮肤，促进血液循环，增强皮肤抵抗力，解除疲劳，并能防止皮肤病或寄生虫病的发生。由此可见，经常给犬进行刷理和梳理是十分必要的。

（二）刷理与梳理前的准备工作

1. *刷理与梳理前的检查*

在给犬刷理与梳理前，要先检查它们的眼睛、耳朵、口腔、生殖道外口、肛门和爪子。长毛犬容易发生鼻泪管堵塞，此时它们的内眼角下面的被毛会变湿、变黄或变黑，可用棉花蘸着盐水擦洗一下，如果反复发生，要请兽医治疗。健康犬的耳朵内侧干净无臭味，如果外耳变脏，可用棉签蘸些滴耳液或植物油清除掉。如果犬经常用爪子抓搔耳朵，可能是耳内分泌物太多或病菌感染引起。若耳内分泌物过多，可向耳内滴入滴耳液或植物油，泡软后用棉签清除；耳道感染必须请兽医治疗。检查口腔，主要看看牙齿上有无牙垢或异物，如果有，应该把它们除去。老年犬易生牙垢，每年至少去一次牙垢。检查生殖道外口和肛门周围，如果有长毛或污物时，需剪除和冲洗掉。犬主人应经常检查它们的爪子，并用特制的指甲钳进行修剪。若长期不修剪，指甲能长入肉垫内，引起发炎化脓。指甲上部粉红色部分是肉和血管，绝对不能在粉红部分剪爪子，否则会引起出血和疼痛。爪子的白尖部分是能剪掉的角质部分。

2. *刷理与梳理工具的选择和正确使用*

由于犬的品种不同，其被毛的类型也不尽相同（如毛的质地有硬有软，毛的长度有长有短，毛的形状有直有卷）。所以对被毛的刷理与梳理所使用的工具也存在着差异。

成套的梳理器具有金属刷、钢毛刷、圆滑刷、金属制粗齿梳与细齿梳、整毛用的手套、圆头剪子、爪剪、犁状剪刀、刮毛刷（刀状梳子）、刮毛刀（刀状的安全剃刀）、吹风机等等。刷子的种类很多，有长有短，有软有硬，有尼龙刷、金属刷、鬃刷等。尼龙刷用来刷灰尘，金属刷用来刷皮屑。鬃毛刷分为马鬃毛刷（咖啡色）及猪鬃毛刷（黑色）两种，前者适用于摩天仙、约克夏等中软毛品种的犬身上，后者则适用软毛犬如西施、北京犬种使用。此外，还有油刷，是给某些小型犬或长毛犬抹油用的。梳子根据齿的疏密程度有稀齿、密齿和稀密适中三种类型。稀齿梳用于梳理长毛品种的犬，密齿梳用于捉拿跳蚤、扁虱或润饰，稀密适中的梳子用于梳理粗毛的犬品种。

当选择好正确的梳子后，就要采用正确的姿势，因为拿梳子的手法不恰当，就不能完全做好梳理、刷理的工作，还可能因施力过度而弄痛犬只（图4－2）。

使用死毛刷子的正确手势

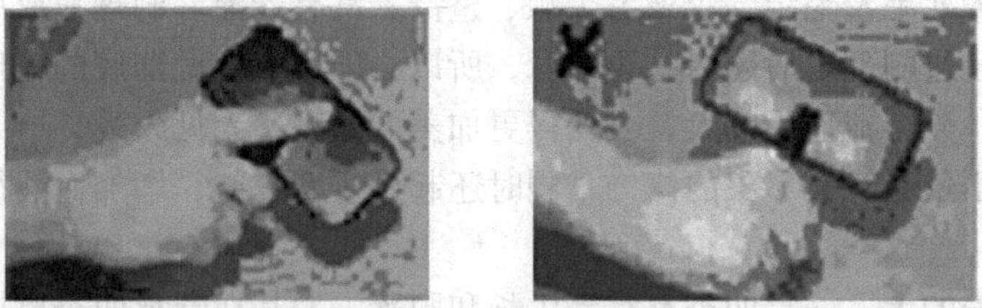

使用美容师梳子的正确姿势

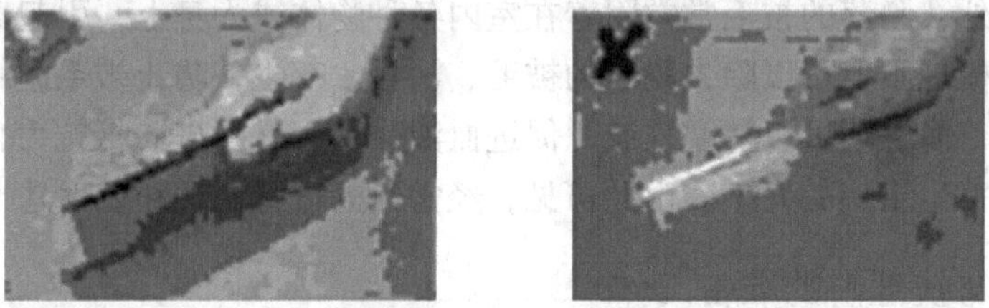

图4－2　工具的正确使用

（三）犬被毛的类型

犬的被毛主要有五种类型：长毛，短毛，丝状毛，卷曲毛和硬毛。此外，还有其他珍奇的毛型，如墨西哥无毛犬，全身几乎没有毛的犬种；匈牙利波利犬是密毛揪成一团的犬种。被毛长到一定的长度后就不再生长，待换新毛后脱毛。每种类型被毛的梳理原则基本相同，但各有其特殊的梳理方法。

犬每年春秋季各换一次毛，每次换毛需4～6周，新毛在3～4月长好，但有的犬终生不换毛。犬在换毛时，每天应梳理2次，如果尘埃多，还需洗澡。长毛犬一年四季都会掉毛，家养犬，尤其是短毛犬的换毛，可能还与室内温度、人工光照及饮食有关。

（四）刷理与梳理的顺序

刷理与梳理被毛的顺序应由颈部开始，自前向后，由上而下依次进行，即先从颈部到肩部，然后依次背、胸、腰、腹、后躯，再梳头部，最后是四肢和尾部，梳完一侧再梳另一侧。梳理各种被毛的顺序为：

（1）用稀齿梳子先梳开被毛和毛丛。

（2）用密齿梳子梳理稀疏毛、尾毛和耳后毛。

（3）用刷子顺毛势刷毛。

（4）用剪毛剪或钝头剪把眼睛、公母生殖器孔以及肛门周围的长毛剪整齐，把耳内和趾间毛剪掉。

（5）用剪刀或削毛剪刀，削剪被毛。

（6）水洗或干洗犬被毛；然后再次梳理，有必要可涂发蜡或发油。

（五）刷理与梳理的方法

犬毛打结与人类的毛发不同，并不是从毛尖变硬，而是从毛根发生的。因此，从外观看来，根本无法看到内部的情形，所以一般不会注意到梳理不足的盲点，因而需要按照正确方法，利用适当工具来进行定期刷毛。不然会造成打结或形成毛球，而使刷毛效果减退。首先，用钢针刷进行刷理，按着被毛排列和生长的顺序，由头到尾，从上到下进行梳刷，从颈部到肩部，然后刷拭四肢和尾部。刷完一侧再刷另一侧，刷拭时，用刷子先顺着毛势刷掉表层污物，再用根刷来回摩擦，将毛层刷开以除去污物。对细茸毛（底毛）缠结较严重的犬，应以梳子或钢丝刷子顺着毛生长方向，从毛尖开始梳理，再梳到毛根部，一点一点的进行，不能用力梳拉，以免引起疼痛和被毛拔掉。刷理时，如果毛纠结得很紧，那就先用手指把毛解开后再用刷子刷。四肢的根部及其他皮肤薄而松弛的部位，刷理时要细心，注意不要伤到皮肤。此外，要一刷接一刷，遍及全身，不能疏漏。刷理工作结束后，再用梳子梳理被毛。把梳子按粗齿到细齿的顺序逐个使用。使用时，梳子要同被毛保持90°的直角。眼睛下方和口吻部分等被毛容易被污染的地方如果产生纠结，用梳子仔细梳通纠结处。如果“擀毡”严重，可用剪刀顺着毛干的方向将毡毛剪开，然后再梳理，如果仍然梳不开，可将“擀毡”部分剪掉，待新毛逐渐长出。梳毕，用两块清洁的布浸上清水，一块擦拭、眼、鼻、耳等部，另一块擦拭肛门、阴门、趾间。用后洗净、晒干、保存备用。最好每只犬都有固定的一套梳理用具。喂犬时不应该进行梳刷，梳理工具要保持清洁，并要定期消毒。犬在刷理与梳理刚开始时可能不听指挥，应边梳边安抚，梳过几次后，便习惯了。根据犬的生理特点，一般要求早、晚各梳毛 1 次，或养成每天梳毛 5min 的习惯。

（六）各种类型被毛犬种的刷理与梳理

1. 长毛犬的刷理与梳理

长毛犬都有一身浓密的起保护身体作用的长毛。如果不经常为其梳理，毛发很容易打结，而且皮毛也不会干净顺滑。有些人在给长毛犬梳毛时，只梳表面的长毛而忽略下面底毛（细绒毛）的梳理。在对长毛犬梳理时应一层一层地梳理，即把长毛翻起，对其底毛进行梳理。在日常的梳理中，不能只用毛刷进行梳理，因为毛刷只能使长毛的末端蓬松，却梳不到底毛（细绒毛），因此，对长毛犬应将毛刷、弹性钢丝刷和长而疏的金属梳相配合使用。具体方法如下：

（1）先用平滑刷轻轻地刷开毛发上的发结和发团，刷的时候动作要轻柔。

（2）用圆头针状刷将犬全身刷一遍，动作要轻柔，以免将其毛发拔掉。刷完后，犬全身的皮毛应该没有任何缠在一起的发结。长毛犬腿下浓密的毛发很容易打结，而且这里的皮肤也比较敏感，因此梳理时应特别注意这个部位。

（3）用宽幅的梳子将犬全身的毛发梳一遍，将一些小发结梳开。然后用细梳子再梳一次（建议使用细密的梳子）。注意不要用短毛刷来梳理。

(4) 用剪刀修剪犬脚周围的长毛。要经常修剪其脚趾前的长毛，这个部位很容易积留灰尘污垢，若不及时清理，可能会引起发炎，因此要经常修剪。

(5) 用一把锋利的剪刀修剪犬臀部（后腿之间的连接部位）的长发和绒毛（长而细的毛发），使该部位的毛发不容易打结和积留污垢。

2. 短毛犬的刷理与梳理

短毛犬，如拳师犬、惠比特犬、短毛种的腊肠犬、拉布拉多猎犬、柯基犬等。与长毛犬相比，短毛犬所需的梳理次数要少些。因为他们的皮脂再生周期长，每洗澡一次需要6周的时间才能恢复自然。但是有些短毛犬容易脱毛，而且还比较严重，为了避免这种情况，每日的梳理就十分重要。具体方法如下：

(1) 用平滑的刷子将短毛犬皮毛上纠缠住的毛结解开，并将毛发理顺（短而密的毛发容易打结）。用刷子从上至下用力刷犬的身体和尾巴。

(2) 用毛刷刷掉犬被毛上的死发和灰尘，刷的时候要刷遍其全身，包括腿和尾巴。

(3) 用梳子梳理犬腿部和尾巴上的绒毛，如果这些部位长有杂乱的毛发，应用剪刀将其修剪整齐。

3. 丝状毛犬的刷理与梳理

丝状毛犬，如阿富汗犬、玛尔济斯犬、约克夏㹴、拉萨犬等。此类型的被毛稍不注意梳理，就会变的混乱。因此，需经常刷理和梳理，相对其他犬种来说，需要多洗几次澡。

4. 卷曲毛犬的刷理与梳理

卷曲毛类的犬，常年不换毛，被毛不断生长，需每6～8周修剪毛并洗澡1次。卷毛短毛犬，每2～3天需刷一次。有长绒毛的，应先梳后刷，若稍不注意容易形成小块擀毡。同时，耳道里脱落的绒毛和分泌的蜡质，能混合在一起形成塞子，堵塞耳道，需经常检查并剪除。卷曲毛的幼犬，多在14周龄左右开始梳理被毛。

5. 硬毛犬的刷理与梳理

此类型被毛需要有规律的梳理，避免擀毡。像西部高地白和迷你雪纳瑞犬等，都有一层硬硬的表层毛，可以用刮刷进行日常护理。刮刷分为梳针软而细的软型和梳针硬而挺的硬型两种。硬毛犬应选择硬型刮刷。选择时，应选择有弹力的且梳理硬毛时梳针不会歪斜的那种。每3～4月修剪长毛毛尖1次，然后洗一次澡；每6～8周梳理一次被毛，并用剪刀剪去眼睛和耳周围被毛。幼犬4月龄时，开始对其头部和尾部被毛进行第1次修剪。

6. 珍奇毛种的刷理与梳理

对某些珍奇毛种的品种必须特别注意，刷理和梳理前最好征求饲养者或兽医的意见。如匈牙利波利犬的被毛全部扭成一圈圈的样子。如不出场展示时，则不须用梳子梳理。墨西哥无毛犬几乎全身无毛，但也须定期用刷子或梳子轻轻的梳理。

1 短毛品种的梳理方法：a 用钉刷刷下死毛和脏物；b 用毛刷刷掉死毛和皮毛中的脏物及碎渣；c 用手套或鹿皮刷打磨皮毛使之富有光泽。2 长毛品种的梳理方法：a 用钢丝刷顺着毛流的方向梳理；b 用手指将缠结的毛理顺开；c 先用稀齿梳，后用密齿梳梳理皮毛；d 梳毛，左为稀齿梳，右为密齿梳（图4-3）。

图4－3　犬的梳毛方法*

（＊马金成　爱犬养护与训练大全　辽宁科学技术出版社）

（七）刷理与梳理时的注意事项

（1）梳理时应使用专门的器具，不要用人用的梳子和刷子。铁梳子的用法是用手握住梳背，以手腕柔和摆动，横向梳理，粗目、中目、细目的梳子交替使用。刷子的齿目多，梳理时一手将毛提起，刷好后再刷另一部分。

（2）梳毛时动作应柔和细致，不能粗暴蛮干，否则犬会有疼痛感，尤其梳理敏感部位（如外生殖器）附近的被毛时要特别小心。

（3）犬的被毛玷污严重时，在梳毛的同时，应配合使用护发素（1 000 倍稀释）或婴儿爽身粉。

（4）注意观察犬的皮肤。清洁、粉红色为良好，如果呈现红色或有湿疹，则有寄生虫、皮肤病、过敏等可能性，应及时治疗。

（5）发现虱、蚤、蜱等寄生虫（虫体或虫卵）寄生时，应及时用细的钢丝刷刷拭，或用杀虫药物治疗。

（6）在梳理被毛前，若能用热水浸湿的毛巾先擦拭犬的身体，被毛会更加发亮。

四、眼睛、牙齿的清洁和护理

（一）眼睛的清洁和护理

不同品种的犬眼睛间距离大不相同，眼睛间距大使犬能够看到侧面。眼球一般是凹陷的，眼球的形状也不同，拳狮犬眼球呈球状，牧羊犬和诺丁赛犬眼睛呈杏仁状。犬有两个明显的眼睑：上眼睑和下眼睑。上下眼睑间距较大，颜色较深，睫毛浓密。眼睑外层覆盖着毛发，内层是结膜，一层粉红色薄膜，眼睑下方是眼腺，分泌泪滴润滑角膜。泪管在眼睑的内角，通向鼻沟。犬有第三个眼睑，大多数藏在眼睑下方，可作为眼睛防风挡水的膜，除去异物。

眼睛颜色取决于虹膜的颜色，理想的颜色为深色（棕色），是一种健康色，深浅不同的任何棕色均可以，一直到暗褐色。眼睛的颜色不一定与被毛颜色有关，具有浅色被毛的犬也可能会有深色的眼睛，如萨摩犬就是深色眼睛。另外应注意犬的眼睛颜色在一生中会有所变化。两只眼睛颜色不同则称为异色眼睛，这种现象并不少见。如西伯利亚雪橇犬、哈士奇犬等有这种异色眼睛。

眼睛是犬的心灵之窗，也是情感表达的重要途径。眼睛保护不好就会降低视力，甚至失去观赏价值。某些眼球大、泪腺分泌多的犬，如北京犬、吉娃娃、西施犬、贵妇犬等，常从眼内角流出多量泪液，沾污被毛，影响美观。因此要经常检查眼睛。当眼睛中出现炎症或有眼屎的话，把自己的手好好消毒一下，用温开水或含有2%硼酸的水沾湿棉花或纱布后轻轻擦拭。擦拭时注意不能在眼睛上来回擦拭，一个棉球不够，可再换一个，直到将眼睛擦洗干净为止，切记绝对不可以碰到眼球。擦洗完后，再给犬眼内滴入眼药水或眼药膏，把下眼睑稍稍拉下的话，操作起来会更方便。如果症状严重，可按照兽医的指示使用含有抗生素的眼药膏。

有些犬，如沙皮犬和北京犬常常因头部有过多的皱褶或眼球大而凸使其眼睫毛倒生（倒睫），倒生的睫毛可刺激眼球，引起犬的视觉模糊，结膜发炎，角膜混浊，对此应在兽医的帮助下将倒生的睫毛用镊子拔掉或做眼睑拉皮手术，增加眼睑的紧张度。

此外，还有些品种，如马耳他犬、西施犬等，在它们的眼睛周围长满了毛，这些毛可能会摩擦眼球，引起眼部疾患，因此眼的睫毛要经常梳理，周围的毛要适当剪短或用彩条扎结。

当犬发生某些传染病（如犬瘟热等），特别是患有眼病时，常引起眼睑红肿，眼角内存积有多量黏液或脓性分泌物，这时要对眼睛精心治疗和护理。而如果状况严重，请赶快看医生，许多含类固醇的眼药，点久了，容易导致青光眼，应谨慎。

给犬上眼药水（膏）的方法（图4－4）。

图4－4　给犬上眼药水的方法*

（*马金成　爱犬养护与训练大全　辽宁科学技术出版社）

在眼睛的护理过程中要注意以下几点：

（1）用脱脂棉球擦拭眼睛时，应由眼内角向外轻轻擦拭，不可在眼睛上来回擦拭，一个棉球用脏后，可换一个，直到将眼睛擦洗干净为止。

（2）在给犬眼睛上药时，一只手托住犬的下颌，使其固定，另一手拿眼药水，在眼睛的后上方点药，切勿碰到眼睛。

（3）在给患有倒睫的犬做眼睑拉皮手术时，如果手术不理想，反而会使眼睑包不住眼眶，甚至眼球外露。有些品种（如沙皮犬）的倒睫是有遗传性的，所以，购买时还要了解该犬的父母是否有倒睫的缺陷。

（4）眼药水或眼药膏不能经常使用，因为有些药物为了达到抗炎、抗过敏的效果可能加有皮质类固醇成分，长期应用会导致眼底萎缩，严重时会造成失明。此外，仔幼犬最好不要使用氯霉素眼药水，因其毒性大，仔幼犬的解毒功能弱，长期使用氯霉素眼药水，可能会导致再生障碍性贫血。

（二）牙齿的清洁和护理

1. 犬的牙齿

成年犬有42颗牙齿，上颌有20颗，下颌有22颗。牙齿的排列称为齿系。不同生命时期的牙齿生长称为生齿。牙齿坚硬，外观似骨。牙齿用来抓取、扯裂、磨碎食物，作用很大。犬是异形齿动物，因此其牙齿有专门用途。前臼齿是永久齿，而门齿、犬齿、臼齿则经常脱落。

幼犬的牙齿系列：门齿3/3 犬齿1/1 臼齿4/4。幼犬出生时并没有牙齿。在出生后20天左右长出牙齿。牙齿经过间隔一定时间才长出。如中型犬：犬齿和前臼齿在3周龄出现，角门齿在3～4周龄出现。4～6周龄长出分割牙和中切牙，大约到4个月龄牙齿基本出齐。乳牙长齐后，所有牙齿在3～5个月龄进行替换。乳齿牙根会重新吸收。牙齿脱落换成永久齿。臼齿、门牙和犬牙约4～5个月龄长好，最后一批臼齿需要6～7个月龄才能出现。牙齿生长时间随不同犬种而改变，同时牙齿数目也会有所不同，犬很少长多余的牙齿。大多数牙齿符合生长形态，实际上总有一些臼齿脱落，特别是第一颗前臼齿经常脱落，小型犬也可能有一两颗门牙脱落。

牙齿对判断犬的年龄有重要作用，门牙顶部的三叶状，随着犬的年龄增加，门齿首先变光滑（中凸角变平），然后出现磨损（三个凸角消失），这说明犬的年龄可以用牙面去判断。

2. 牙齿清洁和护理的必要性

犬同样也有牙病，唾液中的钙化盐逐渐形成牙垢，在牙齿底部积聚，从而产生齿龈炎或牙齿脱落。老年犬或重病的犬如果经过抗菌素治疗，牙齿可能变黄，另外，某些疾病可以导致牙齿脱钙。牙釉坚厚，牙瘘管及牙齿脓肿，会妨碍永久齿的生长和发育。

犬的牙齿每年至少应接受一次兽医的检查。而且每周应自己检查一次，看是否有发炎的症状。实际上超过75%的成年犬需要对牙齿进行清洁护理。通常，牙坏的第一个警告性标志是牙缝中的残留食物引起细菌滋生而导致口腔的恶臭。如果忽视对犬牙每周一次的护理和每年一次的兽医检查，那么对坏了的牙齿唯一补救方法就只能是拔牙了。

犬一旦患牙周病，牙龈、牙齿周围的骨骼以及结缔组织都会受到影响，可能会造成牙齿脱落。犬牙齿的毛病通常最先出现牙斑，如果不除去牙斑，唾液中的矿物质便会使牙斑转变成为牙石。在牙龈下方的牙石是细菌滋生的温床，细菌滋生引起发炎，引起发炎的细菌会侵入犬的血液里，造成肺、肾和肝脏等脏器出现病变。所以犬牙齿的清洁护理是十分重要的。

3. 牙齿清洁和护理的方法

经常刷牙，再加上定期到宠物医院洗牙才能使犬保持健康和光亮的牙齿。平常可以从兽医诊所里买到特制的口腔卫生软膏，直接将其与牙膏一起使用，或者与少量的食物混在一起使用。这项工作平均每周要做一次。牙齿的护理过程中，如果有牙石附着，会造成牙龈炎等后果。所以日常就要做好清洁、护理工作。为了不形成牙石，要尽早除去牙齿上的残留物。为了去除牙石，可以用成人牙刷蘸取碳酸钙粉末，每月在牙齿与牙龈之间来回刷2～3次，这样做效果比较显著。根据牙齿及牙龈的状态，有时也能用钳子等工具去除牙石。

幼犬换牙时，应仔细检查乳牙是否掉落，尚未掉落的乳牙会阻碍永久齿的正常生长，造成永久齿的歪斜，容易积聚食物残渣等现象。特别是小型犬常有乳齿不掉的问题。

干粮和饼干等含水量少的较硬的食物能够与牙齿产生摩擦，协助清除犬牙齿上的牙斑，另外，牛皮做的玩具以及市上所出售的一些造型粗糙的玩具也是良好的洁牙工具。但是也应该使犬习惯定期刷牙。犬断乳后被送到新主人处时，就可以开始要它习惯让主人检查和处理口腔。完整健康的牙齿，对参赛犬更加重要，是评判必须检查的项目。

平时训练重要的一条是训练犬接受定期刷牙，开始时主人可用自己的手指轻轻地在犬牙龈部位来回摩擦，最初只摩擦外侧的部分，等到它们习惯这种动作时，再张开它们的嘴，摩擦内侧的牙齿和牙龈。当犬习惯了手指的摩擦时，可在手指上缠上纱布，然后摩擦它的牙齿和牙龈。刷牙应使用犬专用牙刷，这种专用牙刷由合成的软毛刷制成，刷面呈波浪形，能有效清洁牙齿的各个部位。刷牙时，牙刷成45°角，在牙龈和牙齿交汇处用画小圈的方式一次刷几颗牙，最后以垂直方式刷净牙齿和牙齿间隙里的牙斑。重复上面的程序，直到颊内面的牙齿全部刷净为止。接着，继续刷口腔内面的牙齿和牙龈。大多数犬起初会抵抗，不肯张嘴，但是经过耐心的训练，最后还是会适应的，以后每周应该刷3次以上，方能有效保持犬的口腔和牙齿卫生。

给犬刷牙的方法如图4－5。

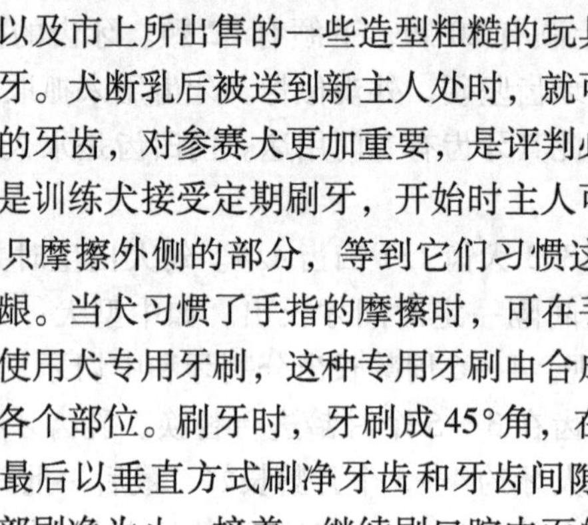

图4－5　给犬刷牙的方法*

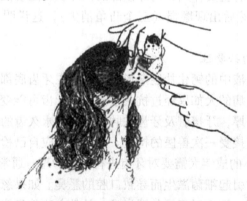

（*马金成　爱犬养护与训练大全　辽宁科学技术出版社）

除了刷牙之外，还可利用超声波洁牙机清洗牙齿。超声波洁牙机是目前我国人用专业洗牙机，在我国目前还没有宠物专用的洗牙机，所以，只能以人用的洁牙机代替宠物专用的洗牙机，其目的与效果是相同的。具体方法如下。

应准备的器械：超声波洁牙机1台，棉签2包，生理盐水1瓶，脖颈用软垫1个，眼药水1瓶，碘甘油1瓶，绷带2根。

操作过程：首先，将犬肌肉注射全身麻醉药，待其完全麻醉后将其平放到美容台上，向眼内滴入眼药。其次，将犬脖颈处用软垫垫起，使其头向下低，这样的做的目的是防止在洗牙时，水进入气管内造成犬窒息。将 2 根绷带分别绑在犬的上颌和下颌，并拉动绷带，使其嘴巴完全张开，牙齿暴露在外，一手拿起洁牙机柄，将洁牙头对准牙齿，一手用棉签将吻部翻开使牙齿露出，进行清理。清理过程中如果有出血现象，属正常现象，及时撒上少量止血粉即可。清理完一侧后再清理另一侧，双侧清理结束后，还应检查牙齿内侧是否有结石，如果有，也应该一同清理干净。最后，在清理过的牙齿与牙龈处涂上少量碘甘油，其主要是起消炎作用。犬洗牙过后，应连吃 3～4 天消炎药（阿莫西林糖浆即可），并连续吃 3 天流食，以免食物过硬，损伤牙龈，造成再次感染。

五、犬耳朵的清洁保养

（一）犬耳朵的组成

犬耳朵由三部分组成：

1. 外耳

外耳包括耳廓和外耳道。外耳是一个软管结构，由肌肉和皮肤覆盖，形成一个能动的耳廓，耳廓像一个雷达天线，瞄准声音发源地。耳廓通向耳道，耳道是很细的皮肤覆盖的软骨管，起初垂直，然后水平。耳道末端是很薄的鼓膜或耳鼓。犬的耳朵大小不一，形态多种多样，几乎各种犬都有自己独特的耳朵形态。

2. 中耳

中耳包括鼓膜、鼓室和听觉管。中耳是一个共振腔，声音冲击耳鼓，引起它的振动，因此引起小骨片（锤骨、镫骨、砧骨）通过杠杆作用，在鼓膜腔振动。这个机制把声音传给内耳并扩大，同时还要抑制其严重的振动，因为小骨片仅有一个有限的运动范围。

3. 内耳

内耳由听觉和平衡器管组成，这两个部分有不同的功能，耳蜗把声波变成神经信号，并通过听觉神经把信号传给大脑。平衡器管含有小茸毛，其能察觉头的位置，使身体产生平衡感。

（二）耳朵清洁前的准备工作

洗耳时要从犬的后背部方向滴洗液，这在一定程度上能减少犬的恐慌。洗耳前应先观察犬耳内是否有耳毛，如果有耳毛应先拔掉耳毛，再清洗。一般常见需拔耳毛的犬种有西施、雪纳瑞、比熊、约克夏、贵宾等。拔耳毛前要先在耳廓周围撒少量耳粉，这样可以起到消炎、止痛的作用，用手拔耳毛时一次不要拔太多，而且动作要轻柔；如果拔不到耳道内的毛，可配合使用止血钳。

洗耳前要准备好洗耳液、医用棉花。先用手控制住犬的头部，用少许棉花缠在止血钳顶部制成棉棒，反复擦洗耳道内的污物。将一、两滴洗耳液蘸到棉棒上，最后用棉花滴少量洗耳液将耳廓周围清洗干净。

（三）犬正常耳道的清洁

犬的耳道不同于人的耳道。犬的耳道很深，并成弯形，所以很容易积聚油脂、灰尘和水分，并容易寄生螨虫，尤其是大耳犬，下垂的耳壳常把耳道盖住，或是耳道附近的长毛也可将耳道遮盖，这样耳道由于空气流通不畅，易积垢，潮湿极易感染耳螨，并且会使犬患上外耳或内耳炎。因此，要经常检查犬的耳道，如发现其耳部奇痒、摇头不安、后肢不时搔抓耳部，耳道有明显的臭味，有时甚至出现自身残伤引起的擦伤和出血，这时就说明耳道有问题，应该用止血钳夹住消毒后的棉球，将其耳朵全部清理干净，再上些消炎止痒的药物，并且要连续几天清理和用药，以保持犬耳道的健康、干净卫生。

另外，对于犬的正常耳道也应定期进行清理。清理的时间1周1次为宜。在为犬洗澡的时候一定要注意，千万不要让水、浴液或其他水质一类的东西进入耳内，以免造成耳道发炎或感染。应在洗澡前用棉球将双耳塞住，再进行洗澡。另外，要注意的一点，在清理耳道的时候千万不要用棉签，因为棉签很脆弱，非常容易折断。一旦棉签折断在耳道内，那么再取出将会非常费力，并且在为犬清理耳道时，棉签内的棉花头很容易脱落在耳道内，取出来会相当的困难，还会造成犬耳道内的炎症。

1. 拔除耳毛

如果对耳朵里的毛放置不顾的话，分泌物就会沾到毛上，酸化后将散发出恶臭气味，并会造成细菌感染。特别是对于大多数的长毛犬和耳朵下垂的犬类来说，耳道中空气不流通，就容易发生耳道炎症。

用手指或钳子将耳朵里的毛拔去。具体方法是使犬保持不动，用左手挟住犬的头部，利用左手大拇指和食指按压住耳朵周围，使耳道充分露出。把少量的耳粉撒入耳中，减少耳道的湿滑度。然后沿着毛的生长方向拔去所有用右手手指够得着的毛。再往深处的毛，就要使用钳子、镊子等工具小心翼翼地钳住以后拔出。一定要注意，如果一次性拔毛面积过大的话，容易引起炎症。药用耳粉在降低耳内的湿滑度的同时，还能抑制细菌等的繁殖，并保持耳道内部干燥。

2. 清理耳道

根据耳道的大小，把适量的脱脂棉花缠绕在钳子上。涂在脱脂棉花上的耳朵清洁剂最好选用液体状的。清洁剂除了能蘸取污物之外，在保护皮肤上也能起到作用。耳朵清洁剂能够有效地清除附着在耳道内的污物，但是耳朵内部必须保持干燥，所以建议使用挥发性液剂。

开始清理耳朵的时候，要使犬保持静止不动。清理工作只在眼睛看得见的范围内进行，再往深处不要去碰触。清理时，不要用力拽耳垂。

准备好脱脂棉花和钳子。用钳子夹住脱脂棉花的一端。用手指压住脱脂棉花的同时旋转钳子。确认脱脂棉花已经牢牢包裹在钳子的前端。然后轻轻地擦去耳内污物。犬耳朵的清洁方法如图4-6。

（四）病理性耳道的清洁

病理性耳道的清洁是指犬患有耳螨、真菌感染、中耳炎、内耳炎及外耳炎时进行的清理，这时的清理为病理性清理。

1. 应准备的器械

消炎洗耳液、止血钳、棉球、止血粉、消炎药粉、器械盘等。

2. 病理性耳道的清理方法

由于病理性耳道内分泌物较多，并伴有发炎、流血、红肿现象出现，所以在清理时应十分小心、谨慎，必要时可进行全身麻醉。具体方法：

（1）将犬耳内侧的毛发全部修剪干净，毛发过长容易引起再次感染。

（2）将犬耳背外翻，使耳道充分暴露在明处。先在耳道内滴入 2 滴消炎滴耳液，然后盖上耳背，在耳根处轻轻按摩 3～5min，然后翻转耳背，可见耳内有大量黑色分泌物，用止血钳夹住棉球将黑色分泌物全部擦洗干净，棉球可以捏小一些，并使棉球完全把止血钳尖部全部包住，以防止由于止血钳头过于尖，在清理时捅破耳道。

（3）掏干净后，向耳内滴 1～2 滴消炎滴耳液，轻轻按摩其根部 3～5min，打开耳背，用棉球将其耳内的液体擦干，撒上消炎药粉即可（图 4－6）。

图 4－6　犬耳朵的清洁方法*

（＊马金成　爱犬养护与训练大全　辽宁科学技术出版社）

六、犬的脚掌、犬指甲的护理

（一）犬指甲护理的必要性

大型犬和中型犬（如狼犬）经常在粗糙的地面上运动，能自动磨平长出的指甲。而小型的玩赏犬，如北京犬、西施犬和贵妇犬等，很少在粗糙的地面上跑动，磨损较少，而指甲的生长又很快，过长的指甲使犬有不舒适感，而且长期不修剪，指甲还会长长、弯曲刺入肉垫，给犬的行动带来很大的不便。同时，指甲长了还会破坏室内的木质家具、地毯和棉纺织品等。此外，犬的拇指已退化，而在脚的内侧靠上方位置长有飞趾，俗称“狼爪”，它是纯属多余的无实际功能的退化物，能妨碍行走或割伤自己。因此，要定期给犬修剪指甲。

（二）犬指甲修剪的基本方法

1. 犬指甲的修剪方法

（1）使犬体保持稳定，托住足垫，用拇指和食指将足蹼展开，并牢牢地抓住爪子的根部。这样剪指甲时的振动就不会那么强烈。

（2）用犬专用指甲钳把爪子的前端剪成直角。

（3）剪断切口上下的边角。

（4）为防止爪子钩到地板上，或是爪子被刮断等情况的发生，要用锉刀把剪过的指甲各个棱角挫圆滑。用食指和拇指抓紧爪子的根部，以减小挫时的振动。让锉刀的侧面沿着抓住足垫的食指方向运动，这样便于调整方向把指甲挫圆。

2. 犬指甲修剪的注意事项

犬的指甲非常坚硬，应使用一种特制的犬猫专用的指甲钳进行修剪，而不应用家庭内常用的指甲钳进行修剪。用这种指甲钳进行修剪，不但剪不断指甲，而且还会将指甲剪劈。这样既不美观，而且犬只也会感觉特别不舒服，所以应选用专业的指甲钳进行修剪。对退化了的"狼爪"，应在幼犬生后2～3周内请兽医进行切除，只须缝一针，即可免除后患。哺乳期仔犬的指甲也要修剪，尤其是前脚的指甲，以防止哺乳时抓伤母犬。

日常的指甲修剪法，除使用专用指甲钳外，最好在洗澡时待指甲浸软后再剪，因为这时它的指甲比平常要柔软。但应注意，犬的每一个趾爪的基部均有血管和神经。因此，修剪时不能剪得太多太深，如犬指甲为白色，即可看到在指甲内有红色血样东西，这便是指甲内的血管和神经，千万不能剪到。一旦剪到便会流血不止，犬会非常疼痛。应在靠近红色肉垫的边缘，略长于红色肉垫大约3～4mm处进行修剪，这样剪起来会非常安全，不会剪到血管。另外，如犬的指甲为黑色，在给犬修剪指甲时应试探着剪，剪到看见趾甲断面有些潮湿时即可，剪过后再用平锉修复平整，防止造成损伤。在剪指甲的同时，身边还应准备一瓶止血粉，以便在一旦将犬指甲剪流血时马上止住流血，这样就减少了很多不必要的麻烦。如修剪后发现犬的行动异常，要仔细检查趾部，检查有无出血和破损，若有破损可涂擦碘酒。除修剪指甲外，还要检查脚枕有无外伤。另外，对指甲和脚枕附近的毛，应经常剪短以防滑倒。指甲修剪的位置和方法如图4－7所示。

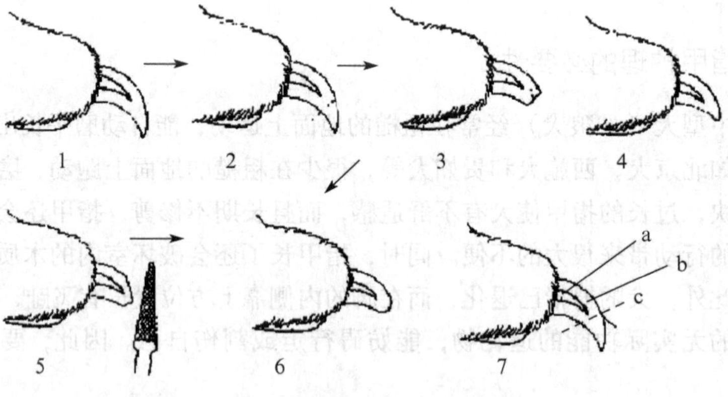

图4－7　犬指甲修剪的位置和方法*

1. 正常的指甲　2. 指甲过长　3. 斜上切　4. 斜上切　5. 用指甲锉刀磨平
6. 磨平后的指甲　7. 修剪位置　a 含有血管和神经的肉质部　b 指甲　c 预切线

（*马金成　爱犬养护与训练大全 辽宁科学技术出版社）

七、犬肛门的清洁

排便后的残留物和随之一起被排出的寄生虫卵很容易附着在肛门的周围，所以保持肛门清洁的工作十分重要。尤其是软便或腹泻的情况下，排便后就会有残留物附着在肛门周围。犬在蹲坐的时候，容易沾上垃圾、泥土等加重污染。用温开水和优质的肥皂或刺激性小的肥皂等为犬清洁肛门及周围部分，洗后立即用吹风机吹干。

（一）肛门囊

犬的肛门囊有两个，是犬正常的解剖结构，分别位于肛门下方两侧的肛门内、外括约肌之间，呈球形，如果仔细观察，有时可能看到两条细管，在肛门皮腺处开口。里面的物质是囊壁上发达的脂腺所分泌出的产物。具有强烈黏度，性状从泥状到水状都有。这种分泌物可能有助于犬做记号，划定自己的疆界或吸引异性。通常认为排便的时候，囊内的分泌物会随之一起排出，假如分泌物一直不被排出，久而久之会被细菌感染，最后被充满了恶臭的脓水所代替。这也是引起肛门囊炎、肛门囊肿的原因，所以一定要慎重对待。如果肛门囊中的分泌物大量潴留，犬会用肛门摩擦地面。此外，还会发生会阴部受损、尾巴的活动出现异常等情况。如发现犬经常甩尾，舔咬肛门，排便困难，接近犬体可闻到腥臭味，检查肛门，发现肛门发红、肿胀、疼痛等现象，此时犬就有可能患上肛门囊炎，若炎症严重时，肛门囊会破溃，流出大量黄色脓汁，有时在肛门处形成瘘管。

形成肛门囊炎的原因有很多，可能与饲喂过高脂肪日粮或不适宜配料引发软便；动物肥胖，缺乏锻炼，使肛门括约肌张力减退；腺体分泌过多；绦虫节片或其他异物阻塞肛门囊开口或导管等因素有关。上述原因均可造成囊液潴留或囊内分泌物不能排出，引起囊内容物发酵。肛门囊炎常并有细菌感染。

治疗方法：用拇指、食指挤压肛门囊，排除囊内容物，然后向囊内注入消炎软膏。必要时全身应用抗生素治疗感染，囊内可注入复方碘甘油，每天 3 次，连用 4～5 天。

当局部溃烂或形成瘘管时，应手术切除肛门囊。手术过程为：

（1）术前 24 小时要禁食，灌肠使直肠排空。

（2）俯卧保定：将尾固定于背部，肛门周围剃毛，消毒。

（3）全身浅麻醉，配合肛门周围浸润麻醉。

（4）持钝性探针插入囊底，纵向切开皮肤，彻底摘除肛门囊，除去溃烂面、脓汁、坏死组织和瘘管组织，注意不要损伤肛门括约肌。

（5）修整创口，压迫止血，撒上抗生素粉，结节缝合创口。

术后肌肉注射抗生素，局部涂抹消炎软膏。术后 4 天内喂流食，减少排便，防止犬坐下和啃咬患部，加强犬的运动。

① 用小指抵住尾根，抓住尾巴向后背方向拉。身体后部将被固定，肛门处便会绷紧，便于修剪。② 以肛门为中心，纵向剪去其左右的犬毛。剪刀与被剪部倾斜约 45°角。③ 为使尾根翘起来，皮毛不至于蓬乱，可把尾根周围的毛修剪整齐（图 4－8）。

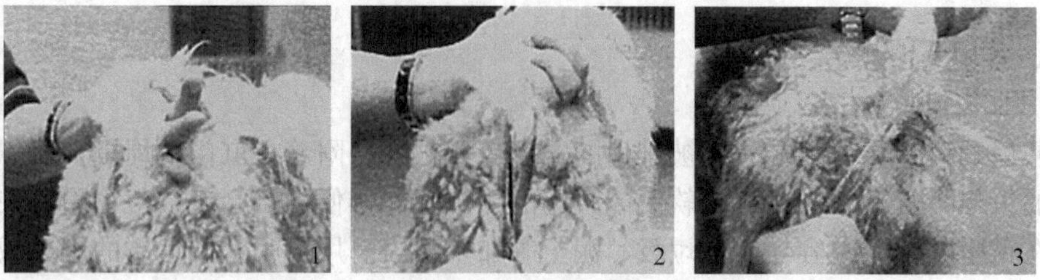

图 4－8　犬肛门的修剪方法*

（＊福田英也　家犬美容师的忠告 江苏科学技术出版社）

（二）修剪肛门周围

犬肛门周围的毛发应修剪得非常干净，如果肛门周围的毛发过长，犬排便后残留的粪便很容易粘到毛上。长期下去，很容易引起肛门发炎，或招致一些外来寄生虫。所以，应将肛门周围的毛修剪成与肛门黏膜平行的长度。方法是用一手掀起尾巴，保持犬静止不动，另一手用短毛剪刀或者电动剃毛器剪掉肛门周围的毛。

（三）排空肛门囊

如果肛门囊液排出受阻，会出现犬在地面上磨蹭屁股，舔咬自己肛门等临床症状，此时，应该帮助犬排空肛门囊液。为了预防犬的肛门囊因流通不畅而继发肛门囊炎，应该利用为犬洗澡的机会，定期排空肛门囊。具体方法是：在给犬洗澡前用手指按压肛门的两侧，把肛门囊分泌物挤出，然后再将犬身体冲洗干净。犬肛门囊的位置和人工排空的方法如图 4－9。

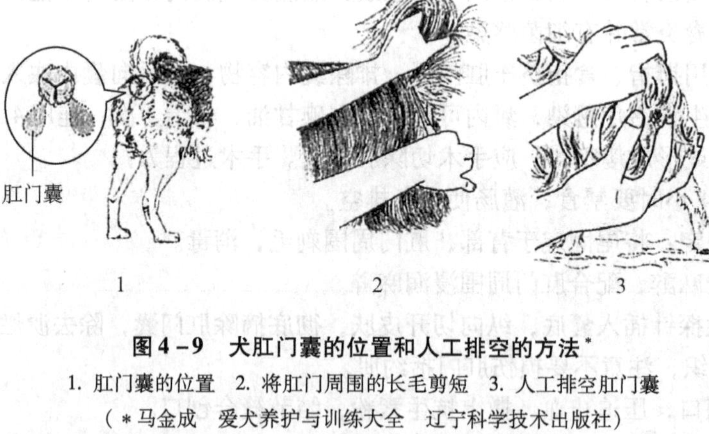

图 4－9　犬肛门囊的位置和人工排空的方法*

1. 肛门囊的位置　2. 将肛门周围的长毛剪短　3. 人工排空肛门囊

（＊马金成　爱犬养护与训练大全　辽宁科学技术出版社）

修剪尾巴根部的毛是以尾根见高为美容目的。要对尾巴根部所有的毛进行处理。使身体和尾巴的分界线变得明显，是为了让身体的线条看上去张弛有力。这是大多数犬种通用的修剪方法。把尾巴根部周围的毛剃短，直到看得见皮肤为止。注意不要剪到尾巴上的毛。

八、剃腹毛

（一）剃腹毛的目的

其最直接的目的是为了在犬展中方便审查员检查犬的生殖器，确认犬的性别和犬是否健康（公犬是否是单睾丸）。平时主要是为了犬的健康和卫生。

（二）剃腹毛的方法

首先准备好电剪和刀头，把犬控制好，左手握住犬的前肢，向上抬，使犬站立起来，如果一只手抬不起来，可将美容台上的吊杆放低一些，把犬的前肢放在吊杆上。也可以抓住它的四肢，将犬放在美容台上，身体向前倾，轻轻压在犬身上，同时要跟犬说话安慰它，右手慢慢放开犬的后肢，抚摸犬的腹部，让犬放松。右手握住电剪，给犬剃腹毛。

在剃腹毛前要分清公、母犬，公犬剃到肚脐上面3cm的位置，修剪为椎形，在生殖器上留3cm左右的毛，作为引水线，以防止犬在排尿时尿液飞溅，此外，还可以保护犬的生殖器不被污物感染。睾丸两侧也要剃出一个刀头的宽度，但不可以将犬的生殖器剃得外露，后面的毛要留好，只有雪纳瑞等犬种的生殖器可以外露。母犬则剃到肚脐，只要有一点弧度就可以了，同样在生殖器两侧要剃出刀头的宽度，所不同的是，母犬不用留引水线，剃光就可以了。

（三）剃腹毛的注意事项

用电剪剃腹毛时，不要动作太碎、反复剃，这样容易使犬过敏，如果犬过敏，要给犬涂抹皮肤膏。如果让犬躺下来剃，要小心不要把其身体侧面剃得太多。

有些犬特别害怕剃毛，应采取正确的方法处理。首先，要建立良好的自信心，对自己的技术有足够的自信心。其次，要有熟练操作技巧和控制犬的技巧，找到犬害怕剃毛的症结是因为犬的反抗不配合而害怕还是其他原因。犬是聪明的动物，只要让它知道剃毛是不会伤害到它就会比较配合，比如遇到害怕电剪的犬可以让它先看看闻闻剪子，再打开电剪放到犬身边让它熟悉震动，操作过程中的每一步都要用柔和的语气鼓励并安抚犬让它放松下来。最后，在练习的初期，可以找别人协助你控制犬，你要摸索出犬喜欢的姿势，等犬适应后才可以进行独立的操作。剃毛要尽量快速准确，犬的耐心有限，很快就会烦躁，而且如果不慎使犬受伤，今后它就不会很配合。

九、修脚底毛

犬类的脚掌上也会长毛，如果放任宠物犬不加以照顾的话，毛可能会一直长到盖过脚面。作为室内饲养的小型犬，由于脚掌间毛的原因，走在地板上时容易滑倒，于是犬自身会对走路更加小心，而它敏捷轻快的身影也就见不到了。在这种状态下，上下楼梯等场合，受伤的可能性也随之加大。脚掌间的毛容易在散步的时候被弄脏，或弄湿，成为臭气和皮肤病的来源，并很可能诱发扁虱等寄生虫的生长。所以定期观察、修脚底毛，保持脚掌与地面紧密贴合是很重要的。

1. 修脚底毛的位置

把四个小脚垫和大脚垫之间的毛剪干净，四个小脚垫之间的毛剪至与脚垫平行即可。脚垫周围的毛同样剪至与脚垫平行。

2. 修脚底毛的方法

脚掌内的短毛适合用刀刃较短的短毛剪刀修剪。若要使用电动剃毛器通常应该先用1mm的刀刃来修剪。在修剪全身之前，要先剪去脚掌间的毛。如果不小心剪到了脚趾或面向外侧的毛，在外观上会妨碍腿部美观。这点，在修剪博美犬等犬类时，要特别注意。应将其脚掌向上翻转，将足垫缝内的毛发全部修剪干净，使其黑色的脚肉垫充分暴露出来即可，另外，在给犬修脚底毛的同时，还应检查其指甲是否长，如长也应剪掉。太过紧张而把脚掌内部的毛也剪掉未必是件好事，这将会导致散步时，小石子等嵌入其中。所以应该在每次进行修剪工作的时候，都检查一下脚掌的毛，只剪去新长出来的部分（图4－10）。

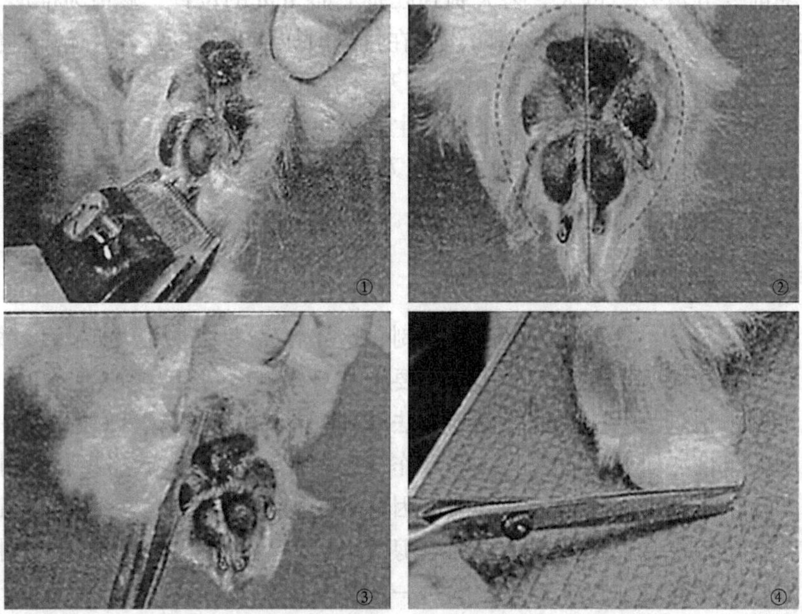

图4－10　修脚底毛的方法*

①用配装超薄刀片的剃刀，把脚底毛剃掉。②当脚放下时，桌子上将留下一个底很淡的钵形图案，以此为目标修剪。修剪脚周围时，看着足底左右对称着剪比将其放在桌面上剪要剪得好。③剪刀口要贴着足垫迅速剪下去。注意剪刀的刀口不要碰到足垫。④将家犬的脚放下来，让其站正，将脚部的毛尖剪齐

（＊福田英也　家犬美容师的忠告　江苏科学技术出版社）

第二节 猫的养护技术

一、猫的洗澡技术

(一) 洗澡的必要性

猫是爱干净、喜清洁的动物，洗澡不仅有美观清洁、防治皮肤病和体外寄生虫的作用，而且还有促进血液循环、新陈代谢等健身防病的效果。同时，小猫干净健康，也有利于保持室内的环境清洁和加深人与猫之间的感情。所以，给猫洗澡是十分必要的。

(二) 洗澡前的准备工作

1. 用具的准备

(1) 淋浴器或洗澡盆，如果无淋浴器则需多准备几个洗澡盆。

(2) 擦干用的毛巾，可以多准备几条，擦得更干一些会比较容易吹干。有条件的可以使用专用的吸水毛巾，效果更好。

(3) 梳子，金属、木制或塑料的都可以，但需要齿密、齿稀的各一把；两用的也可以。

(4) 棉球，用于塞住双耳，但是不能塞得太靠里，也不能太松，太松很容易甩出来。

(5) 眼药水，以备眼内进水或进入浴液时冲洗用（氯霉素即可）。

(6) 刷子（猪鬃或尼龙）、小镊子、吹风机等。

(7) 猫专用浴液。

2. 梳理

猫在洗澡前应先进行梳理。猫喜欢用舌头舔被毛，但肩部、背部和脖颈部却难以舔到，尤其是长毛猫，所以，需要主人给予帮助。特别是到换毛时期，被毛大量脱落，猫在舔毛时，会将脱落的毛吞进胃内，引起毛球病，造成消化不良，影响猫的生长发育，故应定期为猫梳理被毛。短毛猫除了换毛季节外，一般不需要主人为它梳理，而长毛猫则必须每日梳理一次，否则被毛会杂乱无章，若长期不梳理，还会出现大小不等的擀毡缠结，分开这些缠结是非常费力的，有时不得不将擀毡部分全部剪掉。给猫梳理被毛要从小开始，并定期进行，以便猫养成习惯。梳理时应顺着被毛的长势梳理，动作要轻，不要刮疼皮肤，每次梳理不要超过3min，时间长了，再听话的猫也会感到厌烦而不予以配合，所以在梳理时一定要注意避免时间过长。

(三) 洗澡的方法

盆内水温略高于人体温，天冷时水温可稍高一些，可以用手试水温，感到温和即可，还可在水中滴一些浴液。洗澡水的多少，以不淹没猫为宜。做好这些准备工作后，把猫缓缓地放入浴盆，浸湿被毛。如果是从小养成洗澡习惯的猫，一个人即可完成猫的洗澡，但淘气的猫或没有养成洗澡习惯的猫，就需要两个人配合了。一人将猫固定，另一人完成操作。待猫被毛完全浸湿后，用浴液从头、颈到背部、腰腹部、四肢和尾巴，顺序揉搓。洗头时应格外小心，避免浴液和水流入眼睛、耳朵，否则会将猫激怒而不予合作。揉搓充分后，换另一盆温水或用淋浴将猫冲洗干净。注意，不要用喷头直接冲洗头部，也不要撩水洗头部，这样水会流进猫耳朵里，非常容易导致中耳炎。头部清洁建议直接用拧干的热毛巾擦拭，多擦几次就会比较干净了。一切动作都要轻柔、快捷。整个洗澡过程不要超过20min。换水冲洗干净后，将猫抱出来，用手轻轻并且较快的在猫身上捋下部分水，然后立即用干浴巾把猫身体上的水吸干。如果是长毛猫，就不适合用浴巾擦干，最好用吹风机边梳理，边吹干。待被毛完全干后，再将被毛精心梳理好。

（四）洗澡的注意事项

（1）当小猫第一次洗澡时，不要让它对水、洗澡产生负面印象，例如恶作剧向它泼水，使它感觉害怕。第一次洗澡前，最好推演一下程序，以轻柔、快速为准则，让小猫有一次愉快的经验，至少要让它觉得没有恐惧感。另外，不要让小猫看其他讨厌洗澡的猫洗澡。

（2）不要给三个月以下的猫洗澡，因为它们很容易因为洗澡而感冒、或者腹泻。如果三个月以下的猫比较脏，可以用拧干的热毛巾给它擦拭。猫身体不适及有病时也不宜洗澡。

（3）洗澡频率不宜过大。一般室内养的猫，每月洗澡2～3次；室外养的猫，每月洗澡1～2次。因为猫皮肤和被毛的弹性、光泽都是由皮肤分泌的皮脂来维持的，如果洗澡次数太多，皮脂大量丧失，被毛就会变得粗糙，脆而无光泽，易断裂，皮肤弹性降低，甚至诱发皮肤炎症等，从而影响美观。

（4）洗澡前，应让猫进行轻微活动，使它排粪、排尿等。对长毛猫，洗澡前要对猫全身的毛进行充分的梳理，清除脱落的毛，防止洗澡时造成纠结，以致花费更多时间进行整理。猫的尾巴很容易弄脏，特别是公猫，从尾巴的根部排泄分泌物，并经常沾有污垢。这种污垢用清水洗不掉，必须用牙刷蘸着洗涤剂来刷洗（如用牙刷蘸加酶洗衣粉），然后再用温水冲洗干净。

（5）为了防止洗澡水进入猫的眼内，可以在洗澡前将少量眼药膏挤入猫眼睑内，以起到预防和保护眼睛的作用。洗澡时，注意不要让水灌入猫的耳朵内。洗后可用脱脂棉棒把猫的外耳道内的水吸干。

（6）洗澡时要注意室温，室内要保持温暖，特别是冬季，更要防止仔猫着凉而引起感冒。洗澡时，放少量温热舒适的水，小猫泡泡脚，先适应一下再开始。

（7）洗澡时可以安慰小猫并轻轻地和它说话。无论搓洗、冲水，动作都应轻柔，避免刺激眼睛，呛到鼻子。

（8）主人可戴清洁手套防止被抓伤。关上浴室门，将猫局限在浴缸、大水桶或墙角洗澡，以免其乱跑。也可使用猫洗澡专用架，将猫装在里面，它就不会乱跑乱动了，可轻松地彻底洗净猫全身。而猫由于被局限在架子里，多半会冷静下来，停止歇斯底里的抗拒。做药浴时更方便。

（9）吹干后最好用刷子仔细刷一遍毛（特别是长毛猫），这样在洗澡中脱落的毛就不会被猫舔食，以免在胃中结成毛球，严重影响消化系统。

二、猫的吹干技术

换水冲洗干净后，将猫从浴盆中取出，接着用大毛巾轻轻地将皮毛上的水分吸干，用越多条越好，因为可以缩短吹风机的使用时间。并滴用不含类固醇的抗生素眼药水于猫的眼睛以预防眼睛的感染。将洗耳水灌入猫的耳朵内并按摩一下耳道，然后让猫甩头，接着用卫生纸擦拭耳朵外部，这样可以预防耳朵的感染，最后用毛巾将猫的头部盖住，使用吹风机吹干。

吹风机一定不要由头部吹起，因为猫特别不愿意吹风，尤其是头部，如果吹风机直接对着头部吹，会引起猫四处乱窜，并对此产生敌意，以至不愿配合你的工作。猫的吹干方法同犬的一样，也是先由身体吹起，但猫不会像犬那样乖巧，猫会非常凶猛，这时就需要助手的帮助，由他来抓住猫的四个爪子，你来为其吹干，最后吹其头部。用吹风机的最低热档吹猫的被毛，并用一只手不断松散被毛，如果猫比较适应吹风机的声音，可以逐渐加大吹风机的风量，但是注意不要让热风烫到猫。在吹风机的选择上，最好购买负离子的吹风机，安静又快干，而且毛不会有静电的问题，待毛完全吹干后，再用梳子进行彻底的梳理，使其毛发看起来非常的光滑、顺直。也可边吹边梳理。

三、猫的局部护理

（一）眼睛的护理

健康的猫眼睛应炯炯有神，眼球清澈明亮，眼角及眼睑周围均较干净，没有眼屎，如果生病会出现流泪、眼屎增多等症状。而有些品种，如波斯猫，鼻子较短，鼻泪管容易堵塞，而致流泪，使眼角滞留眼屎。若不及时清洁干净，会有损眼睛的健康。为猫清洗眼角之前，美容师应先将手洗净，再向猫眼内滴几滴氯霉素或其他较温和的眼药水，停留片刻，随着猫眼睛的眨动，溢出的眼药水会浸润眼角内的干眼屎，使之容易清除。此时，用消毒的药棉蘸取温水或眼药水，从内向外将眼屎擦拭掉，用力要轻，避免碰伤猫的眼球。擦干净后，向猫眼内再滴一滴眼药水，这样对保护眼睛和消除眼睛的炎症都有好处。如果猫不是很乖，在做这项工作前，应给猫注射麻醉药，以免因不慎碰到眼球，造成结膜外伤。

（二）耳朵的护理

1. 正常猫耳朵的护理

猫的耳朵出现少量耳垢是正常的，只要经常清除，不会影响到耳部的健康。另外，洗完澡后，一定要把耳中的残留水分弄干净。但如果将耳朵中的脂肪全部清除，耳朵便失去了对细菌和灰尘的抵抗力，很容易生病，所以也不能过分地清理耳朵。猫的耳垢一般是湿的，用消毒过的棉棒轻轻地沾出即可。如果耳垢已干，可用棉棒蘸滴耳油将耳垢浸软后再沾出。如果耳垢太大，可用圆头小镊子将其取出，此项工作最好由两人合作完成。注意，镊子必须是消过毒的，而且不可探入得太深，以免伤到耳道黏膜或鼓膜，引起感染化脓，清理结束后可以撒上爽耳粉。

2. 病理性耳朵的护理

是指在猫患耳螨、真菌感染、外耳炎、中耳炎、内耳炎时的清理，这个时候的清理为病理性清理。

由于病理性耳朵内的分泌物较多，并且伴有发炎、红肿、流血等现象出现，所以在清理时，动作一定要轻柔，以免刺激猫的耳道。

首先，准备好应用的工具：消炎滴耳液、止血粉、消炎粉、棉球及止血钳、器械盒等。其次，将犬耳外翻，把耳周围的毛发清理干净，使耳道充分暴露，然后先将消炎用的滴耳液在犬的耳道内滴 2 滴，翻转耳背，在耳根部轻轻揉捏 3～5min，然后翻开耳背，用止血钳夹住棉球，在耳内进行轻轻掏动。如有出血现象发生，应立即撒上止血粉，将耳的内容物全部掏干净后再滴上 2 滴消炎耳液，然后用干棉球将其擦干，最后再撒上消炎粉即可。

（三）牙齿的护理

大部分家养的宠物猫，吃的多是罐头之类柔软且有水分的食物，很容易长牙垢，时间一长，就会发展成牙龈炎和牙根炎，不久牙齿就会脱落。所以，跟人一样，猫也需要刷牙，清除牙垢、避免口臭。

最好每周给猫刷一次牙，以防积垢。猫越早适应刷牙，这项工作就越容易进行。为了让猫养成刷牙的习惯，猫一断奶就可以开始拿手指抚弄它的牙。待其习惯之后，再在手指上缠上纱布为其擦拭牙齿，然后再用猫专用的牙刷为其刷牙。此外，吃饭时喂猫一些干硬的食物，饭后喝点水，也可起到预防的作用。如果猫不让你为它刷牙，请宠物医生看看猫是否需要除垢，除垢时可使用镇静剂。

给猫刷牙时不要使用普通牙膏，要买宠物专用的牙膏。将少量牙膏涂在猫唇上，让它习惯于牙膏的味道，使用牙刷前，先用棉签接触牙龈，使猫适应。准备就绪后，可用牙刷、宠物牙膏或盐水溶液，给猫刷牙。

由于猫长期食用柔软的食物，长期聚集牙垢，如果不及时地进行清理，很容易形成牙结石，尤以老年猫最为严重，这就需要美容师进行清理。

洗牙用具：绷带 2 条、碘甘油 1 瓶、棉签 2 包、垫脖颈用软垫 2 个、生理盐水 1 瓶（冲洗口腔用）。

首先，给猫注射麻醉剂，使猫全身麻醉，待猫麻醉后，将猫放到美容台上，脖颈处用软垫垫起，使头向下倾斜。这样做可防止水流入气管内，抑制呼吸。

其次，用绷带将猫上下颌固定住，并拉开，使牙齿暴露在明处。用准备好的棉签将猫的嘴唇翻开，使牙齿充分暴露，将棉签对准牙石部分进行清洁。清理下来的牙结石应用棉签及时清理出口腔。如有出血现象发生，可用棉签按压一会，以起到止血的作用。外侧牙石清理干净后，还应检查一下内侧，如果内侧也存在牙结石，应将其一齐清理干净。牙石全部清理干净后，应在口腔内、牙龈内涂布碘甘油，以防洗牙后引起牙龈发炎。清洗过牙结石后的猫应在 3 天内以吃流食为主，并且应坚持吃 1 周的消炎药，以免引起牙齿发炎。

（四）清洗尾巴

猫尾巴根处的皮脂腺很发达，能分泌大量的油性物质，所以尾巴很易被弄脏。特别是长毛品种，脏得更厉害。如果对其置之不理的话，就会发展成皮炎。所以，要把脏的地方彻底清洗干净。与雌性相比，一般雄性的分泌物较多，特别是未被阉割的雄猫尾巴更脏。

清洗方法是：在尾巴脏处抹上香波，然后用软牙刷轻轻刷洗。分泌物很多的尾巴根要特别细心地洗。之后用热水洗去香波，拿毛巾擦去水分，再用吹风机吹干后，扑上香粉。如果不常清洗或者洗得太频繁，都可能导致那里的皮肤脱落，从此不再长毛，易得传染病，所以要注意。

（五）指甲的修剪

猫的指甲一般都生长得很快，为使其不致因过长而影响行走和攀岩，故猫有经常磨爪的习惯，有时会因此抓坏家具，这不是猫蓄意破坏，而是一种生理需要，不要责打它。为了避免人被抓伤或抓坏家具等室内陈设，要定期给猫修剪指甲。一般一个月剪一次为宜。指甲可以在家修剪也可以到专业的宠物美容院去修剪。在修剪前应先将宠物专用的指甲钳准备好，让猫的主人坐好，并且将猫保定好。如果该猫比较凶猛的话，可以为其戴上脖套（伊丽莎白项圈），以防止其咬人。之后，由主人抓住猫的三只爪子，宠物美容师拿住一只爪子，将其毛发拨开，露出指甲边开始修剪。注意，此时一定要先看一下血管与指甲间的距离，不能剪得太靠近血管，更不能剪到血管，剪到血管猫会很疼，并且还会流很多血。猫指甲上的血管与多余的指甲很容易区分，红色的是血管，而白色的就是长出的多余的指甲。在靠近血管 2mm 处将指甲剪掉。剪过之后将指甲磨平、磨光，否则，猫自己会找到合适之处自己来打磨，这样可能会破坏家具等室内陈设。剩余的指甲依次按照这种方法进行修剪。

（六）消灭跳蚤

跳蚤会导致猫患有奇痒的过敏性皮炎和寄生虫病（绦虫）。跳蚤不仅对猫有害，而且还可能影响到猫的主人，所以要及时发现并采取措施。把猫床上铺的“床单”放在湿的白毛巾上敲打，就可以发现猫身上是否有跳蚤。另外，如果猫睡觉的地方出现一些黑色颗粒的话，取一颗放在卫生纸上，滴一滴水，润湿的地方如呈红色，则表明这是吸了猫血的跳蚤的粪便。

用齿密的梳子梳理猫时，可能会有跳蚤卡在梳齿里，这时不要把它碾死，而要粘在胶条上或是放到溶有洗涤剂的水里杀死。如果碾死的话，跳蚤体内的绦虫卵就会出来，可能会被猫舔食到体内。一旦在猫身上发现 1 只跳蚤，周围就可能有大量的跳蚤，因此务必要尽快消灭。

漏网的跳蚤或者掉到床上的跳蚤可以用吸尘器彻底清除。特别是屋子的角落，木地板的边缘、地毯和毛毯的毛间等处要细心清理。如果这样还不能完全清除的话，就在屋内挂杀虫板或者把杀虫板放到地毯和毛毯下。不过，杀虫板不但能杀灭跳蚤，而且对人和猫也有害，所以必须是家里跳蚤泛滥，万不得已时，才可暂时用一下。特别是有小孩和幼猫的家里还是不用为好。

如果用梳子也清理不净跳蚤，可以用专门用于杀跳蚤的洗发剂和护理液来对付，洗的时候，从头开始一点一点地湿起，让跳蚤无路可逃。不喜欢洗澡的猫，可给它们用跳蚤粉。猫、犬两用的跳蚤粉可能含有对犬无害却对猫有害的成分，所以要选用猫专用的。撒跳蚤粉的具体方法是：分开可能有跳蚤的耳后、腹部和腿跟处的毛，把手插进去撒上跳蚤粉，然后用毛刷梳理。即使是在跳蚤很猖獗的时候，也要隔2～3天撒1次，不能每天都撒。另外，有一种香水，喷到猫身上后，跳蚤就不会接近了。不论哪种方法，猫都有可能不适应，所以要先咨询兽医，再做定夺。

复习题

1. 简述犬猫的洗澡吹干技术。
2. 简述犬牙齿清洁技术。
3. 简述犬眼睛及耳朵清洁技术。
4. 简述如何给犬修脚底毛和剃腹毛？

第五章　犬的美容技术

第一节　贵宾犬美容技术

贵宾犬的美容技术最复杂，修毛方法也最多。为了参加展览，应按一定的规格修剪，不能随便剪，以免影响美观，但作为家庭宠物，为了使犬凉快和美观可以适当修剪。常见的修剪法有：芭比式、英国马鞍式、欧洲大陆式等。

“芭比式”——不足一岁的贵宾犬可能被修剪为留有长毛的幼犬型。这种形态的犬要修剪面部、喉部、脚部和尾巴下部的毛。修剪后的整个脚部清晰可见，尾部被修饰成绒球状。为了使其外形整洁、优雅，保证其流畅的视觉效果，允许适当修饰全身的毛（图5－1）。

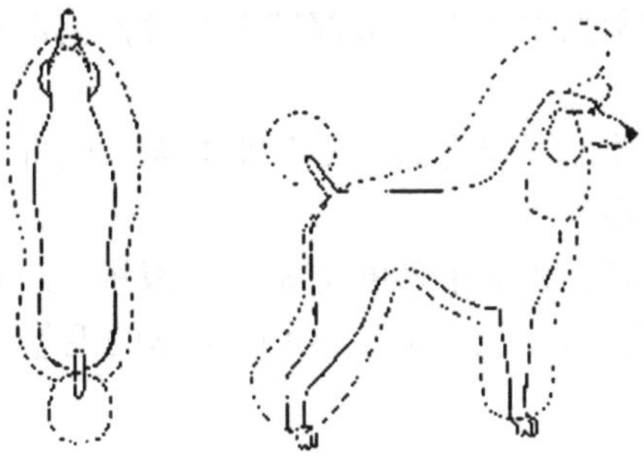

图5－1　芭比式*

（＊孙若雯　宠物美容师（初级 中级）
中国劳动社会保障出版社）

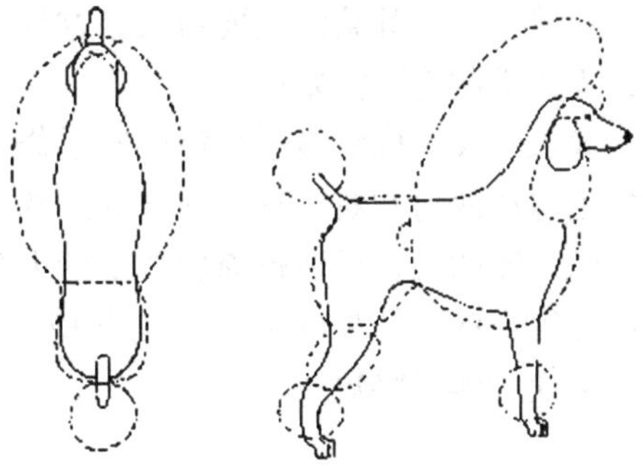

图5－2　英国马鞍式*

（＊孙若雯　宠物美容师（初级 中级）
中国劳动社会保障出版社）

“英国马鞍式”——犬的面部、喉部、前肢和尾巴底部的毛需要修剪。修剪后，前肢的关节处留有一些毛，尾巴的末梢被修剪成绒球状。后半身除了身体两侧的两条后腿上各留出两片弧形的修饰过的皮毛外，其余部分全部剪短，修剪后可露出整个脚部，前肢关节以上的部分也清晰可见。其他部分的皮毛可以不用修剪，但为了保证贵宾犬的整体的平衡，可以适当修整（图5－2）。

“欧洲大陆式”——修剪面部、喉部、脚和尾巴底部。犬的后半身在臀部被修剪成绒球状，其余剪净。修剪后，整个脚部和前腿关节处以上的部位都露了出来。身体其他部分的皮毛可以不用修剪，但为了保持整体的平衡，可以适当修整（图5－3）。

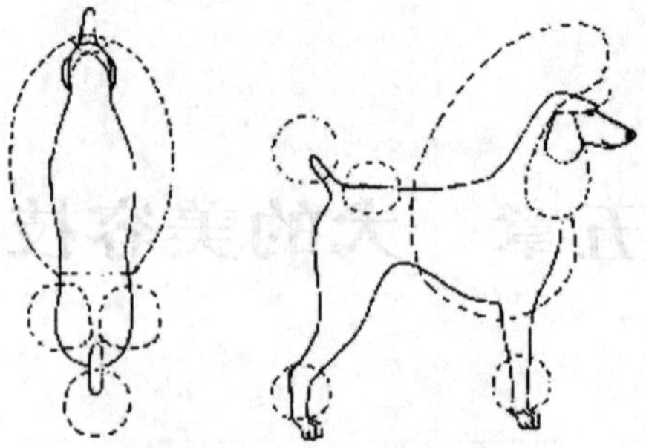

图 5－3 欧洲大陆式*

（＊孙若雯 宠物美容师（初级 中级）中国劳动社会保障出版社）

“猎犬型”——在猎犬型贵宾犬的修剪中，面部、脚部、喉部和尾巴底部要修剪，只留下一团剪齿状的帽型皮毛，尾巴底部也被修饰成绒球状。为了使整个身体轮廓清晰流畅，躯干的其他部分包括四肢的毛应不超过 3cm，四肢的毛可以比躯干的毛略长。

在所有形态的修剪中，头部的毛发可以留成自然状或用橡皮筋扎起来。只有头部的毛发长度相当时，犬才能显出流畅完美的外观。“头饰”仅指头骨，即鼻梁至枕骨这部分的毛发，在修剪中要注意尽量弥补犬的缺点。

头部较小的犬，为了弥补这一缺点，可把头上的毛留长些，并剪成圆形，而颈部的被毛要自然垂下，耳朵的毛要留长，这样才显得头部稍大而美观。头部较大的犬，应将毛剪短，而颈部的毛不需要剪短。

脸长的犬，应将鼻子两侧的胡子修剪成圆形，才能强调重点。眼睛小的犬，应将上眼睑的毛剪掉两行左右，这样才能起到放大眼圈的作用。

颈部短的犬，可通过修剪颈部的毛来改善其形状。颈部中部的毛要剪得深些，这可使颈部显得长些。体长的犬，把胸前或臀部后方的毛剪短后，用卷毛器把身体的毛卷松一点，会使身体显得短些。

一、贵宾犬的局部修剪技术

贵宾犬在作宠物式修剪时嘴部的被毛可以任意修剪，经常也能看到留有胡子的头部的修剪式样。从前面望看胡须，可以有许多种式样。

1. 胡须的修剪

（1）法式胡须

① 从嘴角到嘴边大约 1cm 处用电动剃毛器剃干净。

② 鼻子处的毛也用电动剃毛器剃。

③ 下巴的毛用电动剃毛器剃掉。

④ 用电动剃毛器修剪部分的毛的多余部分剃干净。

⑤ 嘴巴里的毛和变红的毛剪短，同时嘴边的毛用剪刀修剪。

（2）恋人式胡须

① 从嘴角到嘴边大约 1cm 处用电动剃毛器剃干净。

② 鼻子处的毛用剪刀或者电动剃毛器进行清理，清理时要小心注意。

③ 用电动剃毛器修剪多余部的毛并剃干净。

④ 从前面望去，用剪刀把嘴巴的毛修剪成一个心形。

(3) 炸面圈型胡须

① 从嘴角到嘴边大约 1cm 处用电动剃毛器剃干净。

② 鼻子下面用电动剃毛器稍微剃一下。

③ 用电动剃毛器修剪部分的毛的多余部分剃干净。

④ 从前面望去，用剪刀把嘴巴的毛修剪成一个炸面圈型。

2. 臂镯（绒球）的制作方法

(1) 从作为臂镯上限的部分开始到下面的被毛的下方自然下垂，到下限为止的位置处用剪刀剪掉。

(2) 和 (1) 相反，把被毛往上剪并剪齐。

(3) 把上下两边的毛合起来，决定臂镯的大小后，修剪中央部分。

(4) 从前面、旁边望去，边修剪多余的被毛，边把毛整个修剪成圆形。

3. 绒球的制作方法

(1) 用电动剃毛器从尾根部开始剃到大约为尾巴的 1/4 处。

(2) 用梳子充分把颈球部分的毛梳顺，使其像笔一样垂直向上。

(3) 把被毛束起，轻轻握住绒球上限位置剪齐。

(4) 捏住前端的一部分，把毛剪成无论从哪个方向看都是成一个球形。修剪时从下面开始呈螺旋形向上剪的话就不容易剪坏。

4. 做刘海的方法

(1) 毛少的情况下

① 眼角之间以上的被毛分成半月形。把分出来的毛往前拉直，注意不要拉疼小狗，把毛对齐。

② 用橡皮筋把毛根部束紧。

③ 稳住小狗的脸，用梳子的顶端勾住前面的橡皮筋，把橡皮筋往后挪。

④ 根据毛的多少和脸的大小来斟酌刘海的大小。太大时，把橡皮筋松开重新扎。从头顶前方 45°角位置固定刘海。

(2) 冠毛的被毛长的情况下

① 从眼角到耳根的中间部分的被毛分出来。

② 把分出来的被毛往前梳齐。

③ 用橡皮筋在根部固定住。

④ 用梳子的顶端勾住橡皮筋的前端，保持和吻部的平衡的同时，梳子往上上拉。

⑤ 做出刘海后，用梳子把头顶的被毛梳散使其竖起来，使它和其他毛混合。

(3) 使冠毛看上去很豪华做刘海的两步方法

① 前面的刘海的后面的被毛分到前面。

② 往上梳拢，用橡皮筋从后面把它扎成和前面那个刘海一样高度。毛多的时候，把后部的被毛分为两份。

③ 取后面那束毛，和前面的刘海的被毛合在一起扎起来。把橡皮筋固定在前面那个扎刘海用的橡皮筋上面 2cm 处。

④ 用手抓紧橡皮筋处，用梳子梳出扎住的毛作出第二个刘海。根据下面那个刘海调整大小。

⑤ 冠毛的毛的修剪在做完刘海后进行。

5. 意想线

把从耳朵的前面根部到眼角直线以下的毛剃干净（眼角较高的犬，和眼线为一直线）。把连接眼睛的直线为底边的三角形部分（倒 V 字形）剃干净。眼睛周围没剃干净的残余部分用剪刀剪干净。

6. 颈线

喉咙下面 2cm 的位置为顶点连接到两边耳朵下根部的内侧要剃干净。标准型的剃成瘦“V”字形，短小型的剃成胖“V”字形。注意不要弄伤皮肤。

7. 卷毛

卷毛能够保护容易断的毛和容易脏的毛。卷毛从被毛伸长到嘴巴位置处时开始。幼犬不进行卷毛。被毛短的时候要细分，变长以后要分得大一些。一天拿掉一点卷毛，重新梳理，为了不强行分开，一点一点地动每处毛发，使其改变位置。

8. 冠毛

从眼角到耳朵前根部的重点处扎成一束，耳朵后面根部那束竖分为二等分。由于头部的毛多，用橡皮筋把毛一束一束的扎起来。

9. 耳根

为了不使装扮部分的毛缠在一起，尽量剪短。不要用橡皮筋把耳朵扎起来，用梳子梳理一遍再进行检查。对齐两边耳朵的毛卷的高度。

10. 颈部

根据毛的数量和毛的长度决定卷毛的数量。小狗的头摇动时，为了不被卷毛拉伤，注意分开毛束的范围。

11. 卷毛的程序

（1）把卷毛纸竖起三等分，并折出折痕。

用卷毛纸包住毛的尖端，往里折成 1cm 左右（卷毛纸的粗糙部为内侧）。

（2）充分梳理后，纸的中央的毛均等分，扎住两边。

（3）为不拉伤一部分毛，用力要均等，用纸把根部包紧。

（4）纸的中央折成两部分，再折成两部分用橡皮筋固定住。

根据毛的长度和多少决定折的次数。卷毛后确认没有拉伤毛。为防止毛和橡皮筋缠住，卷毛后扎上丝带。

二、贵宾犬的修剪基准点

修剪贵宾犬的毛时，针对犬身体各部位以及骨骼的位置的基准，常会定一个基准点，同时熟知修剪贵宾犬的毛的技术方法和身体各部位的关系。

（1）额、鼻子和头盖的界限，凹陷处的底边为基准。

（2）头部以冠毛和头的分界线为基准。

（3）喉咙作为修剪头上的毛时的基准。

（4）肩隆作为用宠物式修剪修剪头部毛发时的基准。

（5）最终肋骨是肋骨和腹部的分界线，在做造型时是最重要的地方。

（6）膝关节做臂镯和股部的分界线。

（7）跗关节为臂镯（后）的分界线。

（8）肘关节在修剪前肢时（展览式修剪），作为界限。

（9）腕关节作为前下肢的中心点。

贵宾犬分为标准、矮小和一般大小等各种体形的品种。在修剪贵宾犬的毛时，要根据体形取长补短。熟知贵宾犬的理想体形和犬种标准是作为提高贵宾犬修剪技术所不可或缺的。

矮小型

和谐的矮小型 优点：吻部长，脖子伸长良好。体形表现充分。毛质量好，毛量丰富。性格开朗大胆。缺点：前肢容易往外弯曲。脚掌摊开且柔软。身高矮小但身体大。体重重。

极端的矮小型 优点：吻部细长，头部优美且伸长良好。体型表现充分。被毛良好，毛质良好并充分。头部和尾巴的高度保持平衡，保持良好的正方形。性格开朗大胆。

标准型

嘴巴短的标准型 优点：前肢笔直伸直，脚掌小而硬。毛质好且毛量丰富。性格开朗。缺点：体形表现不足。嘴巴短，头盖宽。脖子伸长不好。眼睛大。

和谐的标准型 优点：吻部细长头部漂亮。体形表现充分。脚掌状态好。前肢漂亮。缺点：身体细小且弱。毛质柔软毛量不足。神经质且胆小。骨头很细。

身体和四肢都很长的标准型 优点：吻部和脖子伸长良好。全身平衡良好。缺点：25cm 以下的很少。

三、羊羔式修剪

（1）贵宾犬的羊羔式修剪不仅是贵宾犬造型中最普遍的造型，也是常应用于其他犬种的一种修剪方法。经过前处理阶段的梳理后，完成冲洗和吹干。

（2）把脚掌上的毛剃干净。以脚爪根部上面 1cm 处位置为界线，按照表面和旁边的顺序剃四肢的毛。正坐的时候，弯曲处作为剃毛界线的标准。

（3）耳朵前根部到眼角作一直线（意想线），沿着这条线朝下往眼角方面剃。嘴巴和下巴都要剃干净。唇线处要拉紧皮肤剃。

（4）以前胸为中心，在胸部取到下巴距离相同的一段（喉咙以下 2～3cm 处位置）。

（5）为了把从双耳后根部到上一步中定下的点连接起来的线的内侧的毛都剃干净，用电动剃毛器剃成倒“V”字形。按左右对称原则进行。

（6）肛门处的毛全部按 V 字形剃干净。

（7）握住尾巴的毛，按照一节手指长度来剃尾轴上的毛。

（8）在最终肋骨处用剪刀做上标记作为修剪身体的基准。

（9）背线按照尾巴的水平线为基准平行修剪。要养成在修剪前用梳子把毛梳起来的习惯。

（10）根据犬的体形和毛量按照被毛的长度决定背线，剪到肩隆为止。

（11）以背线为基准，一直到下胸部的身体侧部全要剪成圆状。右侧的修剪从犬身体的后方开始进行，左侧则从身体的前方开始进行。

（12）侧体自然的角度决定下腹线的位置。

（13）尾巴根部周围的毛用剪刀剪短。

（14）从尾巴根部到腰部的曲线要充分留下被毛，腰部则要收紧。

（15）腰部的位置以最终肋骨为基准，根据犬的体形和骨骼前后移动。从尾巴根部到腰部，从腰部到后肢的曲线会对修剪造成很大的影响。所以要考虑整体平衡进行修剪。从后面望去，两侧腰部尽量圆形自然和后肢垂直连接。

（16）后肢前侧从侧面望去要剪成正方形。

（17）胸部的修剪，标准型犬要往下，矮小型犬则要往上。胸部到后肢根部一直线在修整体形上十分重要。

（18）让犬站立，用梳子梳理四肢时，以足底部为基点。爪根部以上进行水平修剪。矮小型犬的脚线要修得低一些来弥补四肢外观的长度不足。

（19）前胸部一直到下胸要修剪成圆形曲线。过于突出前胸的话，从旁边看的时候会显得身体过长。前胸部到侧面要保持自然圆形曲线。侧面曲线呈自然往下过渡到前肢侧面，前肢要垂直。

（20）修剪胸部 V 字形区域，使之和肩部侧面呈自然和谐曲线。重复从正面和侧面观望，综合犬的体形及整体平衡修剪胸部。

（21）在把侧体修剪成圆形时，转动手腕尽量少移动剪刀的支点，改变刀刃方向持续转动剪刀。胸部到前肢的直线对修剪结果有很大的影响。

（22）侧体到四肢一直垂直修剪时，从身体往四肢方向保持剪刀垂直笔直并连续往下修剪。修剪时考虑到犬前躯全体的平衡是十分重要的。

（23）考虑身体整体的平衡，对背线和侧体进行修正。

重复从上面、侧面及前面观察，考虑到身体整体平衡进行修剪。以背线为基准，对侧体进行修剪。修剪成圆形是十分重要的。保持头部下低姿势，修剪肩隆的被毛时，为了在抬头时脖子不会显得过细要谨慎注意剪刀的角度。

（24）下胸和前肢的连接部的阴影，可以使四肢看起来长一些。在修剪四肢的被毛时，反复用梳子把背毛梳竖起来进行修剪。

（25）从后面观望后肢呈垂直状。骨骼的缺陷由被毛来弥补。

（26）由于后肢的臀部区由坐骨端来表现，后肢角度不充分的时候，通过修剪来弥补。

（27）修剪不是按照后肢的骨骼来进行的，从顶点往下移动，使膝关节看上去低一点。为了强调干净清爽，后肢膝关节的下部脚线要修出角度。

（28）前肢修剪成笔直的圆筒状。抬起前肢进行修剪时，由于背毛的方向变成相反方向，要注意不能剪过头。前肢内侧的被毛要剪成拱门形状，要注意表现出前肢充分的间隔。

（29）颈部的被毛以头部为分界线，分成前后。前半部分的被毛往前梳。在顶点位置垂直修剪。下面的线按照意想线，沿直线横剪。延长意想线，整理耳朵根部的头部侧面的被毛，冠毛则修剪成独立圆形。冠毛从额的位置处前方 45°左右开始，在头部后方形成一自然曲线。用梳子把颈部的被毛梳竖起来进行修剪。从头部到颈部到背线呈平衡良好曲线状。前头部的被毛是头上最高的，把它修剪成适合头部圆形倾斜坡度。重复从上面、旁边整体观望，修剪不平整的地方。头部的中线和身体的平衡十分重要。

(30) 耳朵上的被毛从耳朵的根部独立束起来。当耳朵上的被毛和头部失去平衡时，适当修剪长度。也就是说把耳朵上的被毛剪短。一直线剪完后，把两端的角修圆。

(31) 为使尾巴看上去高一些，身体和尾巴的分界线要清楚。把尾巴上所有的被毛往上梳，用手指拧几下后剪去尖端。用梳子把被毛梳成放射状似地展开，像画圆一样转动剪刀修剪成球形。如有尾尖弯曲，移动球的中心来弥补。毛量不多的情况下，尽量把球做的大一点。修剪过程中挥动尾巴把改变了被毛方向的部分修剪成圆形。冠毛的高度根据身体的平衡来决定。后肢内侧的上部修剪成拱门形。根据剩下的毛量来弥补四肢的骨骼的缺点。从旁边观望时，贵宾犬呈正方形则是最理想的状态。斟酌前、后肢的毛量和胸底部的线等，使贵宾犬修剪成视觉上的正方形。

四、贵宾犬甜心剪

剪甜心剪时，身体腰部以外的地方用剪毛剪来完成。

(1) 放入与剪毛剪同样宽度的腰带。腰带的宽度要比剪毛剪刀的稍微宽一点（约宽2cm）。

(2) 确定以背中线为中心线。

(3) 在上面，向着腰带分别用剪刀剪出一个心形的印记。

(4) 为了剪出对称的心形，要使用毛发专用的剪刀。

五、贵宾犬芭比剪

芭比剪是未满12个月的长卷毛狗做秀时剪的造型。幼犬在成长期时，身体各方面为了保持平衡，并不是同时成长的，躯干的成长时期与四肢的成长时期是相互错开的。这个时期的长卷毛狗毛质松软毛量也少，并不适合用各种剪刀。芭比剪比较适合这个时期的长卷毛狗，而且也是为将来剪大陆式剪和英式滑板剪做好前阶段的准备。

长卷毛狗在四五个月的时候毛质很软，所以每隔两三天要梳理一次。当长卷毛狗长到9个月时，正是它从幼犬变为成犬的时候，这个时候表面的毛可能会容易纠结在一起，所以梳理的时候要特别小心。在日常清理时，要让它养成正面姿势站立的习惯。在作秀时的步态也是非常重要的因素，因此在平时整理毛发时也要将这一点考虑进去。而剪毛，则是要好好把握住狗的个性与特征，将长处最大程度地发挥出来，而将短处掩盖掉，这一点非常重要。将来，从芭比剪变形出的种种宠物造型例如羊羔剪，迈阿密剪等也可以适用。

1. 梳理

梳理要从腹部，腿的内侧等比较困难的地方着手。使用大头针刷子和挂胶刷，按照以腹部——后腿的内侧——前腿的内侧——以背为中心的两个侧面——臀部——后腿——前腿——头部（从前到后）——耳朵（由外到里）——尾巴（从尾尖开始）的顺序来梳理。

2. 梳理的方法

分别使用粗缝和细缝的刷子。梳理好的地方，确认一下是否有毛球及纠结的地方残留下来。并和顺毛一个方向梳理。按住毛的根部，用粗缝的刷子从头刷到尾，如果很顺利的话再换成细缝的刷子。

3. 淋浴

水温保持在35℃至38℃为适宜。让皮毛完全浸在水里，将适当浓度稀释的洗发精从背脊处晕开，避免用指甲，用指腹以向左右流动的样子梳洗。注意不要让毛纠结在一起。不要用力过猛，也不要揉搓着洗。按前——臀部——尾巴——前腿——耳朵（从里侧到外侧）——头部——脸这样的顺序涂上香波。眼睛下面用手指轻轻地擦。

如果是作秀的，一定要洗两遍。第二次洗的话最好用和毛色相同色系的香波。为了让毛都能整齐地排列，有些犬不要使用润发素，用香波即可。

清水冲洗从头部开始。冲脸部的动作尽量快，尽可能不让脸接触到热水。清水冲洗完成后轻轻地用毛巾包起来。

4. 擦干

用大头针刷子（作秀的情况下，为了让皮肤都伸展开来较多使用挂胶刷子），并分别用吹风机按头部——躯干——臀部——尾巴——头部周围——腿部这样的顺序来吹干。要将毛吹干直到每根顺毛都一根根分开为止。如果已经自然吹干，要用喷雾器再次将毛弄湿再边擦边梳边吹干。为了避免自然吹干的情况，吹风机作业范围以外的部分用毛巾包着比较好。最好再把每个部分的毛都彻底地梳一梳检查一下。如果头顶的毛比较多的情况下，将其吹干燥后再梳理。

5. 修剪

（1）用手将爪垫分开，将爪垫根部剪干净，确保没有剪下来的残留。应该将剪刀1mm的刃逆向使用。不要伤害到皮肉，将趾甲根部上下分开，用剪刀的两端来剪。

（2）脚趾的趾甲部分以腿脚弯曲的位置为基准修剪。

（3）从耳朵前面的根部到外眼角（意想线），呈一直线剪。脸颊，眼睛周围，嘴巴周围，渐渐向鼻端方向修剪。

（4）使用剪刀的角做一个倒“V”字形。如果是作秀的话，要小一点。将眼睛上面杂乱的毛剪去。

（5）颈线先做一个“U”字形，再做一个“V”字形。从到耳后根为止的内侧到下颚，拉着嘴巴处的皮肤，再修剪。用剪刀修剪出明显的分界线。

（6）尾轴修剪从根部开始的二分之一到三分之一的地方。对着尾巴根部的剪刀要斜着剪进去。

（7）将肛门稍微下面的地方到尾巴的根部剪出一个V字形。将尾巴拎起来检查一下是否有剪漏的地方。

（8）在修剪腹部的毛时，如果后腿内侧修剪过度的话，从后面看会看到O形脚。所以要特别注意。还有，要注意如果将脖子周围的毛剃去过多的话，从侧面看上去会露出腹部。另外要小心使用器具，避免弄伤乳头。

（9）用剪毛剪将四条腿的腿脚周围的毛全部往下梳，将多出来的剪掉。记住将腿脚剪成圆筒状的要领，并修剪出角来。将视线降低到修剪的这条线下面，就不会剪坏了。

（10）先将四条腿都剪成四方形的，抓住剪出角度的要领来修剪，一般不会出错。圆柱形的这条线与脚尖的间隙必须正确连接。让模特犬站正，修剪后腿外侧时，注意让腰部侧面到腿的部分看起来宽一点（图5－4）。

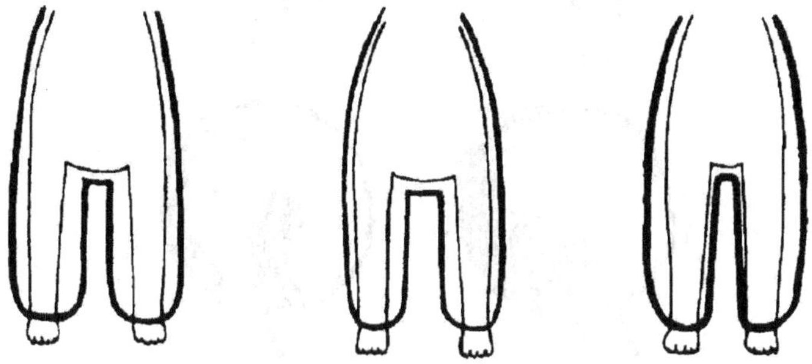

图5－4　修剪前腿*

（＊孙若雯　宠物美容师（初级 中级）中国劳动社会保障出版社）

（11）把后腿外侧关节突起的地方作为顶点来修剪，要修剪得从内侧偏后看上去呈拱形（倒U字形）。前侧与后侧以同样的角度从上到下修剪，下面的部分不要剪得太细，要注意左右对称。

如果腿关节的位置比较高的话就把顶点的位置修剪得低一点，这样可以让腿看起来长一点。

（12）身体侧面下方的毛用小梳子往下梳。从越过前腿肘部的地方开始，向着内侧剪出一个光滑的圆形。以从后面看起来柔并与身体匀称为目的，掌握毛的厚度。

（13）在前胸部剪出一个圆形，并往下一直剪到前腿顶部。反复操作几次，并同时用梳子梳通。

（14）为了使前面看上去胸口呈蛋形，边修边剪到前腿。

（15）先让前腿的前侧垂直。矮小型狗前侧削薄一点，大一些的狗则厚一点。

后侧与前侧相交的角度也不要剪得太厚，然后修剪到腿的顶部。如果腿的骨骼有缺陷的话，就应当注意修剪被毛来掩饰。

（16）头顶上的被毛用小梳子梳得立起来再作修剪。头顶上的被毛将来可能还要留长，以整修为主不要剪得太短。用剪刀剪出一个大致为绒球型的圆形。

当被毛非常丰富的情况下，头顶上的需要剪额上的毛。从额上毛开始，检查头顶、颈圈之间的连接。觉得不自然的地方再修剪一下。

（17）腰部的毛是从尾巴的起点开始直到颈圈。使这部分的毛看上去完全水平，要控制好被毛的厚度。

（18）幼犬尾巴上的被毛还不够丰富，这个时候要尽可能地做出一个大的绒球来。这个时期尾巴上的被毛长起来很快，所以可以事先剪成椭圆形（图5－5）。

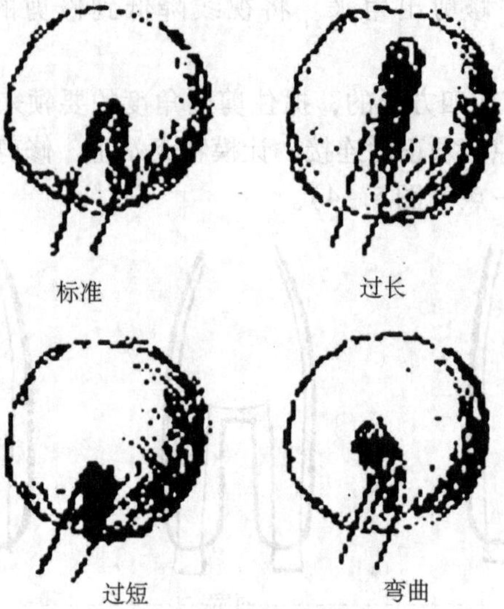

图 5－5　尾巴修剪*

（＊孙若雯　宠物美容师（初级 中级）
中国劳动社会保障出版社）

（19）在剪芭比剪的时候，不要剪去耳朵上的毛。

（20）为了使头顶上的毛看上去与背上的毛自然地连接，要在侧面的位置进行修剪（图 5－6）。

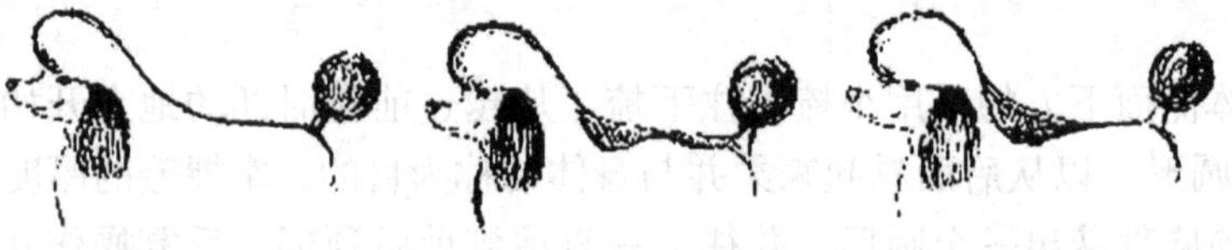

图 5－6　背部修剪*

（＊孙若雯　宠物美容师（初级 中级）中国劳动社会保障出版社）

六、贵宾犬大陆剪

大陆剪是给 12 个月以上的长毛卷犬参加犬展的时候剪的造型。在身体前部只剪脸部，其他的被毛不修剪。

身体后半部，留下低绒球部分，四条腿上剪出腕圈，尾巴上作出绒球。

大陆剪是从以前古代的捕鸟犬的作用吸取过来的一种剪法。主要的被毛，低绒球，腕圈球处留下毛都是为了保护胸部，腰部和脚关节，其他的部分就把被毛都剪去。而现在以参加犬展为目的，作为一种剪法被规定下来。比起实用和更注重美观方面的要求。如果要剪大陆剪，犬的骨骼、毛发的质量、毛量，以及各部位的平衡是否适合这种剪法都相当重要。

1. 梳理、洗浴

以和芭比剪差不多的步骤来进行。考虑到被毛比较长，毛量也比较多，在梳理时要使用大头针梳子。先把被毛的梢处揉开了，再转移到毛根处。前腿的根部与腿脚处以及容易缠结的地方要用小梳子仔细地梳理。如果毛量非常多，洗不到毛的根部时，就在用沐浴液之前将所有的毛都完全浸湿后再洗。

2. 吹干

从腰部（纸绒球）——尾巴——后腿（腕圈）——腹部——前腿（腕圈）——头顶——颈部——耳朵，以这样的顺序来吹干。

如果已经剪成了作秀的造型了的话，纸绒球、腕圈、尾绒球这里的短毛用剪刀式梳子来梳通。以用剪刀剪出来的部分为边界，不要留下卷毛尽量全部弄干。尤其是腿脚的毛是要用来做腕圈的，所以必须要完全伸展开吹干。

3. 修剪

用1mm刃的剪刀。前后腿脚、脸、脖子、尾巴的根部和芭比剪一样完成。

（1）大后腿关节的2～3cm的位置向着腿脚的方向呈45°角，剪刀就从这里入手。为了最终剪出一个腕圈，做一条假定的线。

（2）决定好低绒球的位置以及大小：从背到腰部的被毛如果没有3～5cm的厚度，就无法做出低绒球。以髋骨为中心，到尾巴根部的长度为半径，用彩色粉笔做一个大一点的圆形记号，设定好低绒球的位置。

（3）身体的被毛和低绒球的分界线处，大概在体长的三分之二的地方（在最后一根肋骨附近）做一条垂直的意想线。

内侧的被毛要梳直，而近毛尖部分的毛就让它自然卷曲。

（4）将低绒球、尾绒球、钏毛球部分的毛留下，其他不要的被毛用剃毛器逆刮除去。从上面看，低绒球和低绒球之间，与从侧面看低绒球与背毛之间的间距为1cm左右。将剃毛器的一面刀刃悬空，使用前半部分来修剪，这是为了让人从上面看起来低绒球的部分呈圆形。

（5）修剪肛门与屁股处，内侧部分将前腿抬起，以便修剪大腿部与腹部。

将阴部与睾丸的毛全部剃光。在腹部的地方，背毛的线沿着剃毛器的线用剪刀清楚地剪出来。

（6）前腿的钏毛球也要配合好后腿的钏毛球的高度来决定位置。并用剪刀沿着假定线来修剪。

（7）从假定线开始一直修剪到肘部前面1cm处。

（8）犬毛内侧的被毛一直修剪到肘部。

（9）用剪刀剪完成钏毛球。前、后腿左右的大小、高度要一致。后腿的钏毛球沿着45°的倾斜剪出一个球形。

（10）如果是标准长卷毛犬的话，从前面看上去，在后腿的钏毛球的前侧剪出一个“V”字形。

（11）粉笔做的记号从中心到各个方向用小梳子把被毛梳通，然后剪出一个圆球，做出低绒球来。在中央（中心的顶点）做出一个最高的半球状。

（12）将背毛与低绒球分界线上的毛梳向低绒球的方向。用剪刀沿着嵌入线剪出一个自然的圆形来。

（13）颈圈上的毛在用剃毛器剃过了之后，再用剪刀修剪干净。

（14）胸部下侧的被毛用小梳子梳出来，沿前面剪出来的肘下的线水平而修剪。从胸部开始向上修剪出一个圆形，与颈圈自然地连接。要确认肘的根部没有剪留下残毛。

(15) 按两个侧面、头部、背部这样的顺序用小梳子将背毛梳立起来，与背毛的后部取得一个平衡的形态。

(16) 用小梳子将耳外侧和里侧的毛往下方梳，并完全一致。让狗以立正姿势站好，以胸骨端的高度为标准水平地修剪耳朵外侧的被毛。

(17) 将全部的背毛用小梳子仔细地梳理。头顶，头部，肩隆，肩部的毛整理好。反复地从前面，侧面，上面观察，将露出来的不平整的被毛小心地剪去。将额上的被毛梳得蓬松一点，尾巴上的绒球修剪得松软一点。

七、贵宾犬英式座板剪

英式座板剪是长毛卷犬在作秀剪的三个类型中的一种。前段身子和尾巴处和大陆式剪一样，后半身子和侧腹部放入腰带。其他部分留着毛布状的被毛，后腿的两个地方都入腰带，规定上下做两个钏毛球。英式座板剪是对修剪有着高度复杂要求的造型。当然，为了提高完成的效果，找一个毛量充分，有着优质被毛的模特犬也是很有必要的。后腿的修剪要尽量少，要将大部分的被毛都留下来放皮带，所以皮带线的位置的设定非常重要。

1. 梳理、整理、洗沐、吹干

顺序与方法都与芭比剪，大陆剪大致相同。座板部到后腿部分被毛要尽可能梳理，整理得蓬松一点。洗沐是为了让被毛软化，如果是在作秀前的话，为了增强被毛的腰部，与干沐浴露同时使用的效果非常好。

2. 修剪

前腿，后腿的腿脚——肉垫，腿脚后侧、前侧（直到脚线）、脚趾的股颜部——意想线、额处、颈线，尾巴根部——尾尖向着尾根二分之一到三分之一的地方修剪。

(1) 后钏毛球的位置在关节上面 2～3cm 的位置向着腿脚呈 45°角，将剪刀立起来，沿着假定的线剪。

(2) 上钏毛球的位置剪刀放在大腿稍稍上面一点的地方与水平呈 10°角，做出一条假定线。从侧面望过去，座板、上部钏毛球、后钏毛球的分割大致为匀称的 4∶3∶3 的比例。中型犬，比例为 5∶2.5∶2.5 比较合适。放入皮带时，标准长卷毛犬、小型长卷毛犬要用剃毛器来完成。如果是玩具长卷毛犬的话把剪刀往上移 5mm 的幅度完成。

(3) 背毛与座板的分界线，大概在身体前面开始三分之二的位置（最后一根肋骨处)，从背开始通向两侧，向着腹部伸入小梳子，将被毛垂直地向前面分开。

(4) 腰带的位置是在沿着 (3) 画好的分界线，从侧面望去，向着后侧中央剃出一个半月形的腰带。并没有规定这个腰带的大小，所以要考虑到与模特犬的个性与体型的相称来决定。

(5) 在修剪腹部时，用单手将前腿往上举，边注意不要将腹部及后腿内侧修剪过度边一直修剪到肚脐的地方。

(6) 完成座板是用挂胶梳子将背线上的被毛往前方、两侧梳，尾部的被毛往下方梳。站在犬的后方，如果有倒毛的就剪掉。将用来修剪的剪刀尽可能张大再剪下去。矮小型犬的话，将腹部往上提起再修剪。

(7) 在尾巴的根部处将背部、肛门处理成一个 V 字形。如果是尾巴很低的狗，就修剪到尾根，其实可将被毛留下保持匀称。

（8）腰带的完成是向着皮肤呈45°角做出阴影，完成一个半月形。

（9）完成上部钏毛球时，从后面看，注意不要高出座板处。各个钏毛球的左右的大小，以及高度一定要一致。

（10）后钏毛球的上部沿着45°角做出一个球形。

（11）修作前钏毛球，用剪刀作出一条和后钏毛球高度一样的假定线。从假定线一直剪到肘部前面1cm处。内侧一直剪到肘部这里（与大陆剪相同）。如果是矮小型犬的话，不要把钏毛球剪成圆形的，而剪成椭圆形的。

（12）座板与背毛的分界线前面的背毛往座板处梳，并剪出一个自然的圆形。从上面望去要左右对称。

（13）剪出颈线之后，用剪刀将被毛修剪整齐。

（14）将胸部以下的被毛用小梳子梳出来，沿着肘下的线水平地修剪。将从胸部到颈线的被毛剪出一个圆形。检查一下确保肘根部没有剪剩下的被毛。

（15）将背毛按照两个侧面、颈部、背部的顺序将被毛用小梳子一边梳起一边往后修剪。

（16）完成尾绒球修剪：将尾绒球的高度与耳根持平。

（17）修剪耳朵的装饰毛：将耳朵的表面，里面的毛都往下梳，以胸骨为界限剪掉。

（18）完成额上毛：当毛量及长度都很充分的时候，将额上毛分成两部分。

（19）完成整体全部背毛：为了将头顶（额部）、颈部、肩隆，肩部的被毛理顺，要小心地梳理，将多出来的毛剪掉。

第二节 马尔济斯犬的美容技术

标准式的马尔济斯犬，具有长长的、绢丝般光泽的被毛，身躯较长、较矮，全身为纯白色丰满的长毛，但其眼和鼻为黑色，行动活泼，胆大。颈部约为身高的1/2，给人一种强而有力的感觉。卷尾上扬于背部，有丰茂而柔长的放射状饰毛，给人以十分高雅的感觉。

马尔济斯犬美容，要注意头部的修饰。对眼睛下缘的毛可剪掉一半，鼻梁上的毛从中线开始向两边平分梳开，唇周边较粗的胡子和长毛由根部剪除，两侧胡须的长度约为头长的1/3。背部的毛沿背中线向两侧垂下。尾根周围1cm处用梳子、剪子修整，尾毛应左右分开，尾根部可涂少量油。脚的四周应沿脚尖用剪子修剪成圆形，由趾间长出的毛要小心剪除。体毛多的犬则可用手将外侧体毛掀起，用梳子对内侧的毛进行梳理，毛较稀少时，可由上往下分三四次梳，决不可一梳子到底。修剪下摆时，让犬站立在修剪台上，左手拿梳子压住长毛，将梳子一侧固定在修剪台上，再行修剪，这样便可修剪成漂亮的下摆。

一、马尔济斯犬的清洁技术

1. 刷理和梳理

作为洗澡前的处理工作，用钢针刷进行刷理。如果毛纠结得很紧，那就先用手指把毛解开后再用刷子刷。四肢的根部和中足等部位，皮肤薄而且松弛。刷理时要细心，注意不要伤到皮肤。刷理工作结束后，再用梳子整理被毛。把梳子按粗齿到细齿的顺序逐个使用。使用时，梳子要同被毛保持90°的直角。眼睛下方和口吻部分等被毛容易被污染的地方如果产生纠结，用梳子仔细梳通纠结处。

2. 剪指甲

注意不要把指甲剪得太深，剪到临近血管的地方就可以了。如果爪是黑色，难以分辨血管位置的话，就一点点慢慢地剪进去。对于剪断后爪子的伤口，要用锉刀把它锉光滑。

3. 修剪脚掌间的毛

使用短毛剪刀或者电动剃毛器（1mm 刀刃）。用手指将脚掌展开，拉开肌肉后再从中间开始小心地修剪。如果脚掌被弄脏难以修剪的话，洗澡的时候把脚掌充分洗净，等到最后加工的阶段再进行修剪。

4. 修剪肛门周围的毛

用短毛剪刀或电动剃毛器把排便时弄脏的被毛剪掉。注意不要让电动剃毛器的刀刃直接接触到肛门。

5. 修剪腹毛

使用电动剃毛器（2mm 刀刃）。用单手抬起前肢，用电动剃毛器正对腹部开始修剪。如果是雄性，剪到肚脐以上2～3cm，是雌性的话，剪到肚脐为止，注意不要切到乳头。

6. 拔除耳朵的毛擦拭污垢

用手将耳中的毛拔除，手指伸不到的地方，使用钳子伸进耳道拔除。对于没有此类经验的犬来说，要分几次进行。把脱脂棉蘸取耳朵清洁剂，擦拭耳中的污垢。

7. 拧绞肛门腺

把犬移至清洗槽进行此操作。

8. 清洗和护理

把水调节至与犬的体温相近，然后冲洗犬的全身直到皮肤也被淋湿为止。把香波液倒在手掌中，用手掌或海绵按一定方向搓，注意不要拉扯被毛把犬弄疼。不要揉洗，根据不使毛打结的要领，按一定方向清洗。逐个清洁四肢，涂上香波液后充分洗净污垢。由于排泄的原因，后肢容易被污染。洗脸的时候，注意不要让香波液进入眼睛。对于讨厌洗澡的犬，把洗脸步骤放到最后，并迅速处理完。冲洗时，把水充分淋湿被毛，依照要领反复进行按压，直到安全冲洗干净。护理以前，把水分挤干。用洗澡水稀释润滑液后涂抹于全身，被毛内部也要充分浸透。要保护像马尔济斯犬这样的长毛犬的被毛，适合使用油性润滑剂。用喷头洗净润滑液，根据被毛的情况，酌情冲洗。用浴巾充分吸干水分，浴巾稍微离开犬的身体，这样就能使它发抖，帮助去除水分。先用毛巾擦掉一部分的水，这样对缩短干燥时间很有帮助。考虑到保护被毛，擦拭的时候也要顺着一定方向按压。拭干耳中的水分。在擦脸之前，用短毛剪刀剪去胡须（在潮湿状态下修剪的话，有助于使胡须绷直）。把适量耳粉倒入耳洞。

9. 吹干

在吹干机的风吹不到的地方要用毛巾包裹，防止毛在没有被拉直以前就变干。从头部开始吹。皮肤和毛的根部也要充分吹干。头部的长毛被吹干后，用橡皮圈扎起。把头部的长毛用橡皮圈暂固定住。顺着毛势，用钢针刷边卷边把毛吹干。喷上润滑液，再次用刷子边刷边进行干燥，这样比较有效。吹干工作一直要进行到被毛从根部一根一根地松散开为止。吹干完成后，再用梳子好好梳理全身。

10. 修剪脚尖

修剪脚尖毛的标准是在犬自然站立着的时候，不论从哪个角度看，都呈圆润的形状。使犬保持正确的站立姿势，剪刀与台面保持平行。前肢修成圆形而后肢要稍带椭圆形的感觉。被毛过长会妨碍走路，所以要剪成刚好接触到地面的长度。

11. 均分背线

背部脊梁用梳子挑分背线，不需要太用力，一直分到尾巴处。再用手掌把两边的毛捋顺。边整理被毛，边把毛梳通。尾巴上的毛和身体的被毛不同，要用梳子挑起。把尾巴上的毛拧转至正上方，剪掉末端不整齐的部分。打理好尾巴的形状，使它披在背上。眼睛周围和嘴巴周围的毛发生变色的话，使用白钣粉笔也能达到美白效果。

12. 整理冠毛

面向犬的正面，把左右眼窝间的毛梳成背头式，通过鼻梁分成两份。左右各挑起直径为3cm圆形的毛扎起。因为要使毛束的根部产生蓬松的效果，使用粗齿梳来立逆毛比较有效。确认没有多余的毛被挑起，用橡皮圈固定。在低处用烫发纸包卷起来。然后对折。使橡皮圈尽可能地固定在低处。

13. 卷烫发纸

确定前后左右没有扎得太紧的情况。如果扎得太紧，眼睛就会被吊起来，犬将很介意地用爪子去抓。在犬的脸部表情达到最佳平衡点时扎起辫子。根据喜好打上缎带。

二、剃毛方法和剪刀修剪

给马尔济斯犬剃毛时，一般的做法是如果要把被毛稍微留长一些，就用剪刀修剪；如果要剃得很短的话，就用电动剃毛器。

（1）按下犬的头部，使头部与背线保持一直线。用梳子把被毛梳立起来。

（2）开始修剪耳根到肩膀的被毛，要使被毛留有一定的厚度。

（3）回到基本姿势，把身体两侧的毛聚集到当中，沿着躯干一直修剪到肩隆。不要顾及犬的体形，把背线修直。

（4）肛门周围和覆盖在肛门上的毛要修剪整齐。

（5）尾巴向后方保持水平，使毛从两边垂下来，把毛稍修剪整齐。修平尾根的棱角，把尾巴的毛披到背上，剪去散落凌乱的毛。

（6）从后面观察，从雄性的睾丸、雌性的阴部开始修剪后腿。用手把睾丸或阴部挡开，把剪刀紧贴在大腿根部进行修剪。横握剪刀剪的话，会造成分段，所以要竖握剪刀进行修剪。

（7）先修剪膝盖和关节部分，使修切面能够自然的接合起来。侧面也要修剪成圆柱形，把关节部分的棱角修圆。

（8）把跗关节以下的下肢配合腿线沿直线修剪。

（9）脚掌后部要稍微向上倾斜地修剪。

（10）为了把下胸部和腿部的毛区分开来，需要打上阴影。

（11）为了使脚掌呈现出形状，爪子的前端也要修剪。从前方开始，先剪外侧，再剪内侧，使左右对齐。全方位修剪，把突出的棱角用剪刀修齐。

（12）从正面观察，把前肢与胸的连接处修得光润一些。

（13）沿着虚线把被毛打薄，从鼻梁到胸口一点点地加厚，修剪到胸部与前胸的连接处为止。

（14）把鼻尖到耳根的线条修剪成一个半圆形。将口吻部的毛梳顺，再配合脸部表情进行修剪。

（15）提起耳朵，把后耳根与脖子连接的线条修剪成自然的曲线。

（16）梳出额头处的被毛，用剪刀沿着眼梢向下30°～40°进行晕化处理。按照同样的角度沿着反方向将大眼角修圆，剪去睫毛。

（17）将头顶修剪成接近半圆形的形状，用削薄剪刀修剪出一定的质感。

（18）根据喜好把耳朵修剪成直线或自然下垂的圆形。

（19）造型完背线以后，把有落差的部分用剪刀竖着进行修剪。把腰部以后的部分加工润饰。

三、修剪方法和剃毛器修剪

剃毛器与剪刀相比，更适合于修剪短的被毛。对于被毛长短不一的各个地方要通过使用不同的刀刃（3～8mm）或者不同的修剪手法来调节。

（1）用梳子在耳根后部分出一条分界线。把头部的被毛向前梳（这部分的被毛在脸部造型的时候需要用到，这样能够防止被剃毛器剪到）。

（2）把剃毛器按直线沿着脖子、背线一直剃到尾巴根部。握住剃毛器的力度要保持均匀不变，刀刃要配合毛势。修剪的时候把犬头摁下，使背线呈一水平线，这样皮肤就不会松弛起褶皱。

（3）修剪完背线后，把背部分为两个部分（肩→躯干，躯干→尾根），逐一使用剃毛器朝下修剪。从背线一直到身体侧面最突出的地方，用剃毛器沿着躯干的曲线修剪。余下直到腹部的那部分向内侧弯曲，所以不要让剃毛器太贴着皮肤并降低力度进行修剪。

（4）从肩到前肢的脚掌部分，要注意留出装饰毛（3～4cm厚），所以只在表层进行修剪。前肢内侧的被毛也做同样处理。

（5）从腰部到后肢脚掌部分，修剪时也要注意在表层修剪，留出装饰毛。后肢内侧的被毛也做同样处理。

（6）将犬的头抬起，使喉咙至前胸的皮肤充分紧绷，再用剃毛器向下进行修剪。

（7）修剪出前胸的曲线，在前肢被毛的分界线处打上阴影后，脚会显得比较长并且有运动感。

（8）尾巴根部的毛要剪到最短的程度。把臀部修剪成与背线成一定倾斜度的状态。这样后肢将显得更长并且有力量感。

（9）尾巴向后方水平拉直，使毛垂在两侧，把毛稍修剪成直线状或者柔和的曲线状。把尾巴甩到背上，剪掉臀部多余的毛。

（10）眼角到耳根的连线下方，从上至下在表层稍做修剪。

（11）拉起耳朵从侧面观察，把鼻尖至耳根修剪成以眼睛为中心的半圆形轮廓。

（12）从侧面来看，用削薄剪刀把头顶的被毛大致剪成一个圆形。全面晕化后头部的脖子线条。

（13）把口吻部的毛梳理整齐，配合脸部表情进行修剪。如果身体上的被毛是用剃毛器来修剪的话，口吻部的毛最好剪得短一些，这样会具有平衡感。

（14）修剪下颚的时候，要考虑到整个头部的平衡感，尽量剪成圆弧形。

（15）梳理耳毛，决定长度后剪短。如果对口吻部的毛作短修剪处理的话，耳毛的长度最好与下颚线在同一水平线上或者再长出 1～2cm，剪成直线状（根据喜好也可剪成曲线状）。把两边修成弧形。

马尔济斯犬本来不是造型犬种，所以没有特别固定的修剪法则。犬主可根据自己的希望或修剪师的建议来进行修剪。对于作为模特狗的犬来说，摸清它的体形结构和个性，做出与之相符的造型是很重要的。

第三节　约克夏犬的美容技术

约克夏犬有一身耀眼丝般的“长发”，它们需要定期打理，否则毛发会凌乱不堪，尤其嘴部和颈部总是显得很脏乱。

一、美容要点

（1）约克夏犬的耳廓里有些凌乱细碎的小毛，为了美观和卫生，一定要拔去。用耳毛钳或手拔除，一次 5 根左右。

（2）这种狗很爱玩，最好把它的脚底毛剪去以免日常奔跑时滑倒。

（3）它们长长的被毛一定要沿背线从后往前中分，梳开理顺才美观。

（4）最适合它们的洗澡周期是一周一次（图 5－7）。

图 5－7　修剪后的约克夏犬

二、美容方法

1. 刷理和梳理

作为洗澡前的处理工作，要认真地进行刷理和梳理工作。

用左手手掌聚拢外层被毛，从下方开始用钢针刷进行刷理。遇到毛球的话，用梳子从毛梢处开始一点一点往上梳通。尽量不要剪断犬毛。用蚤梳去除眼眶上的脏物。在眼睛周围使用梳子的时候，要用另一只手保护好眼睛。最后用梳子梳理全身。

2. 拔耳毛

用手指把耳朵里的杂毛一点点地拔除。手指够不到的地方用钳子拔。对于从没经历过这类操作的犬来说，第一次拔毛的时候不要全部拔完，须分几次进行。

3. 修剪脚掌的毛

使用短毛剪刀或剃毛器（1mm 刀刃），将手指拨开脚掌缝隙，以毛不拖到地面为标准进行修剪。注意不要将脚掌外侧的毛修剪得过多，否则会影响到外观。

4. 剪脚趾甲

约克夏犬的指甲是黑色的，要一点点的往里修剪，留意不要剪到血管。在洗澡后指甲变软的情况下进行修剪。用锉刀沿一定方向磨平指甲的切口。

5. 洗澡和护理

把水温调到接近犬的体温，将犬全身包括皮肤淋透。挤肛门腺。把香波原液事先用水稀释好。对于像约克夏犬这样的长毛犬，绝对不能用手指立起来搓揉。按一定方向冲洗，注意不要损伤被毛。

像眼、口周围这些容易被弄脏的地方，香波液难以完全清除，要用指甲认真清洗。如果香波液进入眼睛的话，用手指拨开眼睛，用水冲去眼中的泡沫。反复进行冲洗。

用温水稀释润滑液后，涂抹于全身，稍置片刻用水冲去。将浴巾与身体保持一定距离，使犬浑身打颤。用浴巾充分吸收被毛的水分。再换一条浴巾擦拭，加快干燥速度。考虑到要保护被毛，使用浴巾擦拭时，要按一定的方向按压。

充分吸干耳中的水分。如果耳中有污物，用蘸了耳朵清洁剂的脱脂棉进行擦拭。

6. 吹干

使犬俯卧，从头部开始顺着毛势边用钢针刷卷，边用吹风机吹干，皮肤和毛根也要充分吹干，吹干的目的不仅限于使被毛变干。

使用钢针刷把被毛从根至梢拉直，确认被毛已经彻底柔软蓬松，操作部位以外的地方要用浴巾覆盖，这是为避免被毛还未经拉直就已经变干了。

下腹部和四肢内侧是比较难操作的地方，此处的被毛容易鬈缩，使犬侧卧，抬起犬肢仔细地吹干。如果没有充分彻底吹干被毛的话，有些地方会纠结产生新的毛球，这将对后面的修剪造成影响，所以要花足够的时间使被毛完全干燥。如果洗澡、护理、吹干的方法都正确的话，梳子应该能很顺利地通过毛间。把犬的全身梳理一遍，确定被毛作业已经全部完成。

7. 耳朵的加工

将耳朵内侧的所有地方和外侧的上半部分用剃毛器（1mm 刀刃）修剪成“V”字形。使用短毛剪修剪耳朵边缘的毛，让耳朵顶端充分呈现出尖的形状。

8. 修剪冠毛

面向犬的正面，在左右眼梢以上的部分，挑起一束比眼梢再宽一点呈圆形的毛扎牢；保持毛的根部不松弛，用烫发纸包卷起来。对折后，尽量把橡皮圈固定在低处。橡皮圈的位置最好固定在正中偏后的地方，注意使脸部表情达到最佳状态。确认前后左右没有拉扯过紧的情况出现。

9. 修剪四肢底部

使犬保持修剪时的基本姿势，用短毛剪刀把四肢底部修剪成圆柱形。剪刀要与台面平行操作。对于前肢下摆的被毛，要以犬自身不会踩踏到为准进行修剪。

10. 整理背线

从头后部开始，用梳子把被毛均分成左右两半，沿着背骨一直分到尾巴的根部。为了增加约克夏犬毛色的光泽，可以使用润毛油。一般在传统上，约克夏犬比较适合红色的蝴蝶结。

第四节　西施犬的美容技术

标准式西施犬的外貌应是全身被长毛所覆盖，头盖为圆形，宽度一定要广，耳朵大，有长而漂亮的被毛覆盖。耳根部要比头顶稍低，两耳距离要大。体躯圆长，背短，但保持水平。颈缓倾斜，头部高抬，四肢较短，为被毛所覆盖。尾巴高耸，多为羽毛状，向背的方向卷曲向上，长毛密生，不可卷曲，底毛则为羊毛状。据此特征，在对西施犬美容时，体躯的被毛由背正中线向两侧分开，背线的左右 3cm 处涂上适量油脂以防被毛断裂。为了防止腹部的毛缠结和便于行走，对腹下的被毛应用剪子剪掉 1cm 左右。为了使翘起来的尾巴更好看，可在尾根部剪去 0.5cm 宽的被毛，对其体毛的下部（下摆）修剪成稍比体高长些（即毛的长度比体高稍长），但是太长就会影响其行动，不能充分发挥其活泼的特性。

西施犬的毛质稍脆，容易折断和脱落，脸部的毛也长，容易遮盖双眼，影响视线，因此，对这些长毛应实施结扎，以防折断和脱落，也可增加美观。结扎的方法是：先将鼻梁上的长毛用梳子沿正中线向两侧分开，再将鼻梁到眼角的毛梳分为上下两部分，从眼角起向后头部将毛呈半圆形上下分开，梳毛者用左手握住由眼到头顶部上方的长毛，以细目梳子逆毛梳理，这样可使毛蓬松，拉紧头顶部的毛，绑上橡皮筋，再结上小蝴蝶结即可。也可将头部的长毛分左右两侧各梳上一个结、或编成两个辫子。

1. 刷毛

西施犬的毛由被毛（外毛）和下层毛（里皮）组成。保养不善会造成毛球，最后变成毛毡。被毛上的毛球不多的时候，用一只手的手掌握着毛，用钢针刷往下刷。从春天到夏天这段时期，是内层皮掉毛的时期，使用细齿梳把脱落的毛梳掉。

被毛上的毛球多的时候，用手找出毛球，用梳子把毛球分开，用手压着皮肤然后把梳子竖着伸进去一点点解开。毛球变成毛毡时，用剪刀插入到皮肤和毛球之间，剪掉一点点，剥下毛毡。不得已要用电动剃毛器时，使用5mm刀刃，不要太用力，一点点地剃。爪尖和下颚的毛容易脏，也容易变成毛球，需要重点洗刷梳理。

2. 爪子和脚掌的毛的修剪

爪子不要剪得太里面。爪子太脏的情况下一点点慢慢地往里剪。用锉刀要朝一个方向移动。使用1mm刀刃的电动剃毛器，用手指握起脚掌并摊开，剃到中间地方。

3. 肛门周围的毛的修剪

在长毛犬的情况下，用电动剃毛器或短毛剪刀把肛门周围排便时容易弄脏的毛剪去。要注意电动剃毛器的刀刃不要碰到肛门。

4. 腹部的毛发的修剪

把胸部的毛作为装饰留下，减去腹部的毛。一只手举起犬的前肢，腹部朝着正面用电动剃毛器修剪。公犬阴茎附近的毛要清除。在腹部等会直接接触到皮肤的地方时，要小心注意别让电动剃毛器的刀刃变热。

5. 清除耳朵里面的毛

西施犬的耳朵因为下垂，所以耳孔容易变脏。耳朵中的毛用手拔除。耳道中那些手指碰不到的毛使用钳子拔除。耳内脏污了的部分用含有耳朵清洁剂的脱脂棉擦拭。

6. 胡子和眼睛上的长毛用短毛剪刀修剪

这个部分的修剪，在洗完澡后，吹干前时进行，此时容易和被毛区别开来。最后，用梳子把全身的表面的毛再检查一遍。洗澡前的准备结束时，表面的毛应用梳子顺利轻松梳顺。

7. 放入洗澡盆后，捏起肛门

8. 清洗和护理

把洗澡水调节到和犬的体温相近后，用水把犬从头到脚都冲洗干净。如不直接接触洗澡水，可用小毛巾沾湿擦干净。为了不弄疼犬，涂沐浴露时要朝着一个方向清洗。四肢指尖和内侧等容易脏的地方要重点清洗。不能竖起手指揉搓。用沐浴露清洗头部和脸部的毛发时，用手夹住毛清洗。头部和脸部用小毛巾清洗。清洗要重复数次，直到沐浴露完全被清洗干净。润滑液均匀地涂遍全身每个角落。头部和脸部的毛也要涂上润滑液。漂洗溶液的浓度，淋浴的时间，淋浴的程度根据犬的被毛的情况来定，沐浴露流到眼睛里时，用手指撑开眼睛，用水把眼睛里的泡沫冲去。把脚根部毛上的水拧干后，洗澡盆里的沐浴完成。

9. 吹干

用毛巾裹住犬的全身，也可以往耳朵里吹气，让它抖动使水滴被抖去。用浴巾把水分充分吸干。为保护被毛，用毛巾擦干时按住毛，顺着一定的方向擦拭。要用脱脂棉把耳朵中的水分充分吸干。适量撒入些耳粉。从头部开始用钢针刷卷着毛吹干。特别注意头部和耳朵上的长毛的吹干。要做到使被毛要从毛根处一直到毛尖，一根一根分开。与其说是弄干，不如当作使它伸展的工作来进行。弄干后被毛带了静电，被毛容易打结。为方便整理修剪被毛，以及日常管理工作的进行，弄干后的梳理是必不可少的。清洗、护理、吹干，每一步操作的好坏，最后都可以通过梳理来判断。

10. 分背线

从尾巴的根部开始，把被毛分为左右两边，同时用梳子沿着背部脊梁分出背线。分清背部毛的线路，保持被毛笔直地被分为左右两边，减去长到脚跟的毛。

11. 修剪脚跟部的毛

脚跟部的毛，在犬自然站立时修剪成圆形，修剪时保持犬正面站立的姿势进行修剪。

12. 整理尾巴

整理尾巴根部周围的毛，明确分清屁股和尾巴的分界线，使尾巴上的毛全梳向尾尖方向，把尾尖的毛拧2～3次。减去根部过长的毛。用梳子梳顺，把毛整理出样子下垂于屁股后面。

13. 扎头顶上的小辫

用梳子把头部的毛充分梳顺。让犬的正面对着自己，取左右外眼角中间圆形5cm宽度的毛。用梳子分圆形的头路，扎起来的被毛和剩下的被毛要分清楚。保持头部不动，扎起小辫子，把辫子往后使前面突出。为了防止所起的被毛不松掉，用烫发纸及橡皮筋扎牢。也可使用别针式的发带。头顶部被扎起来的被毛用梳子分左右两边。用梳子整理散落下来的被毛或短毛。发带扎在使表情最自然的地方，确认不会造成犬脸部无法动弹。

第五节　博美犬的美容技术

标准博美犬的体型应充满美与活力，丰满的身躯与充足的毛量，性情温顺，走路时很有活力，表情开朗。头的轴型特长，头盖扁平。耳只占头部的极小部分，脸以短小为好。眼睛凹陷，卵型，给人以小而优雅的感觉。胸部不要太宽，自喉头、胸部至前肢应呈一直线。尾根部稍高，不要太低，长粗的饰毛应保持在背中央部分。

一般是用剪子将全身毛剪成圆形。修剪时为了保持良好的体型和整齐，应以梳子将毛梳起然后再修剪，耳尖要剪成圆形。尾根部以电动剪剪毛1cm宽，这样尾巴由背部卷曲直达耳部。爪要剪短，脚尖部的长毛要剪短，外观似猫脚状。

（1）使博美犬的里毛和外毛分开为重要点。为保护里毛，梳毛时用轻拍方式（以轻拍为要领，在梳到皮肤前就拔出梳子）进行。

（2）剪爪子里要注意血管。前脚爪的两只爪子留到洗完澡后再处理。剪后的爪子用锉刀把角磨圆。

（3）脚掌长的毛，用短毛剪刀或刀刃为1mm的电动剃毛器剪去多余的部分。用手指握平脚掌，充分摊开后把毛剪干净。因弄脏而造成修剪困难时，可在洗澡后整理毛发时进行修剪。

（4）用电动剃毛器把肛门周围的毛剃干净。

（5）单手扶住犬的前腿，使犬的肚子面对着正面，使用电动剃毛器。公犬的情况，剃到肚脐上面2～3cm处；母犬，小心注意乳房，剃到肚脐处。在洗澡前，用梳子最后检查被毛的毛球。

（6）放入洗澡盆，捏起肛门用水冲洗。

（7）用水把全身的毛充分浸湿。

（8）先使用被稀释到适当浓度的沐浴露，不要揉搓，朝着一定的方向洗遍全身。眼角和嘴边等容易脏的地方用手指重点清洗。

（9）用清水把沐浴露充分洗净。清洗头部时，对于那些不喜欢沐浴的犬，要注意尽量不要让淋湿的毛盖住脸部。用手压毛挤出水分。

（10）取适当润滑液，涂遍全身。根据被毛来决定润滑液的冲洗程度。

（11）在弄干前，用毛巾包住毛充分吸干水分。

（12）用脱脂棉把流入耳朵的水吸干。耳朵中多余的毛可以用钳子或手一点一点地拔除以保持清洁。滴入适量的耳粉或耳油。

（13）用钢针刷把被毛梳顺使之完全干爽。弄干后的梳理要轻柔地快速地进行。没有干的部分用毛巾包住，根据进程把毛巾取掉可以防止被毛的收缩。吹风机不准对着脸吹。因为耳朵周围的毛容易变成毛球，吹干后要仔细梳理。使用梳子，确认吹干的毛没有收缩的。

（14）用短毛剪刀从胡须根部开始剪。唇线周围的多余的毛也可剪去。

（15）为了让耳朵看上去小一些，剪去毛的1/3。用左手稳住耳朵，小心不要割到耳朵。在可以看到小耳朵的同时，在耳朵周围留一些毛以作装饰。不剪去耳朵里外的毛。耳朵内侧的毛剪成和耳廓平行。剪去和耳朵顶点成120°角的边缘部分。使耳朵顶点和眼鼻成一直线。

（16）把前肢中间两只爪子尽量剪小或修剪成猫足的形状。

（17）剪去前脚腕下面多余的毛。

（18）剪去后腿的跗关节下面多余的毛，使腿看上去细一些。

（19）为防止肛门周围的被毛弄脏，用剪刀剪去。为保持后肢美观，把毛剪出角度以作装饰。

（20）为了让尾巴看上去高一些，把尾巴根部周围的毛剪到2～3cm。为使尾巴上扬，把尾巴根部到背部数厘米的扇形范围内的被毛剪去。

（21）尾尖可以接触到头顶，把尾巴前面弄乱的剪齐。

（22）把尾巴散开，把梳子伸入。因为毛质又长又软，使尾巴根部到尾尖呈扇形。使全身的毛修剪成差不多长短。用削切剪刀把尾巴上的毛修齐。前腿脚后跟的上部的毛呈30°角修剪至胸部。下胸到腹部的装饰毛根据体形以适当的角度进行修剪。从头部到肩膀的线条剪成自然的圆形。从前望去肩膀到两条腿两直线的毛没有参差不齐。

（23）腹部两边的被毛到下腹线要修剪成稍斜的坡度。

（24）臀部的被毛不管是从侧面还是后面望去，都要修剪成圆形。颈部的被毛在脖子往前伸时，从前面望去呈球状，多出来的被毛要剪去。

（25）由于胸下部毛浓密又柔软，需充分清理，用削切剪刀把被毛修剪成蓬松自然的形状。以剪刀的支点为中心，旋转刀刃剪出自然的圆形。

（26）用刷子把毛往从背部到头部的方向梳理，从前面或后面望去全身都呈球形，从侧面望去则呈卵圆形。

博美犬的修剪技术和美容见图5－8、图5－9、图5－10、图5－11、图5－12。

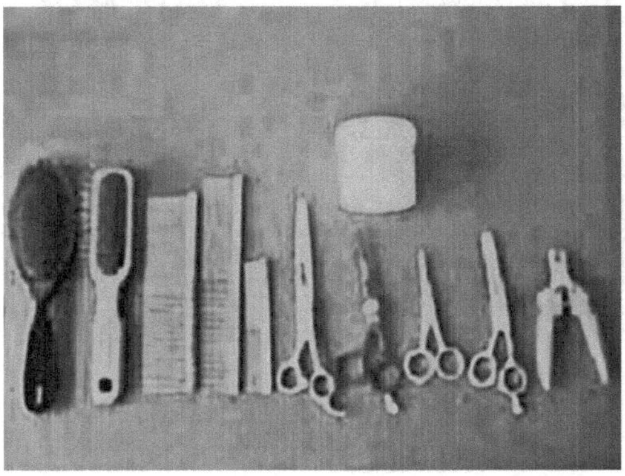

美容工具

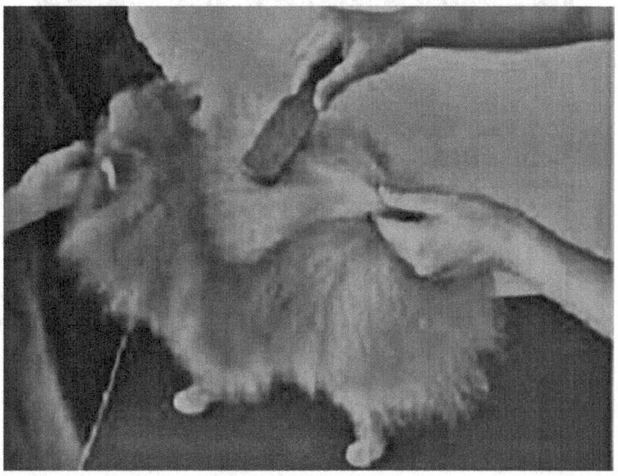

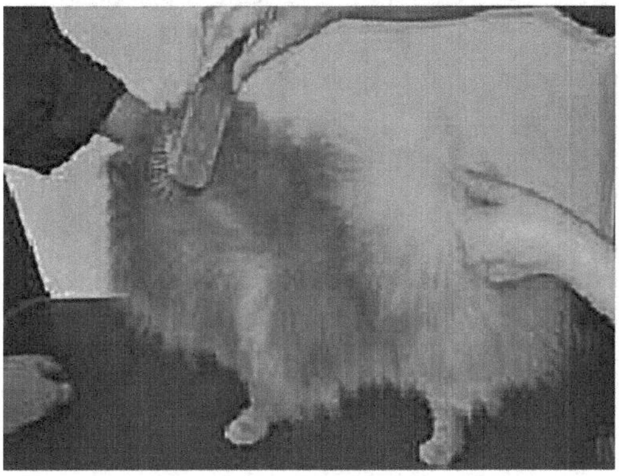

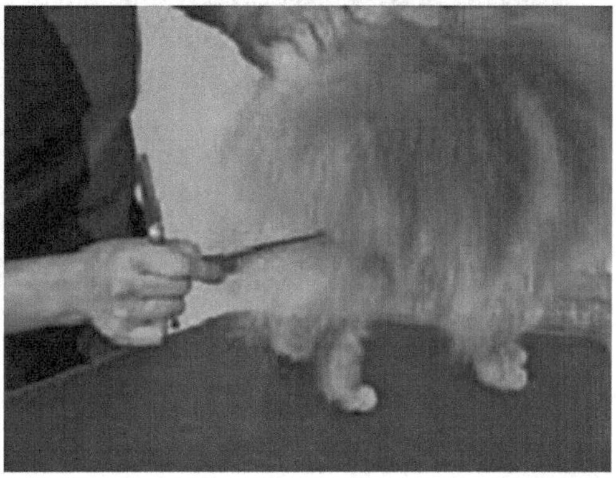

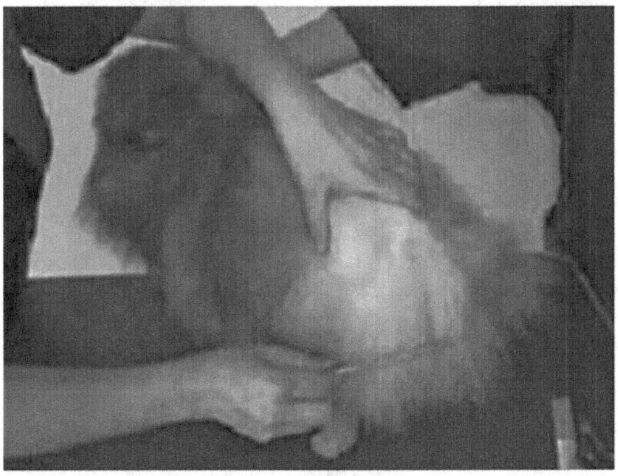

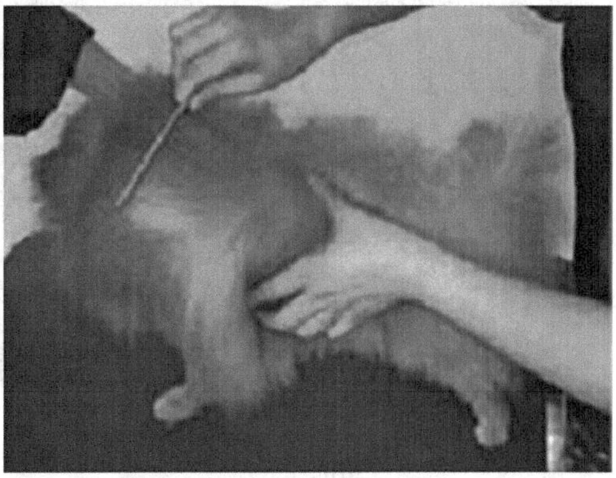

图 5－8　博美犬修剪工具与梳毛

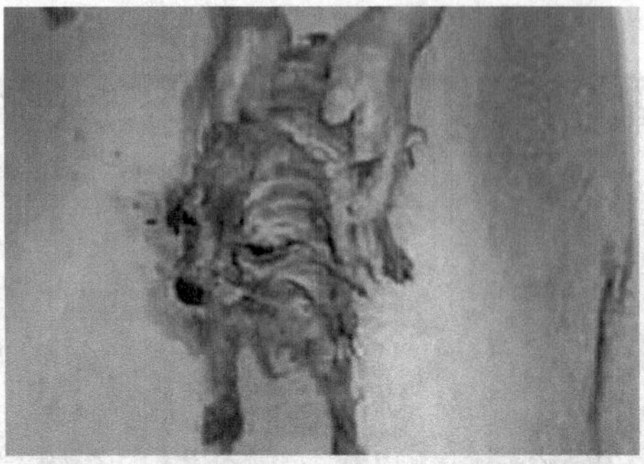
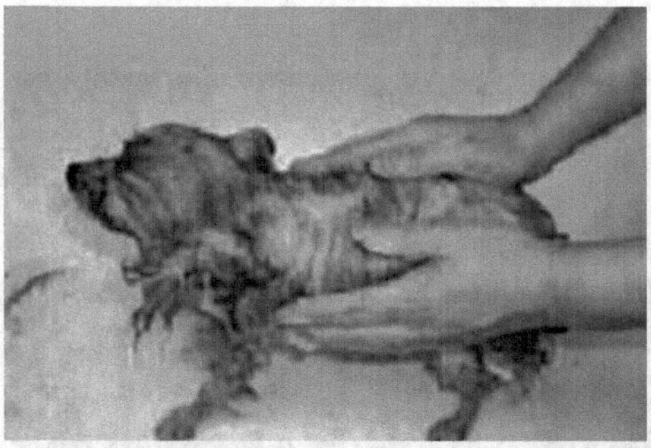

洗澡

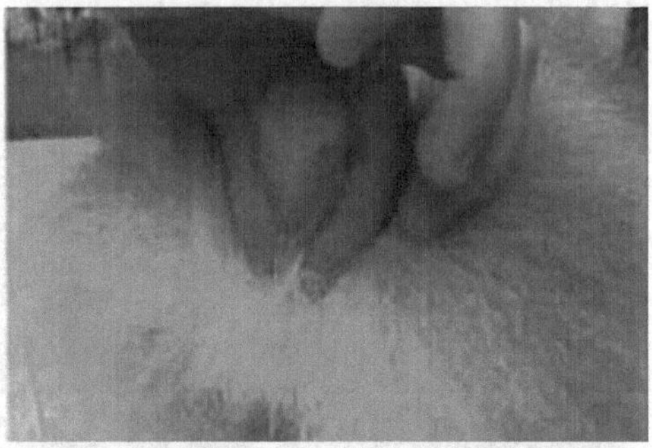

挤肛门腺

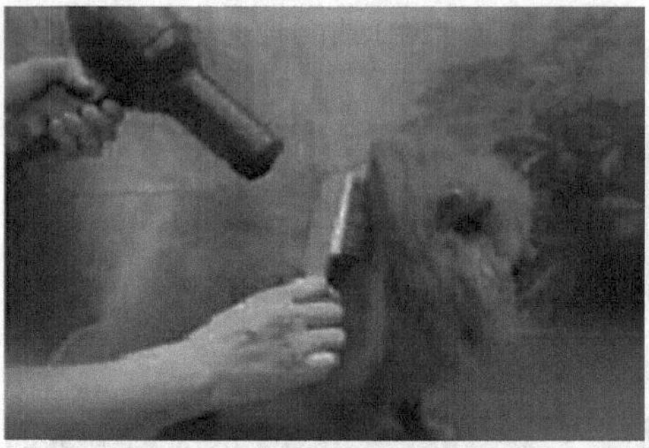

吹干

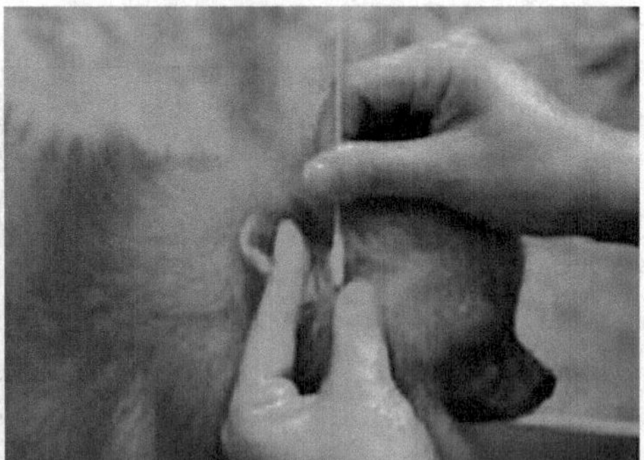

清洗耳朵

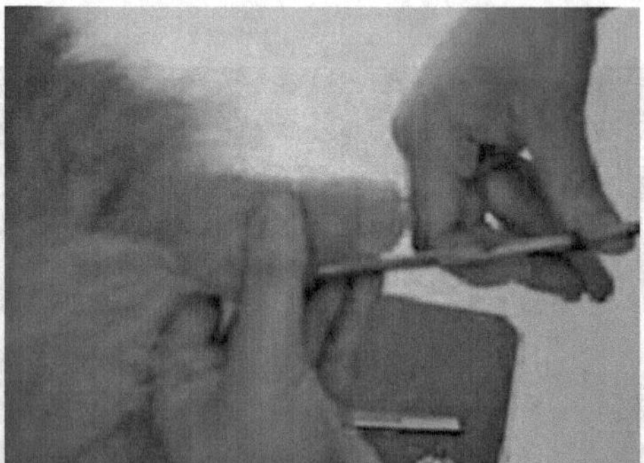

修前肢

图 5－9　博美犬修剪与美容

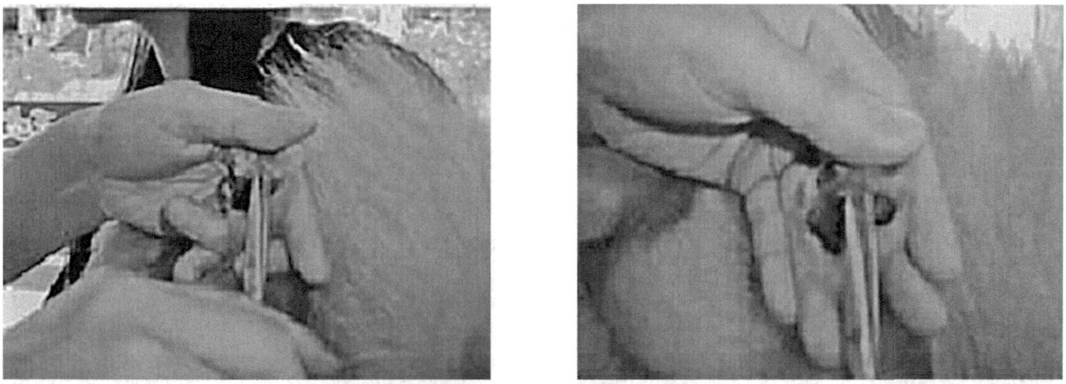

修脚底毛

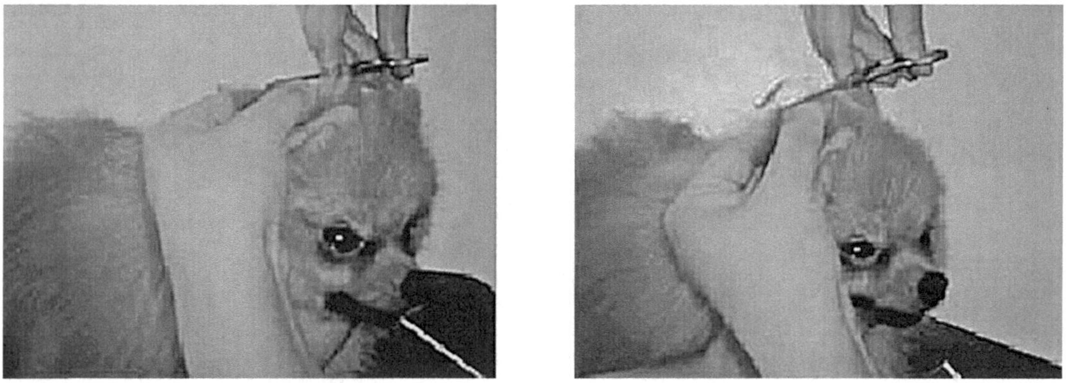

修剪耳毛

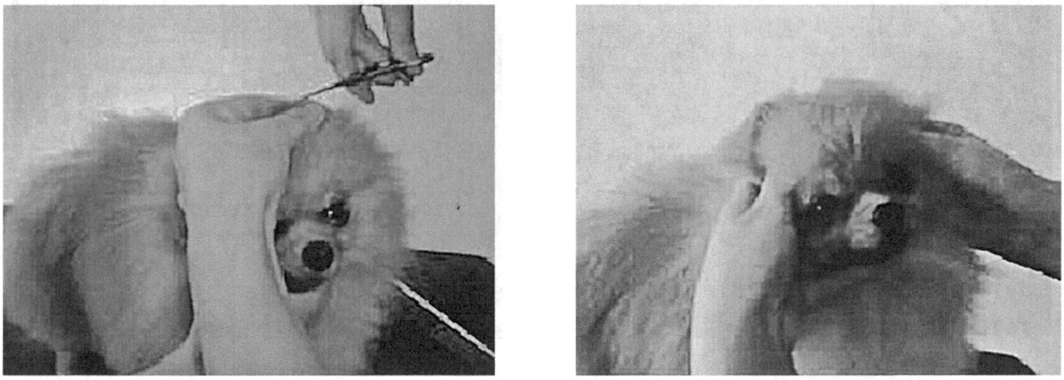

图 5－10　博美犬部分修剪技术

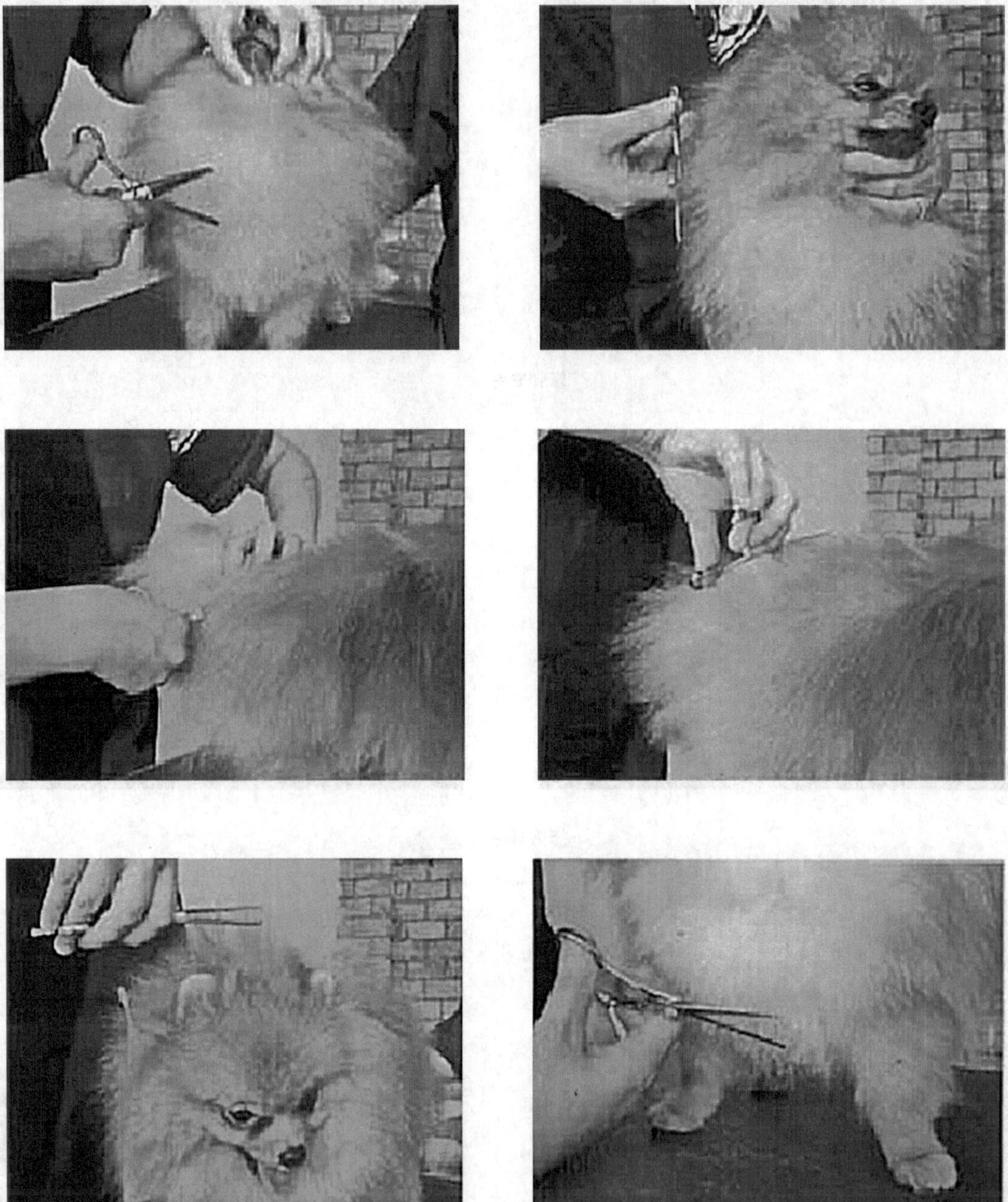

图5－11　博美犬全身修剪技术（一）

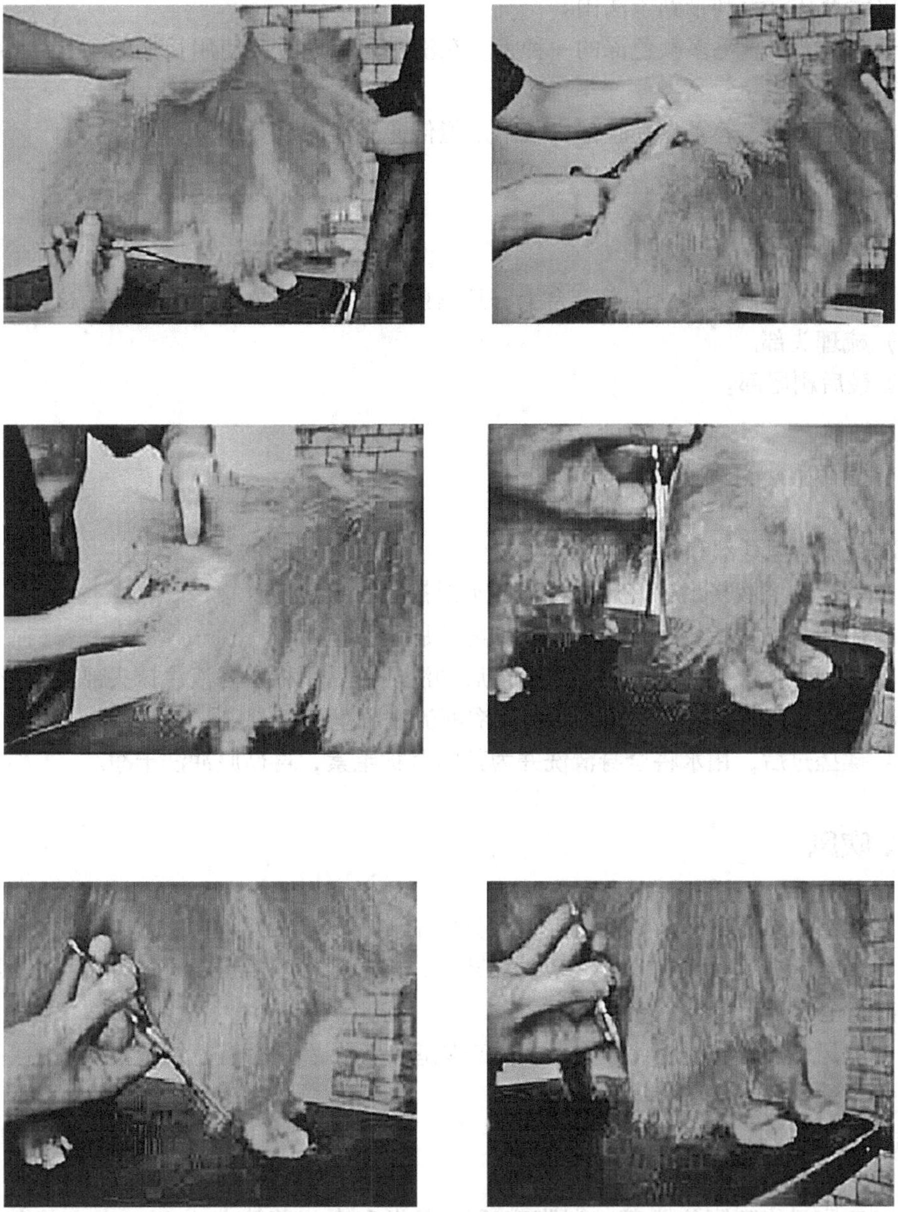

图 5－12　博美犬全身修剪技术（二）

第六节　比熊犬的美容技术

比熊犬属于古老地中海犬类，大约在 1200 年以前，就在欧洲和西班牙出现了。比熊犬在那时候是非常普通的。它的身体里面还流着一部分獵鹬的血液，所以经过一段时间的训练，它还能游到水中去捡回猎人的猎物。在古时候，比熊犬还是人们用来交易的贵重物品，人们会将比熊犬带到海上做交易。直到 16 世纪，意大利与法国发生了战争，法国士兵就把比熊犬从意大利带到了法国。

由于比熊犬属于毛多颜色深的一种犬，在洗澡和梳理时要使用长柄的工具。参赛的犬要保持毛长 5cm 以上。

卷毛比熊犬的美容重点在脸部，眼睛是能传递表情的重要部位。

一、梳理

（1）使犬以正确姿势立于美容台上，从后躯向前躯用针刷以反方向慢慢梳理。

（2）梳理头部。

（3）最后刷尾部。

二、清洗

清洗前先清理耳部和指甲。

（1）将宠物浴液挤出少许用水稀释，水温控制在 35～38℃。

（2）用拇指与食指轻挤肛门腺，起到清洁肛门腺作用。

（3）淋浴时，应先冲湿前躯，从前往后冲洗。然后用稀释浴液涂抹头部及全身，沿头部向背部、腹部和四肢轻轻揉搓，切勿让浴液流进眼里。

（4）揉搓过后，用水将全身清洗并为其喷洒护毛素，再彻底冲洗干净。

三、吹风

（1）用浴巾包住身体，移至台上将水分擦干。

（2）剩余水分用吹风机吹干，从头部开始，用毛刷，要一点一点梳直每一个部位，直至毛根部完全吹干为止。

（3）吹风完毕用直排梳将全身毛发重新梳理一遍，看是否有打结或没吹直的毛。

四、剃毛

（1）四脚只修至脚垫跟部，剃脚底毛要拇指和食指将脚掌分开，小心将其间杂毛剃去。

（2）剃腹毛。

（3）下尾根部至肛门部分剃成“V”字形。

五、剪毛修理

（1）先作脚部线条，圆形，不能露指甲和脚掌。

（2）背部线条：背部线条水平，前面剪到肘部垂直往上的延长线略后一点的位置（即肩胛骨略靠后），前躯到后躯为直线。

（3）比熊作后部线条时，应修剪的比较夸张，从尾巴根部到坐股结节剪成圆弧。若犬为长筒短肢则修剪时把坐股节往上提，以弥补缺陷。

（4）后躯线条，从后腿内侧先剪，呈直线。后腿内侧，剪到脚背方向，斜线。腿毛的长度由脚底面的长度决定，以下往上剪。飞节部为直线。

（5）腰腹部：比熊无腰线，从后往前一样长。腹线接近水平的斜线，胸部不能低于前肘。

（6）胸骨到大腿外侧为直线，前腿内侧亦为直线。两腿间与腰腹部自然连，前腿后侧为直线，但应自然斜下去。喉节到胸骨应为直线，长度略短，因为强调头部，所以胸部不强调肩胛骨到上腕骨，修剪时略有弧度即可。

（7）头部修剪：把头部的毛向后梳，整个头部剪成圆形，鼻子是整个头部的圆心，以鼻为中心剪毛。修剪脸部时，鼻子两端的毛用手压住，两眼间水平，头部的毛按层次，V字形一层一层剪，每一层较之前一层略长一点，与外眼角的距离0.3～0.6cm。

比熊犬修剪技术见图5－13和图5－14。

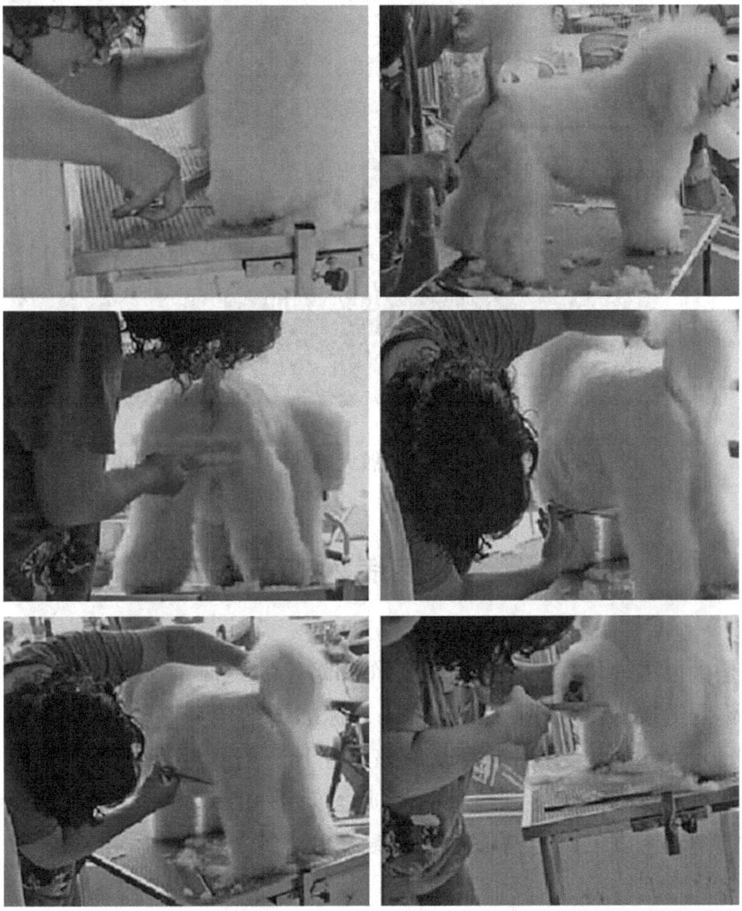

图5－13　比熊犬修剪（一）

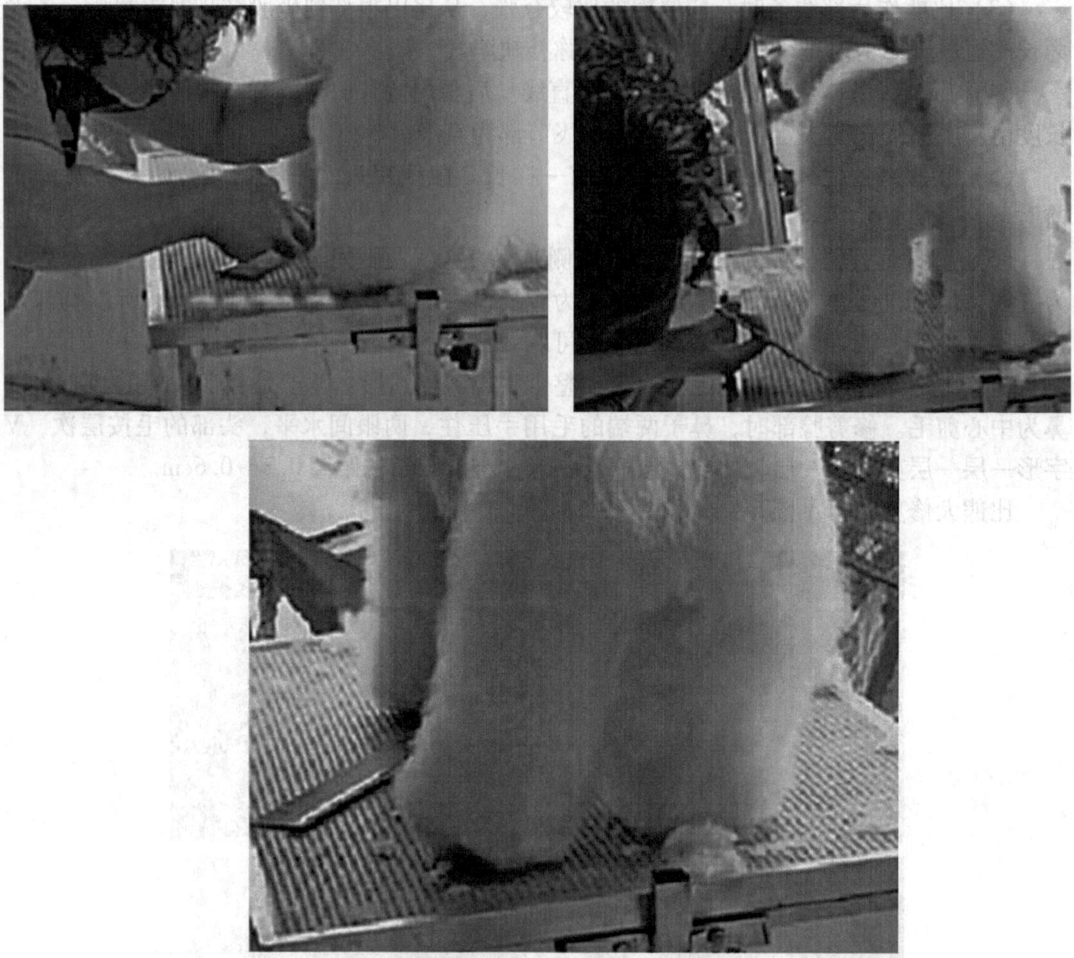

图 5－14　比熊犬修剪（二）

第七节　雪纳瑞犬的美容技术

雪纳瑞犬是由德国人培育，用于守卫工作和陪伴的犬种，主要分为迷你型、标准型及大型三种。迷你雪纳瑞身高为30.5～35.6cm，标准雪纳瑞身高为44.6～49.5cm，巨型雪纳瑞身高为59.7～69.9cm，身高与身长应该成正比，身体粗壮，骨骼发育良好，骨量充足，肌肉十分发达，拱形的眉毛和粗壮的胡须是该犬种的特征，而粗硬的被毛更衬托出其粗犷的外形。雪纳瑞毛发的颜色有椒盐色、银黑色、纯黑色。

一、基本美容工作

1. 刷毛

用钢丝梳先刷理，再用美容师梳梳理通顺。

2. 清洗耳部

要拔耳毛。

3. 洗澡

耳朵要塞棉花，挤肛门腺。

4. 吹干

腿部的毛注意拉直。

5. 修剪指甲

修剪脚底毛。

6. 修腹底毛

用10号刀头。

二、造型修剪

（一）电剪操作

1. 背部

用10号刀头，从枕部开始，沿脊柱一直到尾部，顺毛推，前胸由颈部至胸骨下一指，后腿推至下斜2/3至腿飞节上3cm。尾：用同一号的刀头修剪上面两侧和下部，尾尖可以用牙剪修剪得比较圆润一些。

2. 头部

用10号刀头，先找到眉骨一指剃至枕骨，注意顺毛剃。

3. 脸部

用10号刀头，从耳孔处逆毛剃到外眼角向下垂直的位置，前面留胡子。

4. 脖子

用10号刀头，从喉结处到胡子逆毛剃，形成“V”字形。

5. 耳部

用15号刀头顺毛剃耳部的内侧及外侧。用手固定耳朵。不要修耳朵边毛，因为这些毛必须手剪。

（二）手剪操作

1. 修剪后腿足圆

2. 修剪后腿

后腿内侧修成“A”形，飞节以下修成圆柱形。

3. 修剪膝盖线

从腰腹最低点到后脚足圆成一条直线。

4. 修剪腹线

从前腿肘关节到腰腹最低点成一条直线。

5. 修剪前腿

从肘部到脚底部以直线方向修剪成圆柱形。

6. 修剪前胸

7. 修剪头部

（1）分开左右眉毛：修剪两眼之间毛发，使其分离。

（2）分开眉毛和胡子：找到犬的内眼角，用牙剪贴近犬的眼角，剪刀指向犬另一边的眉骨处倾斜剪，分开眉毛胡子呈倒“V”形。

（3）修剪眉毛：从外眼角开始，剪子对准鼻子外侧剪，剪成三角状。

（4）胡须向前梳，用牙剪修剪自然。

8. 修剪耳部

用牙剪修整齐。

9. 最后用牙剪把电剪剃的地方与留毛处衔接自然（图 5－15、图 5－16）

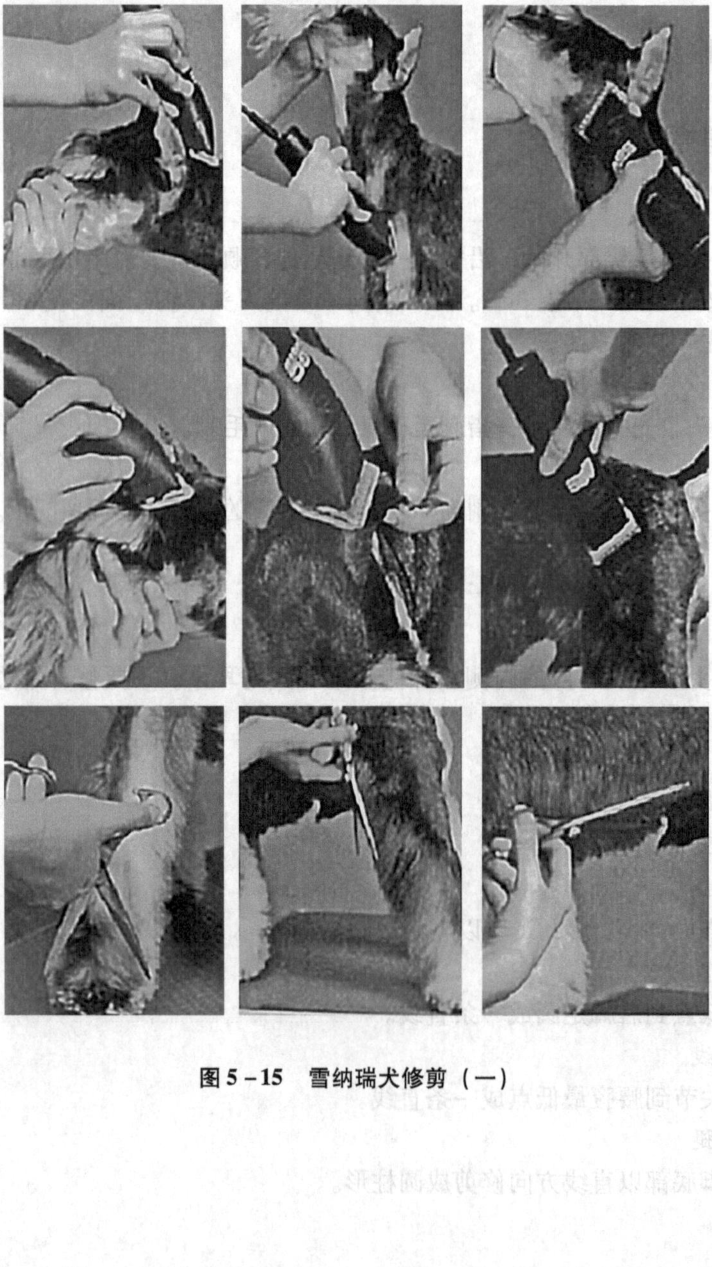

图 5－15　雪纳瑞犬修剪（一）

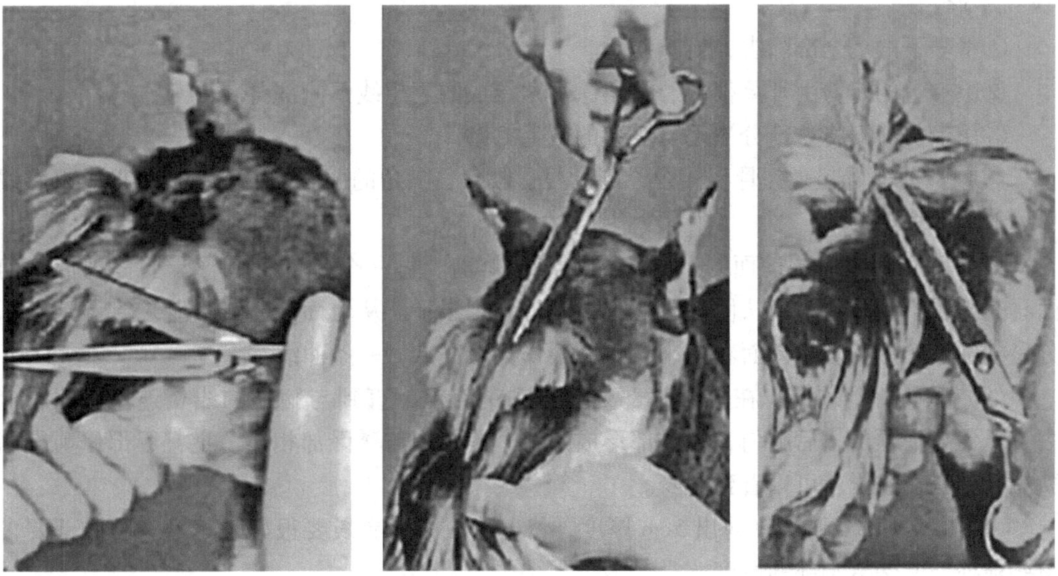

图 5-16 雪纳瑞犬修剪（二）

第八节 贝林顿㹴的美容技术

在对贝林顿㹴进行淋浴前要小心地进行梳理。如果没有去掉毛球就直接淋浴的话会变成毛毡的样子。弄干后的被毛因为非常柔软所以必须小心地用小梳子把被毛梳竖起来。

（1）将被毛吹干之前用小梳子将纠结的毛完全梳通。用挂胶梳将被毛梳竖直，再弄干。

（2）耳朵里面的毛用手指或者钳子拔去。用钳子卷着脱脂棉，蘸上耳道清洁剂去除耳道的污垢。

（3）将前、后脚的爪子剪去，用锉刀将前端磨圆。将前后腿的脚掌中的毛除去。脚趾间的毛不要剪去。腿前处的爪子以能稍稍看到的程度剪短。后面的修剪要圆一点。

（4）修剪腹部与后腿根部的内侧。雄性的犬，从膝关节到阴茎的前端稍稍靠前去剪成“V”字形，如果是雌性的犬修剪到肚脐前的地方。

（5）距离耳朵尖部 2.5cm 的地方用剪刀先做出一条印记线，在这条线中间向着耳尖的方向呈 45°角插入剪刀，来决定它的位置。左右耳朵都用剪刀做一条线，作为修剪线。用剃毛器刀刃的边角修剪头部，里侧也用 1mm 的刀刃来修剪。笔直地修剪，直到耳朵根部。修剪后留下的耳朵边缘上的毛，用剪刀沿着耳朵修剪干净。将头部好好梳理一下，在耳朵最下端 2～3cm 的位置将毛梢修剪整齐。

（6）颈部下面 3cm 的地方一直到耳朵后面根部处用 1mm 刀刃修削成“U”字形或

“V”字形。

①将颚下的毛全部除去，剃鼻镜下。

②脸颊上的修剪由耳朵根部、眼角、嘴角结成的意想线下侧部分。

③用带梳剪刀将这部分被毛与头部的被毛打磨。

（7）从前面看起来颊骨要相合，到耳根、眼角，嘴角的两个侧面平行地修剪。将唇线尽可能地剪短。

（8）头顶部（耳根前面的上部）要水平地修剪。做一个长的椭圆形。要修剪成从前面看完全看不到眼睛，但从侧面看能很清楚地看到眼睛。从上面看起来后脑勺到脸这一部分呈椭圆形的形状。从侧面看起来，将耳根作为最高点做一条曲线。

（9）从头部到颈部，在耳朵根部处剪进去一点点，直到与脑袋的线相连。从侧看上去，鼻尖、头顶部、后脑勺，将头部形成的一个椭圆形与鬐甲部相连。把鬐甲部修剪得稍微靠后一点，这样就可以看到全身。

（10）从头部到胸部修剪出5cm厚度，修剪形成的分界线要很好地打磨。前胸部要多留些被毛，要保持胸部的厚度。

（11）在背部留下2cm，两边留下1.5cm的被毛厚度。仔细地修剪，让身体看上去呈椭圆形。肩膀两侧的被毛要剪短，剪平。从尾巴的根部开始，保持到腰部、背部、鬐甲部等有一定厚度的被毛。将对着肚脐上的背面作为顶点做一条拱形状的背线。

（12）后腿从臀部到膝关节剪出一个弓形，从关节到地面剪成垂直。为了前面的被毛平整，要缓慢地修剪。内侧和外侧都要与腿脚笔直相连，断面剪成椭圆形。

（13）前腿的前面修剪出一条从耳根越过肩膀到腿脚的直线。后侧和脚两个侧面修剪出一条到脚底的直线，断面呈椭圆形。腿脚修剪到看不出爪子的程度，后侧修剪得圆一点。

（14）从前面看起来前腿垂直，与胸部的结合处做一拱形。

（15）突出胸部的深度，为了使腿看起来长一点，在肘部上方做出阴影。

（16）尽可能把腰臀部提出保留一定的被毛然后再修剪，使外观上腰臀部比实际的位置稍微靠前一点。

（17）为了突出下胸部的深度，到肘部的被毛都被保留下来，修剪到毛梢处。

（18）留下尾巴根部处三分之一的被毛，剩下的从尾尖开始逆向剃去，尾巴的里侧到尾尖到尾根全部逆向剃去，剃毛后留下的被毛的分界线与两侧部分用剪刀修剪平整。朝着头部的拱形以及肩隆，做一条漂亮的背部的拱形。见林顿㹴的修剪技术见图5－17至图5－24。

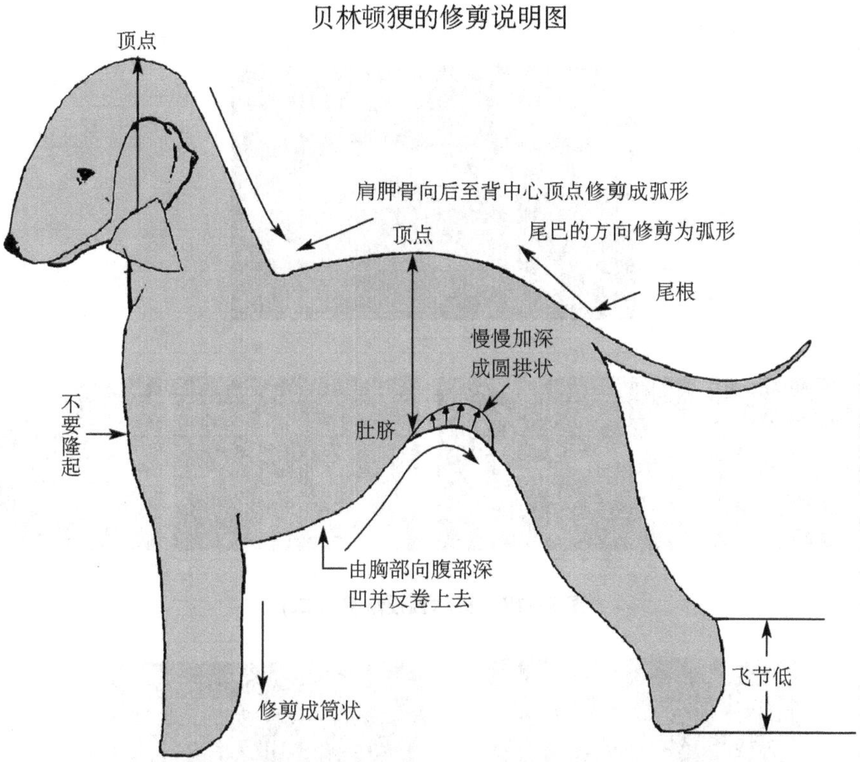

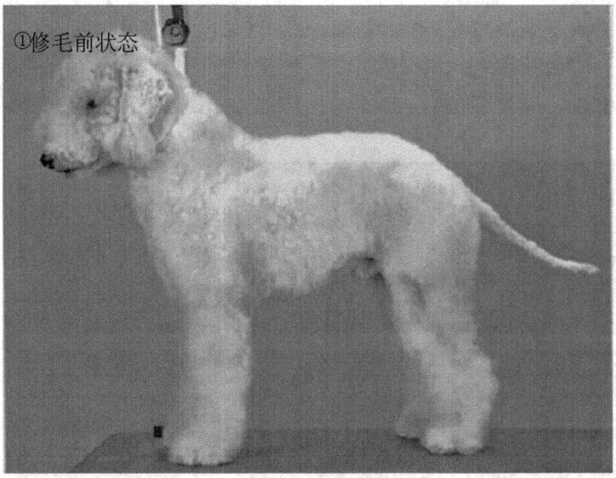

图 5－17　贝林顿㹴修剪（一）

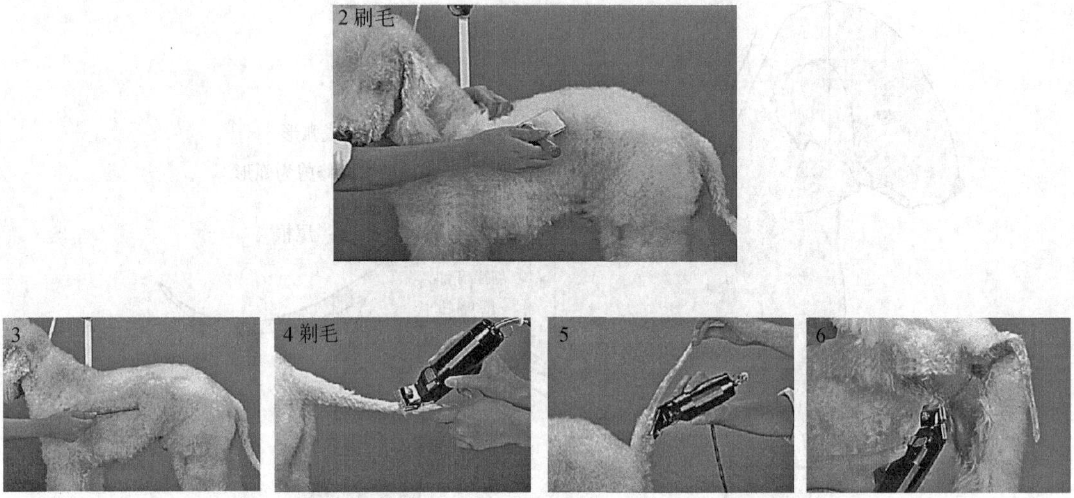

图 5－18　贝林顿㹴修剪（二）

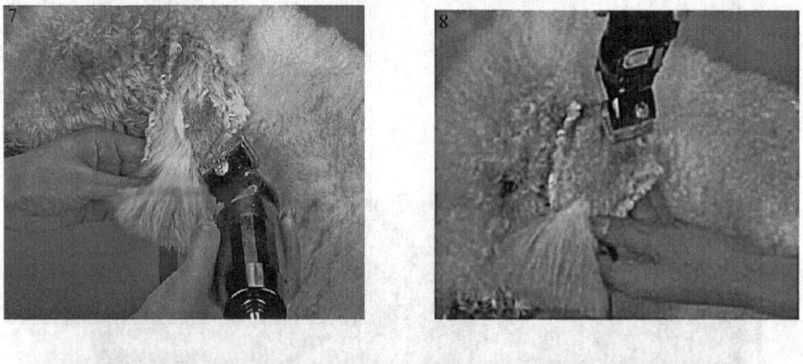

图 5－19　贝林顿㹴修剪（三）

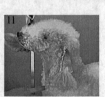

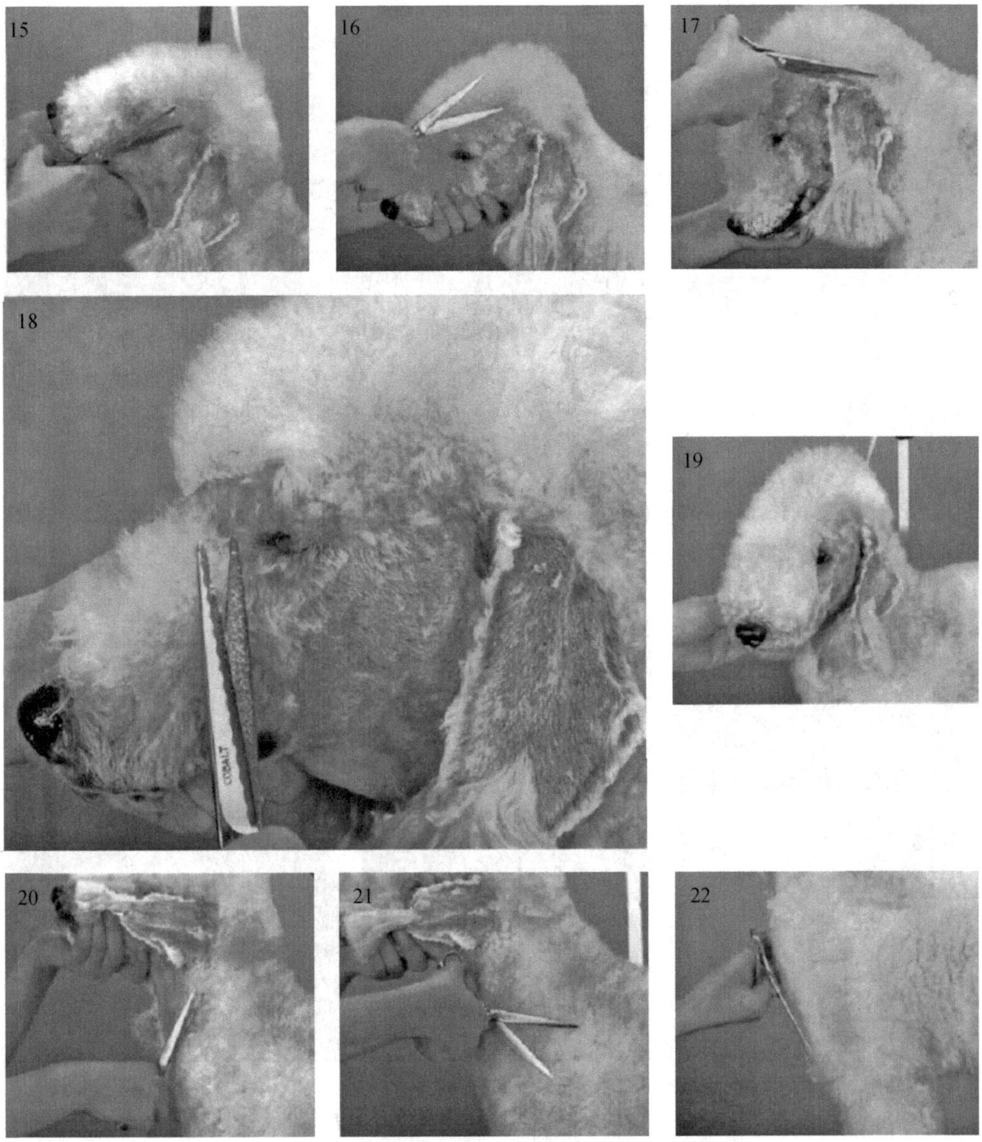

图 5－20　贝林顿㹴修剪（四）

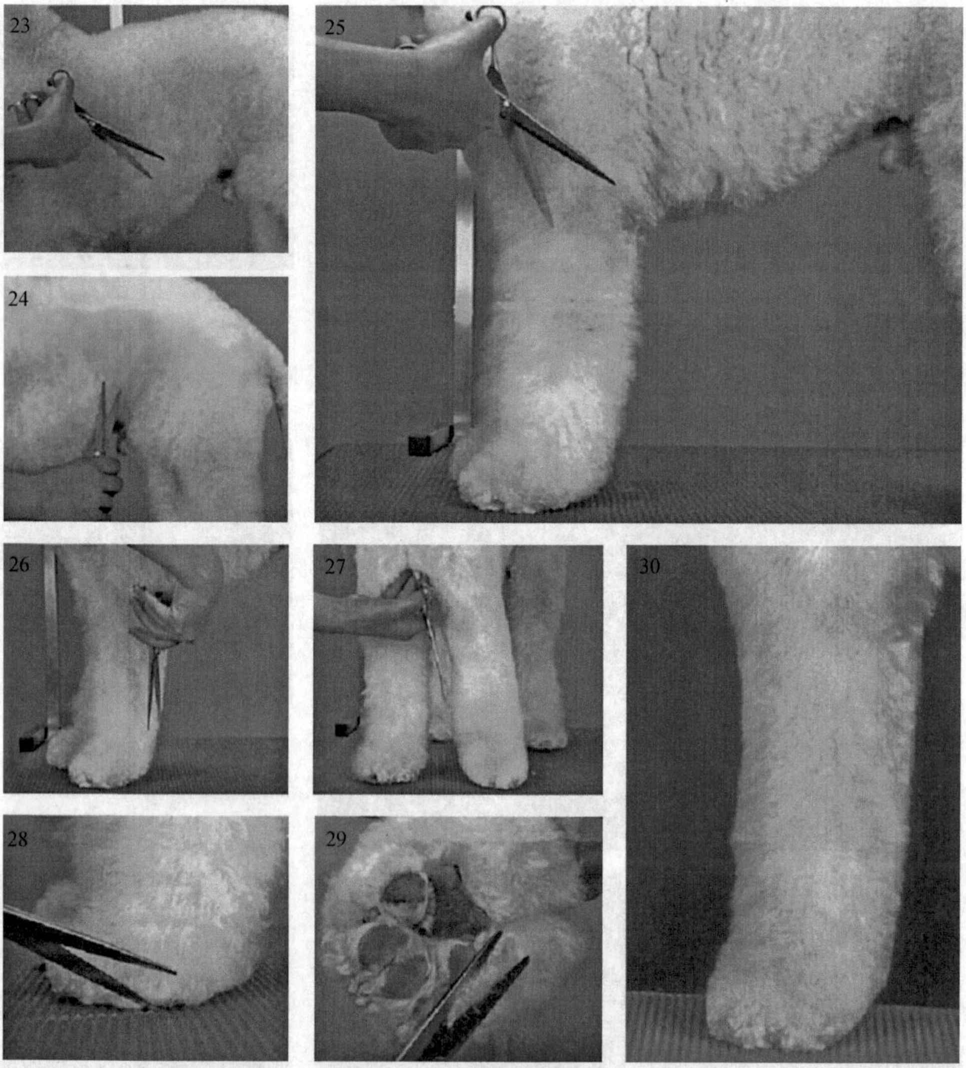

图 5－21　贝林顿㹴修剪（五）

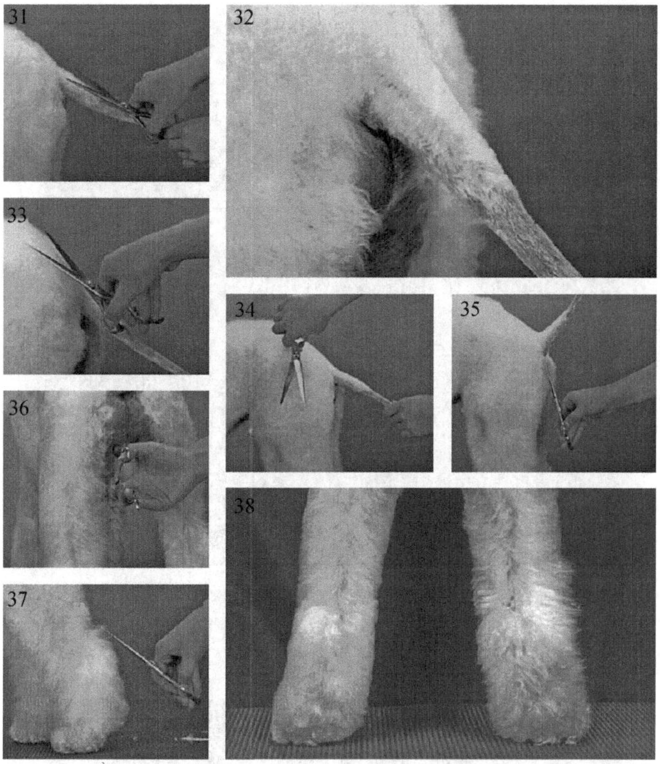

图 5－22　贝林顿㹴修剪（六）

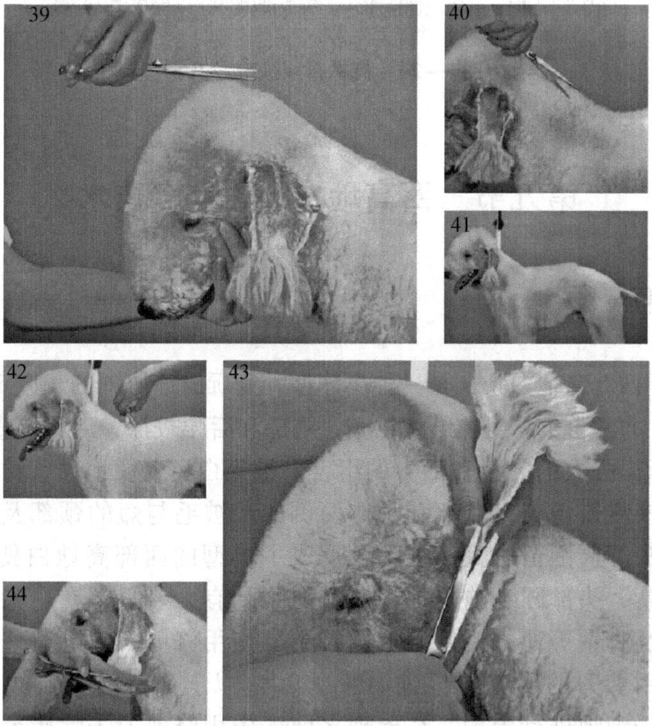

图 5－23　贝林顿㹴修剪（七）

完成图(正面)　完成图(后面)　完成图(俯视)　完成图(脸部)

图 5－24　贝林顿㹴修剪（八）

第九节　西高地白㹴的美容技术

一、品种注释

西高地白㹴（西北高地白㹴）是一种小体型、爱玩的、协调的、坚定的㹴类犬，具有良好的艺术气质，非常自负，身体结构结实，胸部和后腰较深，后背笔直，后躯有力，腿部肌肉发达，显示出强大的力量和活力的组合。被毛白色，质地硬，长有浓密而柔软的底毛。其外观应该显得优美，背部和身体两侧的长被毛与短的颈部及肩部被毛漂亮的混合在一起。在头部周围留有大量被毛，形成了典型的西部高地白㹴的表情。要修剪得背部短，尾根高，头部圆，前腿垂直，后腿强壮有力。只有在耳尖处三分之一，肛门周围、腹部以及脚掌等地方使用剃毛器，主要使用修剪刀来进行修剪，用带梳剪刀来进行整理。使用剪刀的部分不超过 10%，90% 以上的部分都用拔除来完成。在进行修剪之前，先仔细地进行梳理。在梳理之前，先用修剪刀去除废毛与死毛的话，能使修剪的效率提高。

二、美容方法

如果需要进行拔除部分的毛太长的话，可以先将这部分毛剪到只有5～6cm的长度，这样一来就容易进行后面的操作了。拔除操作之后皮脂的分泌会异常旺盛，为了不使皮肤过干，要使用温和性质的沐浴液，不要用护发素。

（1）用1mm刀刃的剃毛器将前后腿脚掌中的毛逆着毛流剃除干净。将腿脚修剪到只看得见2个爪子的程度。定期使用锉刀打磨，这样就不需要剪脚趾甲了。

（2）剃毛器刀尖朝外将肛门附近修剪成圆形，分界线自然。

（3）顺毛用修剪刀将胸、背、腰的老死毛拔去。沿着背部腰部的顺毛一直修剪到5cm长。背线要水平，腰部要整齐，同时注意两边要对称。

（4）犬身体侧面从背部到上腕的毛要修剪得最短。所以在用修剪刀进行基础拔毛之后，用剪刀将其再修短。这是为了与头部根部分界明确，将头部被毛剪短。

（5）为了在后脑勺与鬐甲部之间做出个平滑的下坡度，背线前的毛要修剪得稍稍长一点。用单手将皮肤往逆毛流方向一边拉一边操作。

（6）从上面看，要肩膀与臀部同宽，腹部比肩膀略宽，肋部比侧腰部宽，然后根据各部分的毛量进行调整。侧腰部等比较难操作的地方要用单手将前腿提起来，使后腿站立，这样修剪起来效果比较好。

（7）抓住下颌固定住头部，用带梳剪刀将头部相关的地方剪短，在喉咙处的皮肤比较薄，所以要细心地用细缝的刀来修剪，同时与颈部的分界线处用带梳剪刀打磨，将颈部修剪得肥大一点。

（8）尾巴里侧的毛修剪得短一点。尾巴是从背线开始垂直地到达尾尖。并渐渐变细，用剪刀将尾尖剪细。在尾巴前侧延长背线并保持水平。从尾巴里侧底部到坐骨突起处倾斜地剪出直线的短毛，突出后腿骨骼的角度。

（9）用小梳子梳起前腿的毛，用带梳剪刀将前腿修剪成圆筒形，使之从侧面看上去垂直。为了使前面看上去前腿的肘部不要突出，把侧面修剪成垂直。

（10）用小梳子将前后腿的毛梳起来，竖起剪刀修剪成小小的圆形。将腿脚处修剪成有厚重感的圆形猫足。

（11）加入阴影，使前腿看上去独立。

（12）后腿后侧的坐骨端至关节，将过长的被毛拔去，修剪得比大腿部稍稍短一点，突出后腿的角度。关节以下部位要修剪得肥短并垂直。

（13）加入阴影，使腰臀部处能清楚地看到后腿。

（14）在胸下到下腹部处留下5～6cm的被毛，缓慢地倾斜着修剪。腰臀部稍稍提起来一点，能覆盖住后腿的膝盖。

（15）把下颚、喉咙处的胸部的被毛剪短，从胸骨处往下晕合。侧面看上去呈圆形，且不要使胸骨端凹下去。下部要修剪得平稳一点。肘部的被毛要修剪得短一点，从前面和侧面看上去肘部都不能露出来，而且要把侧面也修剪成垂直。

（16）整个头部都好好梳理一下，被毛的皮肤梳松，应先将老废毛拔除。

三、头部的加工

(1) 头顶与脸颊在耳朵后面的位置相连，沿着毛流到下巴用带梳剪刀修剪成围巾状。

(2) 耳尖部三分之一的里侧及外侧的被毛用带梳剪刀顺毛剃去。前端用鲍伯剪刀弄尖。

朝着耳根的方向慢慢添上厚重感，并与头部的被毛晕合。使耳朵外侧的线与毛巾状的圆形配合在一起。将耳朵修剪成具有圆锥状的直立感。小型猎犬因耳朵的分泌物很多容易得外耳炎，要保持清洁。

(3) 将头顶、额上的被毛修剪加工成直立蓬松的样子，耳朵露出 2cm 左右。

(4) 用剪刀去除老废毛，使左右分开的胡须并在一起。从前面看上去使脸呈圆形并保持整个头部的平衡。

(5) 将嘴巴周围的毛都剪短，使下颚看上去圆一点。

(6) 为了不破坏脸部的圆形，将眼睛周围部分修剪成不引人注意的长度。

西高地白㹴的修剪技术见图 5－25 至图 5－27。

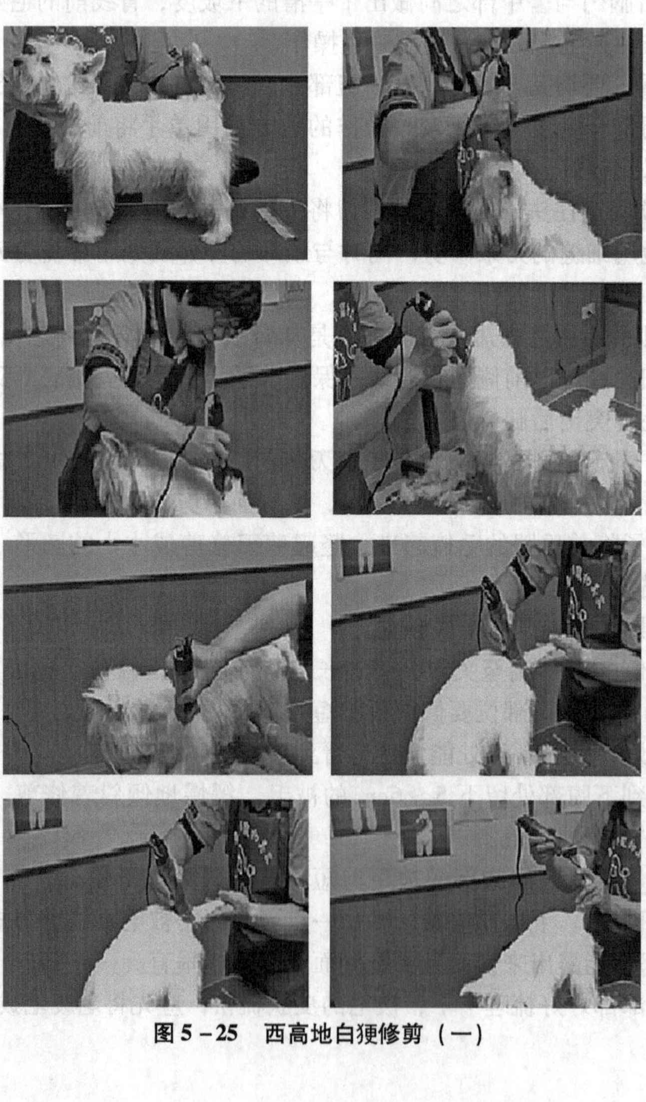

图 5－25　西高地白㹴修剪（一）

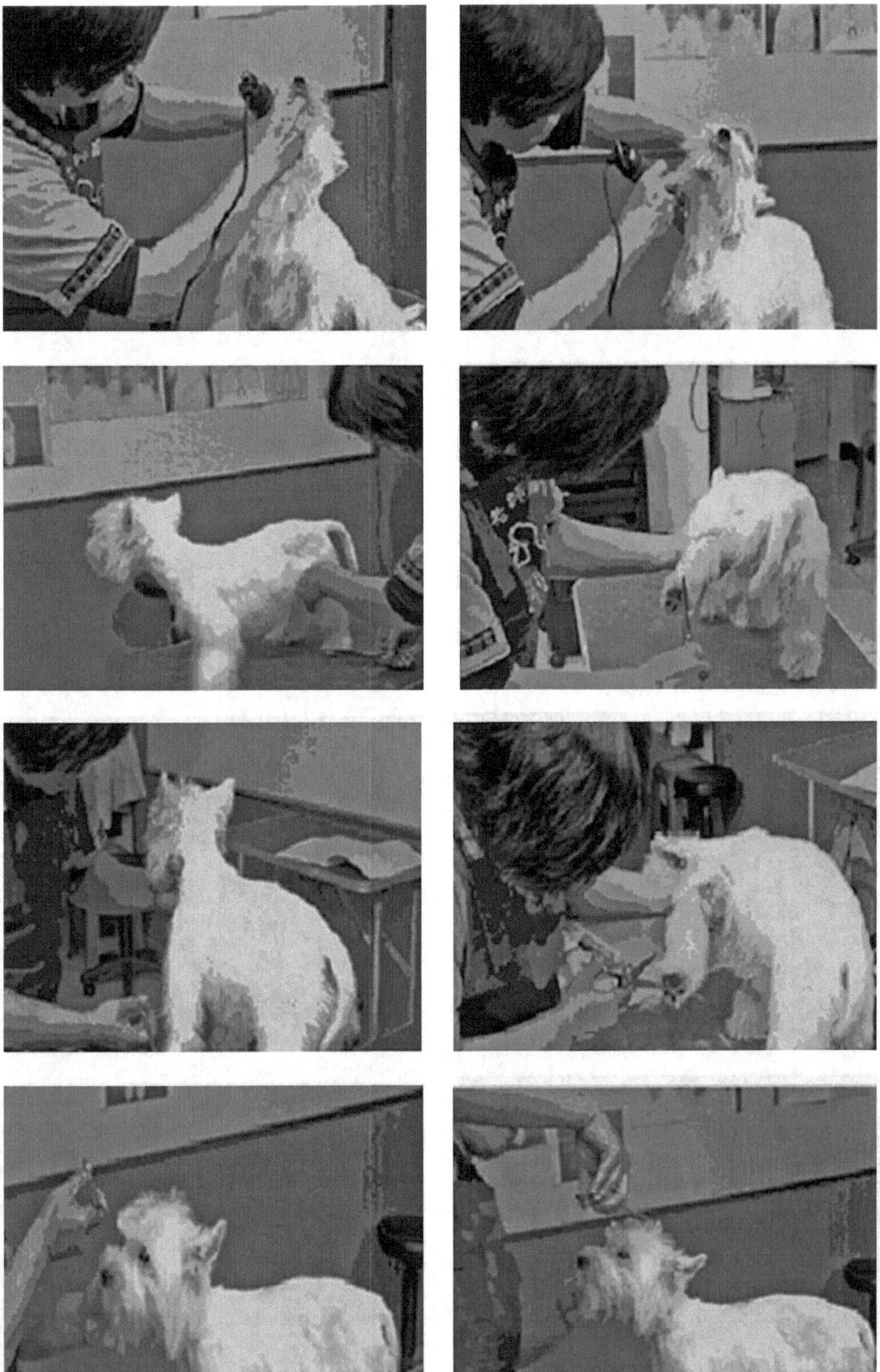

图 5－26　西高地白㹴修剪（二）

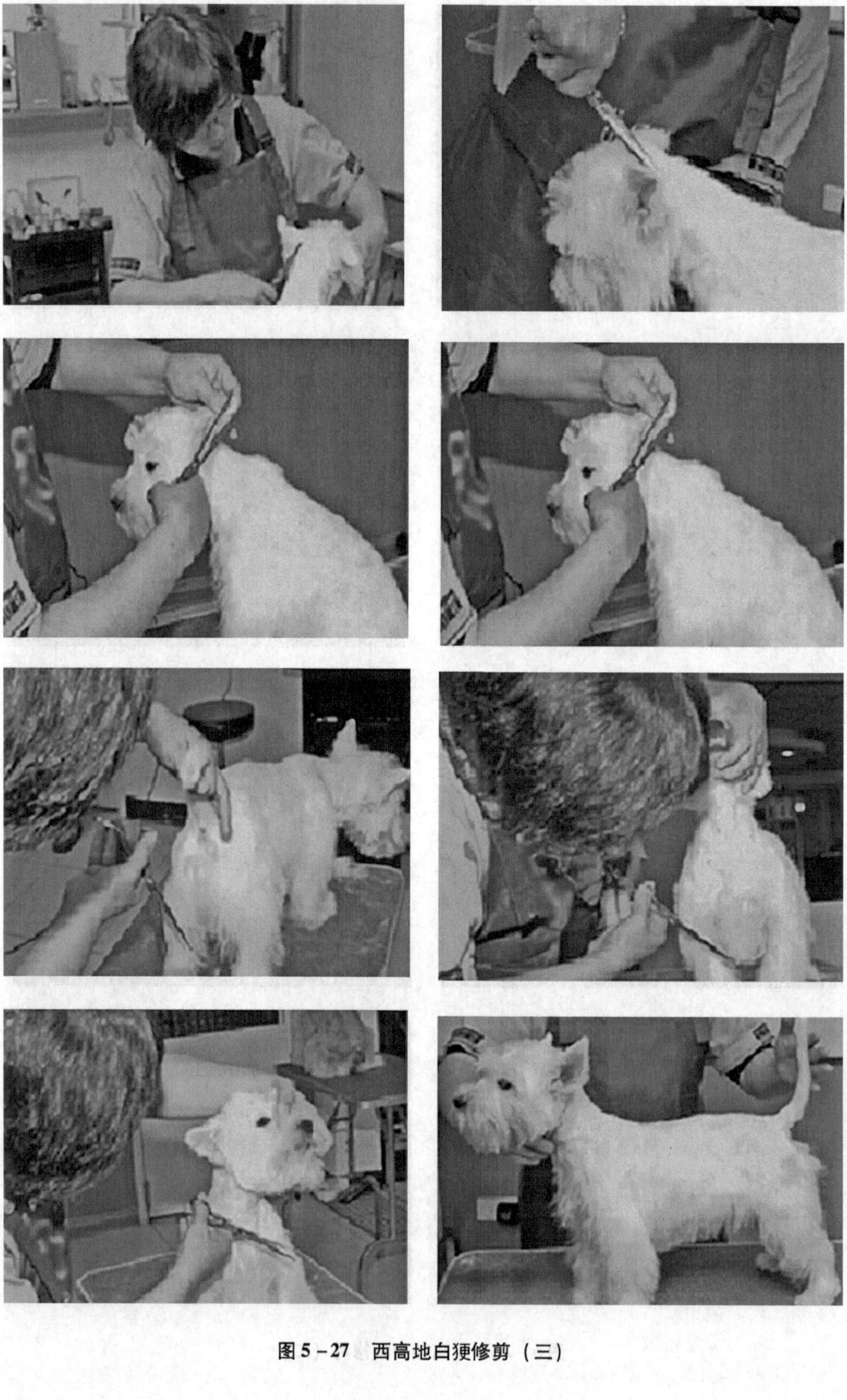

图 5－27　西高地白㹴修剪（三）

第十节　大麦町犬的美容技术

一、品种注释

大麦町犬属于短毛犬，无须特殊的美容方法，但是其周年性的掉毛，硬硬的短毛很容易附着在大部分物体的表面而很难去除。如果每天在室外刷5min毛的话，可以改善这种情况。此外，该犬比较容易得螨虫等寄生虫病，平时需要勤洗澡，最好可以定期做药浴，这样可以有效的预防和控制寄生虫病的发生。

二、美容方法

光毛犬最好之处是美容工作十分轻松，对于大麦町犬来说，美容后的保养是重点。其美容方法有以下几点：

（1）营养丰富的食物，重点强调食物油脂适中，以保证其皮毛闪亮而富有光泽。

（2）足够的锻炼可增强其肌肉结实度。

（3）用橡皮梳或猎犬手套进行日常梳理。

（4）用柔性洗发精和无毒的蓝色漂白剂洗澡。大麦町犬的皮肤粉红色，全身缺少色素保护系统，对刺激性洗发精很敏感，用清洁剂轻轻按摩，无毒的蓝色漂白剂不会使其皮肤过敏，同时还增加了皮肤的亮白度。

（5）由于趾甲为黑色，所以修剪趾甲似乎很难。可先固定其嫩肉，剪短趾甲后，脚部紧密结实，有利于犬奔跑。

（6）修剪脸上多余的毛和胡须能保证脸部干净整洁。

第十一节　秋田犬的美容技术

一、毛发标准

双层毛，内层毛厚、软且浓密，较外层毛短；外层毛直立、粗糙。头部、腿部及耳部毛稍短，臀部毛比身上毛稍长一些，大约有5 cm。尾巴上的毛最长最多。有细的颈毛及绒毛存在是不符合标准的。

二、美容方法

经过精心打扮的秋田犬呈现出威严高贵的外表，其体格与力量无不体现它的尊严，短厚且有光泽的双层毛使其强健的肌肉及骨骼看起来柔和了许多。经精心打扮的秋田犬都会给每年在 Pasadena 召开的 Rose Bowl Parade 大展增添光彩，激起人们对它的喜爱。

当秋田犬还是幼犬时，应一周或一天进行一次美容。每天用洗澡毛巾擦洗，用刷子梳理毛会使它感到很舒服，也会适应这一美容方法，并期望下一次美容，注意要用脱脂棉清洗耳朵内部。秋田犬梳理先用梳子梳理毛，然后再用刷子刷一遍。这一过程一周两次或一天一次，使之焕然一新。梳理时应从犬后部开始，接着用刷子刷一下，这是秋田犬最喜爱的，但应小心以免损伤皮肤。秋田犬美容不需用剪刀。这一品系双层毛发厚而密，外层毛粗糙却不坚固，内层毛摸起来很柔软。梳理过后，可使秋田犬在寒冬保持温暖，而在酷夏感到凉爽，加之正常喂养，这样秋田犬一般不患皮肤病。

秋田犬的脚常需精心修理，该犬长有像猫一样的脚，其脚趾甲也需修理，脚趾周围的毛也应修理得与趾头一样齐。犬脚肉垫周围的一些毛也需修理，但不应去除太多，因为其毛发可以御寒。

接下来用刷子梳理全身的毛发，可先从臀部开始逆毛梳，这样可以梳到所有松散的毛，并刺激皮肤使其充满活力。大腿根处可向上刷，后四分之一处再向外刷。肩部及颈部逆向上或向前刷，整个尾部都应逆纹路刷。总之，用梳子梳理后必须要用刷子整理一下，这是秋田犬美容的必要程序。当去除所有稀疏的被毛后，整体会散发出一种活力，用坚硬的刷子从前到后刷一遍，将会收到意想不到的效果。

秋田犬的胡须很可爱，类似于猫的胡须，平时不必剪掉，但若要参展，在比赛的前两三天用小剪刀去掉。

第十二节　松狮犬的美容技术

一、毛发标准

内层毛绒和柔软，外层毛丰盈、密实、纤直地耸立于皮肤表面，手感粗硬。松狮犬是纯毛色犬，不同种类其毛颜色差异较大，翎领、尾部和“ 裙裤边 ”毛色有一定的明暗反差。

二、品种注释

原产于中国，是一古老的北京品系，曾经用于猎犬或看家犬，几个世纪后的今天，松狮犬的这些潜力仍可得以淋漓尽致的发挥。

不论什么颜色都掩饰不住其毛的丰沛华美，松狮犬是饲养者理想的伴侣，其过分讲究甚至挑剔的本性也深得细致入微的家庭主妇喜爱。

三、美容方法

基本工具，选用金属线刮毛刷，参展犬则选用钉状刷。因松狮犬是一无需特殊造型，追求自然、洒脱的长毛犬，所以其美容主要包括刷饰和梳理等一些基本操作。若从小就开始给爱犬美容，那么训练它呈卧姿或是仰姿是很理想的。因为这样，爱犬会感到非常舒服，实际操作起来也更加得心应手。

松狮犬唯一可称为“美容修剪”的就是脚部边缘的修理，选取桌子做一参考平面，环绕一周剪去脚部多余丛毛，使之像猫爪那样清洁、圆滑。

第十三节　大白熊犬的美容技术

一、毛发标准

内层毛发丰盈，纹理细腻，通体雪白。毛发如一贴身棉袄使大白熊犬能抵御恶劣的天气。外层毛厚密平实，毛垂直或稍有波浪。

二、品种注释

原产于法国和西班牙之间的比利牛斯山，这种漂亮的犬有着指挥官般威严的身材与气度，肩部有 75 cm 高，它集牧羊犬、伴侣犬、保镖犬种种显著优势于一身，颇受养犬爱好者的欣赏与推崇。

三、美容方法

使犬站在桌面上使毛晾干，这时可以向蹠部和其他特殊部位抹涂一些油脂，用钉状刷使半干的毛蓬松起来。

用薄片大剪刀刮平头部，用饨头平剪去掉硬毛茬儿，每一根硬髦都要从根部剪下。大白熊犬的硬毛茬儿可前后移动，只要将大拇指伸到它嘴唇内侧就可以感觉到。耳朵上部微绒毛刮薄一些可更加突出头部轮廓，梳理、修剪、再梳理，直到整个耳朵平整光滑为止。切忌用剪刀生硬地剪短，所有这些操作都会使位置过高的耳朵看上去低缓一些。

前额毛发过多，看上去又突兀笨拙，所以前额毛发连同眉毛在内均需刮薄，并形成一个自然柔和的坡度。臀部的毛也要削薄，使大白熊犬上部从头到尾的体线平和柔顺。先通梳臀毛，掀开外层较长的毛，用薄片剪刀修理。

尾巴上的毛要梳通，否则不堪入目。用短梳子先捋顺，直到可以梳通为止。沿尾骨小心梳理，尾巴上下两侧要整理。上面修理完毕，把尾巴翻过来处理下面，这样多毛的尾巴才显得匀称。如果想使犬的背部看上去短小一些，尾巴基部的绒毛就须削薄一些。对于那些参展犬而言，臀部的毛发不能直立，所以可以在爱犬臀部压一厚毛巾，使这部分毛服帖一些，上场前再去掉毛巾即可改观。

翎领应朝头部方向梳理，背中部的毛和后部向后梳使之融汇成一光滑平面。反向梳理背部毛，可使大白熊犬看上去更高，更加挺拔，最后再通梳周身毛发。前脚下部、耳朵后部、后脚之间的部位尤其要注意。用湿澡巾压平前脚毛发，并蘸婴儿爽身粉进行擦拭、磨光，后腿也如法炮制，只是常使用软毛刷。给犬抹上一些爽身粉，会使它看上去更加白和闪亮，毛晾干后轻轻刷下粉末，并可用手指检查刷的是否彻底。

检查，背线是否平齐；臀毛是否抹平，肩部是否需要进一步加高；看其通身是否蓬松圆润。

第十四节　北京犬的美容技术

一、品种标准

北京犬原产于中国，是世界上历史最悠久的犬种之一。清末年间，慈禧太后在宫中请人专门饲养北京犬。八国联军侵入中国时，在皇宫发现了5只北京犬，带回英国，并将其献给了维多利亚女王。

北京犬是一种平衡良好、结构紧凑的玩赏犬。表现欲强，其形象酷似狮子。它代表着勇气、大胆、自尊、漂亮、优雅和精致。

二、基本美容工作

（1）刷毛：用针梳先梳理，再用美容师梳梳理通顺。耳后容易打结。

（2）眼部清洗：可用洗眼水及棉花清理眼垢，同时清洗鼻梁与眼睛之间的褶皱部位以保持干爽，防止眼睛感染及发出异味。

（3）清洗耳部：用洗耳水。

（4）修剪指甲。

（5）洗澡：耳朵要塞棉花，挤肛门腺。

（6）吹干：边梳边吹。

（7）修剪脚底毛。

（8）修腹底毛：用10号刀头。

三、造型修剪

（一）手剪造型

（1）修剪肛门周围。

（2）修剪臀部：中间有一假想线分开左右两部，中间界限不可过于明显。然后修成“苹果状”。

（3）修剪后腿：飞节以上依腿的粗细剪出浑圆感，似“大鸡腿状”；飞节以下修剪整齐。

（4）修剪后足圆：围绕脚趾边把毛剪齐，不要露脚趾。

（5）修剪尾根：以尾根为中心，依中间界分开两边梳，再做自然修剪。

（6）修剪尾巴：先修成“半月形”，最后把尾尖修整齐。

（7）修剪腰部。

（8）修剪腹线。

（9）修剪前腿：依腿的粗细剪出浑圆，似“小鸡腿状”。

（10）修剪前足。

（11）修剪前胸：用剪刀从下颚至胸部做修剪，直至有圆滑及隆起形状。胸部及腹部结合自然。

（二）电剪操作

1. 狮子装

（1）将犬肩胛骨以前的毛向前梳，用7F刀头自肩胛骨向后剃至犬的坐骨端，尾巴剃2/3之后，尾尖的毛1/3修成毛笔状。

（2）前后腿修剪自然，修足圆。

（3）臀部修剪整齐。

（4）前胸剪去多余的毛，使之成为狮子状的胸毛。

（5）用牙剪修腹部与电剪衔接处。

2. 夏装

（1）将颈部以前的毛向前梳，用4F刀头向后剃至坐骨端。

（2）留头及脖子周围的饰毛。

（3）尾部剃至1/2处，尾尖修成毛笔状。

（4）前后修剪自然，修足圆。

（5）用牙剪修腹部与电剪衔接处。

北京犬的修剪技术见图5－28至图5－30。

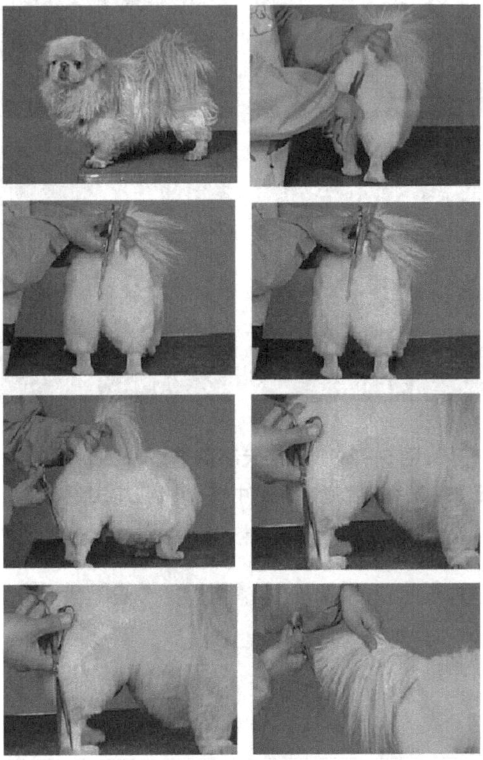

图5－28　北京犬手剪造型（一）*

（＊孙若雯　宠物美容师（初级 中级）中国劳动社会保障出版社）

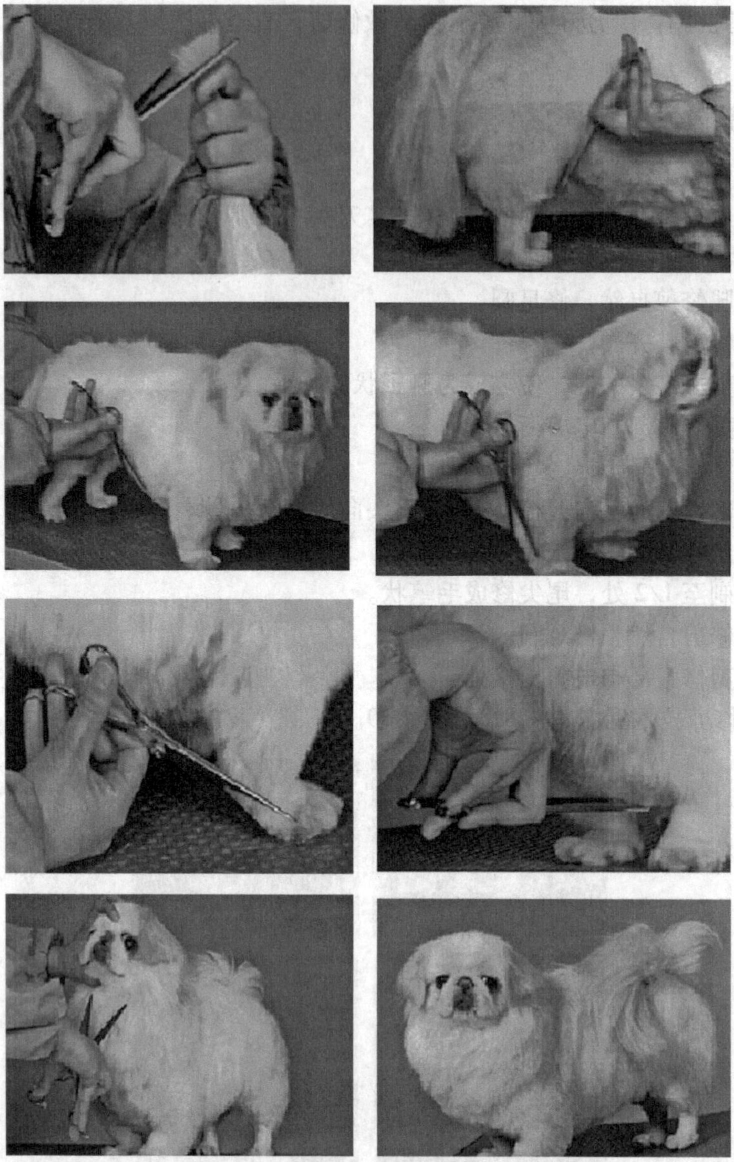

图 5－29 北京犬手剪造型（二）*

（＊孙若雯 宠物美容师（初级 中级）中国劳动社会保障出版社）

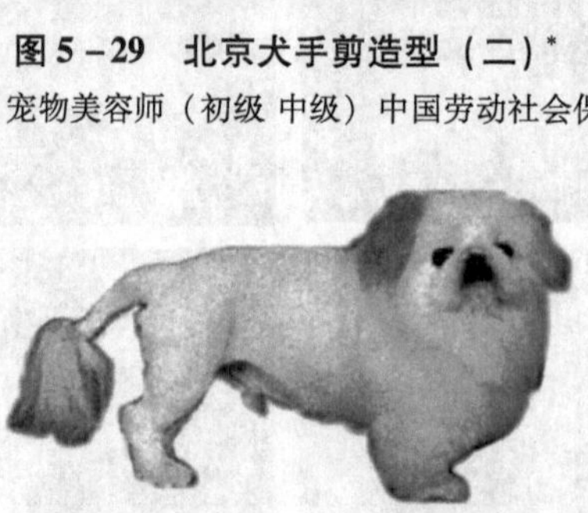

图 5－30 北京犬狮子装*

（＊孙若雯 宠物美容师（初级 中级）中国劳动社会保障出版社）

第十五节　斗牛马士提犬的美容技术

一、毛发标准

毛短而浓密，是抵御外界环境的屏障。

二、品种注释

斗牛马士提犬是斗牛犬和马士提夫犬的杂交后代，属于大而有力量的犬种。英格兰曾在战争中利用它防卫非法入侵者。

作为看家犬，它有着不俗的表现，任何想侵犯其主人财产的人都会尝到恶果。它易于被训练，是优秀的家庭宠物，但斗牛马士提犬脾气暴躁，训练它的人也必须有一定的胆量和信心。

三、美容方法

斗牛马士提犬与其他光毛犬美容要求不同。它们很少需要洗澡，一年只有一两次。值得注意的是在这种品系犬中，流传一些皮肤病，如胶皮病、过敏性皮炎、甲状腺功能失衡性脱毛等，如果发现有类似迹象的皮肤病应尽快向兽医咨询。强刺激性洗发剂和润发剂不要使用，以免产生过敏反应。同其他耳朵下垂品种一样，由于不如耳朵竖立的犬有更好的空气流通，它的耳朵很容易发生传染性疾病，因此经常清洗是很重要的。有些个体在长牙期，耳朵容易变形，要及时纠正。这时应首先求助犬饲养者或向犬保健的组织咨询，如果不及时治疗，会导致严重的耳疾。

由于该品系犬极易感染疾病，所以应保持其脸部清洁，特别是在进食后，用温水和药皂洗脸。脚部（特别是脚趾之间）应尽可能保持清洁和干燥，否则极易发生囊肿。斗牛马士提犬眼睑内翻偶尔也会成为问题，如果发现眼内有分泌物或炎症应立即找兽医来解决。

为参加选美赛，唯一要做的不是用橡皮梳梳理毛，而是给犬修剪趾甲并剪胡须。

第十六节　拉布拉多猎犬的美容技术

一、毛发标准

毛短而密，无卷曲，手感好。

二、品种注释

拉布拉多猎犬是全球大众的焦点，在澳大利亚、南非、法国和其他地方，会发现有很多拉布拉多猎犬及很多喜爱这种犬的人们。脾气温和，惹人喜爱的面孔，智商很高，是人类忠实的伙伴，这也就不难理解拉布拉多猎犬为何会赢得大众的喜爱。

纽芬兰是这一品系犬的真正发源地，由于拉布拉多距纽芬兰很近，所以得名拉布拉多猎犬。在纽芬兰，人们把它驯养为猎犬，后来英国运动爱好者注意到这种犬的价值并将其带至英国。在英格兰，人们把它驯养为猎犬、军犬，能够提供娱乐的参展犬以及导盲犬。它出色的表现远近闻名，尤其在英格兰很受青睐。

在美洲，它的犬缘仅次于运动型可卡猎犬，拉布拉多猎犬还流行于马里兰的东海岸，这里是切萨皮拾猎犬的故乡。

值得称赞的是它的体力极易恢复，拉布拉多猎犬集勇气、耐力、智慧和天生的体魄于一身，所以很多人认为它完全符合运动型犬的标准。

三、美容方法

拉布拉多猎犬的美容要求很简单，美容工具主要是天然鬃毛刷子或猎犬手套。它们可用于梳理全身各处的毛发，几乎不需要对拉布拉多猎犬进行修剪，仅对胡须某些部分进行选择性修整即可。

拉布拉多猎犬是一完全的自然品种，当它体重适中时最漂亮，所有优良的犬应有一身强健的肌肉和浓密发亮的毛发，当然这需要犬主人的精心呵护。

这种犬天生一副漂亮面孔，最好的装扮就是来自于自身的内在美。

第十七节　英国雪达犬的美容技术

一、毛发标准

躯体被毛平整，较长，并不同于羊毛那样绒而打卷，腿上的丛毛中等厚度且分布规则。

二、品种简介

英格兰雪达犬因其仪表端庄，性情温和，最适宜作为小孩子们的忠实伙伴，也由于其美貌和温柔共存而颇受人们喜爱。几个世纪前起源于英国雪达，专司捕猎高地鸟类，现代的英格兰雪达犬可分为两种类型：一种生长于平狭高地（Laverack），另一种活跃于田间（Llewelin），前者是伴侣犬和展览犬较为理想的候选品种，而后者在担当防卫的工作中常常备受重用。

三、美容方法

精心的装饰可以将犬在某些方面的缺陷降低，同时使它的优点更加突出，不论装饰技术如何好，犬的天姿色赋仅仅凭修剪装饰是不能够有更进一步改善的。

用剪毛刀从脖子下方开始，胸骨向上剪去脖子周围（背部除外）多余的毛，耳根部的长毛也要剪掉，若该区的毛过多过长，则会使耳朵支起来，不能驯服的贴在两鬓。脖子背部的毛较长，用剪毛刀不太合适，最好用双面剪进行手工修剪。眼睛下边和脸颊上的毛应尽可能用剪毛刀剪掉，因为相临部位的毛长长后会掺杂融汇而影响整体造型。

用剪毛刀修理耳朵内层时，应小心不要剪伤位于耳朵内层最外边缘的皮肤榴儿。一旦剪伤，就会流血不止，此时应立即给犬敷上凝血剂。每只耳朵内侧面的毛，可用剪毛刀逆着毛的着生方向剪刮，但有些则需用锐利曲面刀片进行修剪。

耳朵和头骨突连接处的修整使英格兰雪达犬耳部造型更加挺拔突出，逆着纹理，从耳根到耳尖约 1/3 处开始修剪，沿着耳缘向上直到头骨突处，这样看上去耳际和头部的毛就会自然融合。于头骨隆凸处收刀，尽量避免下剪，以免造成生硬刻板的突兀感。修剪耳朵时，耳朵的前边缘不要剪短，长长的毛低低垂下，微掩双眸，更显雪达犬的温柔多情。从眼睛上部向上一直到枕骨部位，用刮毛刀刮平，最好一小部分一小部分地修理，这样最终可修出浑然一体，更加平滑、流畅的发型。修理后脑勺时请注意耳朵和头的连接部，在这里修剪后的毛应该融汇一体，同样，这一区域也要一点儿一点儿地处理。

脖子和肩部修整对英格兰雪达犬形象的整体和谐十分重要，稍有败笔，雪达犬那光亮柔滑平整的表现力就会大打折扣。当然修剪得当，则可锦上添花。许多英格兰雪达犬，其毛很难梳理，胸部和躯体部位的分缝更是难上加难，要使这样的毛也呈现出理想的光滑效果，不花费相当的耐心去进行刮、刷、梳理是不可能的。长长的秀发披在肩上给人以雅致、俏美的印象，用双面剪或刮刀去除肩隆和肩膀处多余的毛，修剪后会使倾斜下溜的肩膀增加挺拔感。用薄片剪毛剪简单地除去过长的毛，然后再用刮刀稍加处理。

修剪肋骨和肩膀部位的毛发时，不可剪掉太多。

英格兰雪达犬后腿的毛总是长得又多又快，用双面剪来修剪这里的卷毛最合适不过。耳背部位的毛最好还是分部整理为好。

接下来，用双面剪去除尾巴下部、大腿、臀部不想要的毛。用剪刀剪去肛门处多余的毛，不仅卫生，同时也会使尾巴有更加完美的表现。尾巴处理得好坏也直接关系雪达犬的整体形象，若整体装饰考究，只是尾巴未加修理，雪达犬的整个“旗帜”形象立即荡然无存。所以美容重小节，处处须留心。先用双面剪从尾根到尾尖修剪一遍，再蓄长尾巴背面的毛发的做法不可取，为了使其形成一个典型的三角形状，应去除肛门处的一些长毛，顶端和下侧面的毛也要用剪刀进行修剪，用刮刀处理尾巴的表面，在尾巴尖应留有一撮毛。修剪脚趾时要格外小心以免伤及肉垫或脚趾间的结缔组织。彻底清理脚趾内部，以防止由于趾间透气性差而造成犬脚发炎。

装饰考究的犬在口、面颊、眉毛上是不允许有一根硬胡茬儿的。富有经验的美容师用日常剃须刀来刮硬髦，而有些人选用剪子或剪毛剪，这完全根据个人喜好而定。洗浴和其他犬系的洗浴方法及程序相差无几。裹毯就是在爱犬洗浴晾干后用毯子将其躯体包裹住以将毛展压平坦。裹毯应于毛发完全晾干之前进行，在胸部、腰下别上别针以使毯子包紧，裹好后将雪达犬放入柳条箱让其自然风干。这种程序常用于雪达犬种及长毛垂耳犬种，有时也用于硬毛种。

修饰后，英格兰雪达犬毛的颜色会发生一定程度的变化，但随着新毛生长，2～3 周内就又恢复到原来的自然色。因此，选择恰当季节进行修剪对参展犬来说非常重要。当然，宠物犬或田野犬偶尔也需美容一次，以改善其发质。

英格兰雪达犬的美容其实并不如想像的那样乏味，犬宝宝应在三个月大时就适应美容并养成这种习惯。因此，让爱犬从小就习惯于剪刀的嗡嗡声，吹风机的隆隆声比它长大时再勉为其难地让其美容要容易多了。

第十八节　哈士奇的美容技术

一、毛发标准及品种简介

哈士奇属于典型的双层毛发品种。下层毛极为浓密，上层毛发直，平滑，依靠下层毛支撑。在夏季，哈士奇应多数时间处于低温空调房内，这样可以保持内层毛发正常生长。在作息方面，也要相对其他季节做适当调整，上午活动及训练尽量在温度升高前全部完成。直到太阳西下，气温逐渐降低再开始下午活动，并且可以一直延长到晚上甚至深夜，这样既有效保证犬只充足的运动，还能避免因气温过高所致的负面影响，例如：中暑、厌食和大量毛发脱落等。合理的饮食会让犬只保持健康体态及优质毛发。现如今，无论是家养和参加展示的哈士奇，都无法做到每天长距离负重奔跑，所以在食谱中应当尽量避免出现高脂肪食物。摄入过多的高能量食物而不被消耗，会导致脂肪的过分堆积，以至影响到犬只的正常体态，甚至产生疾病。体内脂肪含量过多还会产生下层毛稀少或脱落的现象。

二、美容方法

洗澡方面需要注意的是，因为其具有浓密的下层毛发，如不仔细清洗，很难深入到皮肤表层。吹风时建议用大功率的吹风机进行彻底的吹风程序，保证每根毛发的干燥。

赛前的修剪至少要提前三天完成，让修剪后的毛发有一个自然的状态。整个修剪过程要以犬种标准为中心。

（1）允许修剪胡须以及趾间的毛发以保持清洁。

（2）胡须要直剪尽可能的剪短，趾间的毛发用针梳或排梳逆毛梳理，再用牙剪将足部修剪成卵圆型。

（3）赛前的最后整理也是至关重要的，颈部的毛发向上梳理，并且适当的喷些定型水，使整个颈部看上去更强壮有力，四肢可以上些白粉，以更凸显其充足的骨量。在不违背自然的前提下，还可以针对自己犬只的不足进行细微的修剪。

第十九节 拳师犬的美容技术

一、毛发标准及品种简介

毛短而光滑，紧贴于皮肤并富有光泽。拳师犬起源于德国，属于英犬系。躯体非常强壮，速度很快，很容易被驯化，能胜任看家和照顾婴儿的工作。给盲人带路的技能可与德国牧羊犬相媲美。拳师犬能很好的适应农村或城市生活，其生性乖巧温和，对儿童很有耐心。

二、美容方法

拳师犬是光毛犬的典型代表，仅需要很少的美容工作。最好是用橡皮梳子刷毛，这种工具虽然叫梳子，但由于是用橡皮制的，又削得很细，所以更像刷子，其主要功能是拔除松软的毛进而提高毛的自然光泽度。

为参加美容比赛，需要修剪胡须，耳后、腹部、尾巴及大腿后部的长毛也应修剪。美容工具可以用推子或剪刀。经常洗澡是必要的，应常修剪趾甲，耳朵也要保持清洁。

第二十节 杜宾犬的美容技术

一、毛发标准及品种简介

毛光滑、短而坚硬，毛发紧贴皮肤，颈部可看到灰色内层毛。杜宾犬是根据培育这一品系人的名字路易斯杜伯尔曼先生命名的，是所有品系中最富智慧的一种。起初这种犬很好战，通过不断饲养驯化使其性格温顺了很多，而且与德国牧羊犬一样，它也是相当出色的保镖。第二次世界大战中，它曾被用作美国海军的军方犬。它被公认为生命和财产的保护神、优秀的参展犬及人类的忠实伙伴。

二、美容方法

杜宾犬美容应从小抓起，处于哺乳期的幼犬就应修剪趾甲，这样可以防止犬宝宝抓伤犬妈妈。用电动推子逆毛纹理修剪耳外的毛，沿耳尖到耳根方向除去内耳和耳根过量的毛发；并修剪耳根分界处的毛发。不能用嘴吹耳朵里的碎毛，而要用手指取出。

用细毛剪修理喉咙处扭曲的毛，千万不要使用常规剪刀和电动推子，一般剪刀会剪掉太多的毛使毛皮上出现漏洞。应用细毛剪逆毛生长方向修剪前胸和肩上的毛发。任何丛生毛都会破坏整个躯体轮廓的匀称度，其他部位类似的毛也要根据需要修剪，尽可能减少杂乱丛生毛的存在。

用弯剪子修剪眉毛和胡须，由于这种剪子没有锋利的刀刃，所以不会损伤不该剪的毛发。其实最令人烦恼的是它的胡须，犹如刚彻底剃过，胡须就又很快的长出来，生长周期最长也不过 1 周。所以为防止重复修剪，最好将上下唇部的胡须彻底刮净。

处理腰部的毛时一定要小心，使剪刀刀刃与背部脊线平行，倾斜的朝向胃部剪去（而不是朝外）。除去腹部过长的毛，但不要碰及乳头。

为使足部显得更紧凑，除去趾间多余的毛，切记不要用剪刀挖。修剪完前脚的脚垫和球结与趾间的内侧毛发后，不应再修剪上面的肉垫，这时旋转剪刀呈斜线修剪球结与趾之间的外侧部位，使整个脚光滑整洁。

下一步处理腿部，用手抚平毛发，并除掉凌乱的长毛。当大部分修剪工作完成后，工作重点应转向耳部，把头侧过去，除去其耳部松散的毛发，并用酒精清洗耳部。

弯剪刀用于眉毛及胡须；推子用于球节与趾之间，腰部及臀部毛发；细毛剪用于其他部位。只有成为美容高手后，才可以使用电动推子修理除胡须以外的所有部位。若想让爱犬参加选美大赛，一定要先练习给它美容。

每次去毛都应轻巧、少量为主，否则毛剪得太多，会造成皮肤有凹凸迹象，而且这些毛需一段时间后才能长出来。

爱犬即将参展时，对它作最后检查，剪掉一些松散毛，沿毛纹理方向擦身体，然后用毛巾擦干；涂一些羊毛脂于眉毛上会使其变黑，但务必除掉多余羊毛脂。美容时耐心是很重要的，杜宾犬喜欢接受毛巾和刷子为其美容。

第二十一节　萨摩耶犬的美容技术

一、毛发标准及品种简介

考察萨摩耶犬毛质量的标准不是数量多少，而是是否具有抵御不良气候环境之功效，内层绒毛短小、柔软、致密；外层毛粗糙，耸立于躯体表面，没有环卷儿。毛发环绕脖颈和肩部形成流苏儿“领羽”，雄性比雌性丰盈，围绕脑袋，像狮子那样威严无比，毛熠熠闪动银光，更显王者风范。雌犬被毛长度略逊于雄犬，但质地却很柔软，以显温和之本性。

原产于西伯利亚叶尼塞河，在这荒凉的地带，它们带来了点点生机，拉雪橇、放驯鹿、与人为伴。那娇巧的容颜、无所不能的工作潜力引起英国人的关注，遂被引入英国，并很快由英国走向世界。萨摩耶犬是最理想的纯种犬系列之一。

二、美容方法

洗澡前通刷一遍，除去结节或粘发团儿，用棉球塞住耳道眼儿，进行全身性淋浴。选用质量上乘的商业漂白香波无需搓揉，轻轻挤压按摩皮肤，而后冲洗。若有必要可重复以上操作，毛巾擦拭后电热风吹干。若天气允许也可自然风干，干后用 1 号长钉刷进行刷理，使毛发直立。取出耳道中的棉球儿，清洁内部。

用滑石粉和纱布清理牙齿，修剪爪部毛皮（ 包括爪垫 ）。除以上所述，若爱犬要参加竞美展览，以下工作也不能遗漏：修剪脚边、跗关节，削刮眉毛和硬胡茬儿，剪指趾甲使其齐平于下面的肉垫。除此以外不需要别的修剪，否则会弄巧成拙。

复习题

1. 简述贵宾犬的修剪造型。
2. 简述博美犬的修剪技术。
3. 简述雪娜瑞犬的造型方法。
4. 简述贝林顿犬的修剪方法。
5. 简述比熊犬的美容方法。

第六章 猫的美容技术

第一节 猫头部修剪

长毛猫与短毛猫头部的修剪方法基本相同，但是长猫毛修剪更复杂。修剪的原则是整洁、美观。

在修剪前，一定要用针梳将毛梳顺，这样修剪过的脸型才会对称、整齐。长毛猫要进行彻底梳理，每天最好梳理两次，每次3～5min。从头到尾进行梳理。当梳到腰部时，将猫翻转过来，从颈部向下腹部梳理直到尾尖处。对于重点部位还要详细梳理，如腹部和尾部。若不梳理，被毛会擀粘，非常难梳理，甚至不得不将猫麻醉，用剪刀将擀粘的毛剪掉。梳理长毛猫常用工具有：刮刷、铁丝和密齿、宽齿梳子、牙梳等。不可逆毛梳，尽量顺着毛梳，逆毛梳不仅毛易折断，而且猫会感到不舒服。如梳脸颊时，要朝前方梳。往毛里撒些爽身粉，这样可使被毛蓬松，有助使毛分开，更容易梳理。

短毛猫能够自己梳理，每周梳理两次即可。梳理时，梳子与皮肤成直角。梳理短毛猫常用密齿梳子。

耳朵可用一把直剪修剪。拿起直剪，顺着耳括的形状由耳根部向耳尖部修剪整齐，且将耳背部的杂毛等修剪整齐。脸部的修剪需一把弯剪和一把直剪。先用一把直剪将下颌部位修剪整齐，再拿起弯剪沿下颌修剪整齐的部位，依次由下颌处向耳根部弧状修剪，使其形状完全与脸型一致。注意剪刀应一剪修剪到头，其中不要剪断。先用削薄剪将颈部毛发削薄再修剪，即使下颌部毛较密，也容易修剪了。

猫的胡须是重要的触觉器官，是不应该修剪的，当猫在黑暗处或狭窄的道路上走动时，会微微地抽动胡须，借以探测道路的宽窄，便于准确无误地自由活动。胡须可以帮助猫保持身体的平衡。如发现猫胡须本身有折断现象时，最好还是把它拔除，以促进新胡须的生长。拔的时候，用一只手心托着猫的下巴，并用手指摁住应拔的胡须，然用用另一手的大拇指和食指把它拔掉。如果该猫的胡须长度长于脸部很多，那么应将长出的部分剪掉，脸部作为基准。长毛猫的修剪最主要的一点就是要整齐，并且其造型要根据自身的体形而定。短毛猫头部的其他部位是不需要修剪的。

第二节 猫局部修剪与清洁

一、猫局部修剪

颈部的修剪：用针梳将颈部的毛往头部逆梳，使其毛发蓬松，右手拿起剪刀，沿脖颈的弧度，将梳好后的毛修剪整齐，要非常自然，并且不留刀痕。

躯体的修剪：用针梳将毛彻底梳通。先由颈部向尾部顺时针方向梳理，再反向梳理毛发，使毛发完全梳通。修剪仍是以身体的形状为标准。用直剪将全身参差不齐的毛修剪整齐。

胸部的修剪：修剪时首先将胸毛梳好，剪刀头朝下，贴着胸部进行平行修剪。一定要将毛发修剪自然。也要用推毛器将其乳头两侧包括乳头及腹股沟内侧的毛发全部剔掉。

四肢的修剪：修剪的意义是使猫整体外观既整洁又优雅。先将猫脖颈毛发向两侧方向进行梳理，直到毛发都梳理到背侧后垂直修剪。脚底的毛也要修剪干净。在修剪的过程中要注意肉垫与趾缝间的皮肤的距离，以及毛发与皮肤间的距离，修剪时要万分小心，不要剪到皮肤。肉垫与肉垫之间的毛发应修剪得非常干净。若发现猫的指甲过长，应及时修剪。猫爪前端带钩，十分锐利，作为宠物也要像人一样勤剪指甲，如果猫的指甲过长，不仅破坏家中的物品，而且猫经常舔指甲易感染细菌也会抓伤人。爪子每个月修剪1～2次即可。将猫抱在怀里，用左手将猫要修剪爪子的一肢固定，稍用力按压猫的趾尖，爪子即伸出来；右手将猫爪前端的角质部分剪掉0.1～0.4cm即可；剪后用指甲锉磨光。要掌握修剪的度，误伤猫脚趾的神经和血管，会使猫感到疼痛和出血，猫就会产生条件反射，以后修剪指甲，肯定不会配合。

尾部的修剪：短毛猫的尾部不需要修剪，但是肛门周围的毛应修剪干净。长毛猫的尾巴又细又长，且毛发浓密。在修剪的过程中由左手拉起尾尖，右手用齿梳将其毛发向下垂方向梳理。肛门在排便的过程中经常残留一些粪便，靠近肛门附近的毛发过长，粪便便会粘在毛发上，这样既不美观，也不卫生，修剪时将肛门周围的毛发修剪干净。无论是长毛猫还是短毛猫，都要检查或诊断此猫是否有肛门腺发炎的情况，如果有应及时治疗。肛门周围毛发的修剪方法：右手拿起直剪，沿肛门周围平行修剪，使其四周看起来既干净又整洁。

二、局部清洁

1. 眼睛的清洁

正常的猫眼睛是明亮而且有光泽的，没有眼屎。睡觉醒来眼角有一点眼屎很正常，但眼中一直有眼屎或有混浊的分泌物出现，提示猫可能有严重的健康问题。当猫身体状况不佳时，多表现羞明流泪。有的品种如波斯猫，鼻子矮，鼻泪管容易堵塞而流眼泪，在眼角内侧常出现眼屎，因此平时就应该经常清洗眼睛。

洗眼时，一只手轻轻握住猫的颈部，另一只手拿棉球或纱布蘸上温水轻点眼部，将分泌物软化后用干燥的棉球轻轻擦掉，或用棉球蘸取2%硼酸水溶液，轻轻擦洗掉污物。擦洗干净后，向猫眼内滴入几滴氯霉素眼药水或挤入适量的四环素眼药膏，以消除眼睛的炎症。猫的眼睛是非常敏感的，不能使用人的眼药水。若猫除了眼屎外还伴有发烧，食欲不振，精神委靡等症状，必须找专业兽医处置。

2. 耳朵的清洁

健康猫的耳朵应该干净，闻起来有股潮味，但并不恶臭。如果耳朵分泌物呈干酪样或酵母样，表明耳部可能存在感染：如真菌感染、外耳炎等。将清洁耳朵的止血粉、消炎滴耳液、棉球及止血钳等准备好。具体的方法是：将耳外翻并将耳周围的毛发清理干净，使耳道充分暴露，先在猫的耳道内滴2滴消炎洗耳液，然后翻转耳背，在耳根部轻轻揉捏3～5min，然后翻开耳背，用止血钳夹住棉球在耳内缓慢掏动。将耳内容物全部掏干净后再滴2滴消炎耳液，用干棉球擦干后再撒上消炎粉。

如果耳朵里有一点耳垢，可用一根消毒过的棉签轻轻蘸出就可以了。如果耳垢已干，可用棉签蘸滴耳油将耳垢浸软后再沾出。倘若耳垢太大，可用消过毒的圆头小镊子将其取出，此项工作最好两人配合完成。镊子不能探入太深，以免刺到耳道黏膜或鼓膜，引起感染化脓。当猫洗完澡以后，一定要将猫耳中的残留水分去除干净。耳朵不能过分地清理，若耳朵中的脂肪被全部清除，耳朵便失去了对细菌和灰尘的抵抗力，猫易生耳病。

3. 猫牙齿的清洁

现在的猫吃的最多的是罐头等柔软且多水分的食物，牙垢较多。从2～3岁时就开始形成，时间长就会发展成牙龈炎或牙周炎，不久牙齿就会脱落。因此需要定期清理牙垢。但清除牙垢会对牙齿造成轻度损伤，更易形成牙垢。所以，预防重于治疗。

（1）在猫小的时候就养成刷牙的习惯，否则成年后，将手指伸入猫的嘴里清除牙垢会遭到猫的强烈拒绝。在喂食后，最好去除猫齿缝间的杂物。从猫断奶时开始适应用手指触摸其牙齿。可用专门的牙刷每周刷牙一次，或在手指上缠上纱布擦拭牙齿。为了更好的预防蛀牙和牙龈疾病，应多喂些干硬的食物，且饭后最好“漱口”，即饮水。

（2）给猫刷牙时不要使用普通牙膏，要买宠物专用的牙膏。将牙膏涂在猫唇上，让它习惯牙膏的味道，使用牙刷前，先用棉签接触牙龈，使猫适应。准备就绪后，可用牙刷、宠物牙膏或盐水溶液，给猫刷牙。口腔不好的猫，可送到兽医师处洗牙。洗牙后牙齿洁白，口内清洁。洗牙后也可以给猫带釉，因为釉既可以使猫的牙齿洁白而且还可以保护牙齿。

4. 清洗尾巴

猫尾根处的皮脂腺很发达，能分泌大量的油性物质，所以尾巴很容易被弄脏。尤其是长毛的品种、雄性的分泌物较多，未被阉割的雄猫尾巴更脏。如果处理不当，就会发展成皮炎。所以要认真将尾巴清洗干净。

具体清洗方法是：在尾脏处抹上清洁剂，之后用软牙刷轻轻刷洗。尤其是分泌物很多的尾根要特别细心地洗。再用热水洗去清洁剂，拿毛巾擦去水分，再用吹风机吹干。如果不经常清洗或是洗得较频繁，可能导致尾巴处皮肤脱落，且不再长毛，增加了患传染病的机会。

三、消灭跳蚤

跳蚤有犬蚤和猫蚤之分，不过经多年防治，犬蚤几乎已灭迹，但猫蚤却一直盛行至今。目前无论在犬身上或猫身上看到的跳蚤都是猫蚤。跳蚤会导致猫伴有奇痒的过敏性皮炎，伴发腹泻和食欲不振。猫蚤不仅对猫有害对人也不利。

将猫床上铺的“床单”放在湿的白毛巾上敲打，就能知道猫身上是否有跳蚤。若发现猫身上有跳蚤，可用专用洗发精洗澡及除虫粉或喷雾剂等处理。漏网的跳蚤或掉到床上的跳蚤要用吸尘器彻底清除。尤其是屋子里的角落、木地板的边缘、地毯、毛毯的缝隙等要细心清理。这样还清除不尽的话，可在屋里挂杀虫板或者将其放到地毯和毛毯下。杀虫板不仅是跳蚤的克星，对人和猫亦有害，不宜长期使用。同时可以让猫长期佩戴除蚤颈圈，控制新孵出的跳蚤。

复习题

1. 简述猫的头部如何修剪。
2. 简述猫颈胸部及尾巴的修剪方法。

第七章　宠物美容辅助措施

宠物，尤其是宠物犬逐渐成为人类忠实的朋友，它们善解人意、温顺忠诚，正因为如此，它们已经真正成为伴侣动物，和我们的生活紧密地联系在一起。

多年以来人类有计划的培育已经使得犬类在体形、皮毛颜色以及整个形态上发生了多种变化，现在全球大约有800多种被确认的不同品种的犬种。随着宠物盛行时代的来临，徜徉街头的宠物和它们的主人随处可见。人们对宠物的宠爱也不只停留于给宠物的吃喝上，还要求为宠物做美容，搞创意造型。

第一节　宠物的染色

给宠物染色是当下最时尚、最流行的宠物变装造型。很多主人都是通过染色营造出宠物们最绚丽的一面。一般说来，纯白色毛发的宠物最容易上色，非常适合染色。比如白色的贵妇犬、北京犬、马尔济斯犬等都可以进行染色。而短毛宠物的毛发贴近皮肤，如果进行染色，染出的效果并不好。

一、染色后宠物的心理

以宠物犬为例，它的想法很单纯，它知道自己打扮漂亮后，人们都会赞赏它。如果老是相同的装扮，新鲜感必然会降低，夸奖的声音也会少了，它会有自卑感，认为自己不再受宠；而换了装扮后，它又再度成为明星。久而久之，就形成了只有换装扮才能得到夸奖的想法。这种想法只有主人能帮它改变。主人应经常地赞美它、爱抚它，使它拥有强烈的自信，并定时带它去做美容。

宠物犬在染色以后，起初会非常不适应自己的新形象，可能会觉得自己不如原来好看。于是会郁闷，会不吃饭，不出门。此时，主人要时常夸宠物犬漂亮，帮助宠物犬树立自信心，几天以后它就会适应，并且觉得自己的装扮能够赢得夸奖，它也会越来越喜欢自己。而它的宠物犬朋友们，可能一开始会对它有陌生感，但几天以后，随着它们相处时间的增加，就又会在一起玩耍了。

二、染色时的注意事项

染色是不会对宠物犬的身体造成伤害的。染色要到正规的宠物美容院去，用质量比较有保证的宠物专用染色膏。此种染色膏无毒无刺激性，即使宠物犬染完色常常舔毛，也不会影响宠物犬的健康。如果在染色过程中不慎把染色膏掉进眼睛里，也不要惊慌，只要用眼药水迅速冲洗就可以了。

给宠物犬用的专用宠物染色膏是不会掉色的，毛发长长后，颜色还是很漂亮，不像人类头发染后长出新发时，会有一道难看的分界线。也因为不会掉色，只能等宠物的新毛长出来之后，把带颜色的毛剪掉，才能换另外的图案。建议染完色后最少也要过两个月再去给它更换新的图案。在染毛时要帮助美容师固定宠物犬，不让它乱舔乱动，以免破坏染好的造型。所以染色前主人应该和美容师商量好需要染的颜色和样式，只要美容师的技艺高超，走出来的就会是一只漂亮的宠物犬。但不要过于频繁的染色。因为虽然染色膏对宠物犬无害，但总是更换形象会让宠物犬很难适应。如果主人不能及时表扬它，它就会变得自卑；而总是表扬它，它就会盼望染色，甚至不换装不愿出门。

猫等小动物很容易受到惊吓，不好控制，而且个体较小，染色起来比较困难。所以，对这类小型宠物的染色，需要做好充分的准备工作。

三、染色方法

针对不同品种的宠物犬，根据它们的骨骼生长、毛量、毛质的不同，所选择的美容方案也不相同，染色的方法与设计的形象也不尽相同。

（一）感性花朵——桃花小子：

1. 所用材料

宠物专用的染发膏（粉色、紫色）。

2. 工具

直剪、牙剪、染发梳、染发专用小碗、锡纸。

3. 选择对象

白色贵妇犬。在鲜花遍地开的早春，犬也要沾带点花的气息。色彩炫目、强调立体、突出造型，花朵们不只色彩鲜艳地弥漫于布料之上，还很随性的被雕刻在宠物犬的身上。

4. 染色前的准备

（1）进行整体修剪。

（2）在雕刻梅花的位置留出 2～3cm 的毛发，用剪刀修成花朵的形状。

（3）修成的形状用直剪修边。

（4）用牙剪做最后的局部修整。

5. 步骤

（1）尾巴上的毛发用紫色的染色膏染色。

（2）染修小梅花时，先用紫色的染色膏染花心部分，之后再用粉色的染色膏染花瓣部分，染色时要用染发梳轻轻地从发尾梳到发梢，颜色要涂均匀。

（3）让染发膏充分浸入到毛发当中，用锡纸包裹。

（4）30min 后取下锡纸，彻底清洗毛发。

6. 搭配

紫色的花心和尾巴上的紫色遥相呼应。白色的毛发把炫目的粉色花朵衬托得分外娇艳。千姿百态的柔美花朵最能代表春天犬的心情（图7－1）。

（二）俏皮可爱的毛驴装

1. 所用材料

宠物专用染发膏（蓝色、褐色、粉色）、宠物专用橡皮圈若干。

2. 工具

染发梳、染发专用小碗、锡纸（也可用保鲜膜代替）。

3. 选择对象

白色贵妇犬。

4. 染发前的准备

（1）染色前要梳理毛发，去除毛结。

（2）清洗过后，吹干毛发。

（3）进行整体修剪。

（4）安排好染色步骤，先染部位小、颜色使用少的部位，再染大面积的、颜色使用多的部位。

5. 步骤

（1）先进行局部上色。身上的鬃毛和尾梢用褐色的染发膏染色；肚皮和部分腿毛染成粉色；上色后用锡纸包裹好。

（2）其余的毛发用蓝色染发膏进行大面积染色，染色时要用染发梳轻轻地从发尾梳到发梢，颜色要涂均匀，注意一定要让染发膏充分浸入到毛当中。

（3）等待约30min后取下锡纸，彻底清洗毛发。

6. 搭配

在所有颜色中，蓝色最容易与其他颜色搭配。蓝色的毛发配以褐色的鬃毛，加上肚皮上的点点粉色，让犬看起来调皮可爱，倒真和小毛驴有几分相似（图7－2）。

图7－1　感性花朵

图7－2　毛驴装

（三）彩虹女郎的初体验：

1. 所用材料

宠物专用染发膏（粉色、紫色、黄色、蓝色、绿色）、宠物专用橡皮圈若干。

2. 工具

染发梳、染发专用小碗、锡纸。

3. 选择对象

西施犬。长相甜美可爱的西施犬毛量丰富，如不经常打理，毛发就会打结，而且过长的毛发还会挡住眼睛，必须经常修剪。在以往的美容体验中，西施犬经常被打造成可爱的小公主造型，如果在修剪的基础上再进行局部挑染，效果会更加出色。

4. 步骤

染发前彻底清洗犬的毛发，这样染色时容易上色。

（1）进行整体修剪，尤其是染发的部位要修圆、修齐。

（2）用直排梳梳起一缕毛发，在与皮肤间隔约 2cm 处用一根橡皮圈固定。

（3）在犬的左右腿上分别梳大概 3～4 个小辫。

（4）染色时只需染橡皮圈两端的毛发即可，用染发梳从毛发根部向下染，染后无需用锡纸包裹。

（5）染好后约 30min 后再给犬洗一遍澡。

5. 搭配

如果觉得染色还不够新鲜，还可以运用颜色艳丽的假发、水晶珠珠等配饰来配合彩虹女郎的打造（图 7－3）。

图 7－3　彩虹女郎

（四）疯狂摇滚时尚标——快乐鸡冠头

1. 所用材料

宠物专用染发膏（橘色、紫色）、带金属钉的项圈、宠物柔顺发胶。

2. 工具

染发梳、染发专用小碗、锡纸。

3. 选择对象

贵妇犬。重金属的摇滚风是不是很刺激呢，当然也要让宠物犬体验一把，不羁的鸡冠头，铆钉皮带金属链的项圈，不经意的小装点就能让宠物犬秀出朋克风格，展现另类反叛气息。

4. 染发前的准备

（1）染色前要给宠物彻底梳通毛发，梳掉脱落的死毛，解开毛结。

（2）清洗毛发，但要注意防止将洗发剂弄到犬的眼睛或耳朵里。冲水时要彻底，不要使洗发剂滞留在犬的身上。

（3）进行必要的修剪，尤其是染发的部位要修圆、修齐。

（4）宠物柔顺发胶不仅能定型，还能起到护发的作用。它含有防止宠物毛发凌乱和打结的成分，使犬的毛发变得光滑，有光泽且不会留下含油物质。

5. 步骤

（1）对要染色的部位进行彻底吹干。

（2）将充满染色膏的梳子轻轻地从发根梳到发梢，颜色要涂均匀。

（3）让染发膏充分浸入到毛发当中，用锡纸包裹。

（4）包好后用橡皮圈固定，等待约 30min。

（5）30min 后取下锡纸，彻底清洗毛发。

（6）染发后进行整体修剪。

（7）修饰头顶的毛发，用宠物柔顺发胶进行最后的定型。

6. 搭配

充满反叛气息和怀旧风格的金属钉，是朋克一族的最爱。为犬选择这样一款带着些许不羁的项圈饰品，会让犬的奢华装扮中带有自由个性（图 7－4）。

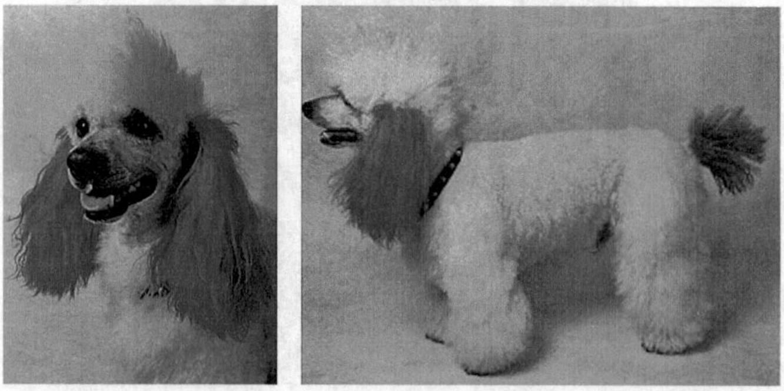

图 7－4　疯狂摇滚

（五）非红不流行——红火过年装

1. 所用材料

宠物专用染发膏、颜色鲜艳的假发、宠物专用橡皮圈若干。

2. 工具

染发梳、染发专用小碗、锡纸（也可用保鲜膜代替）。

3. 选择对象

白色京叭犬。京叭犬毛色雪白，无杂色，是非常适宜染色的对象。但是它的毛发稍显凌乱而且缺乏跳跃的色彩。为了迎合节日的欢乐气氛，先对它进行简单的修剪，然后在耳朵、尾巴梢的位置进行挑染。

4. 染发前的准备

（1）染发前给宠物彻底清洗毛发，毛发一定要吹干。

（2）进行必要的修剪，尤其是要染色的部位要修圆、修齐。

5. 步骤

（1）利用直排梳，把尾巴上的毛发均匀地分成几缕。

（2）挑起犬尾巴上一缕毛毛，用染发梳轻轻地从发根梳到发梢，颜色要涂均匀。

（3）让染发膏充分浸入到毛发当中，用锡纸包裹。

（4）包好后用橡皮圈固定，等待约30min。

（5）30min后取下锡纸，彻底清洗毛发。

（6）染发后进行整体剪修。

6. 搭配

在染色的基础上，也可以给宠物犬准备一件红色的唐装进行搭配。购买有艳丽色彩的假发和醒目的红色唐装，可以让宠物犬的整体造型显得非常丰富，既增加了搭配的层次感，又可以调节全身的色彩（图7－5）。

图7－5　红火过年装

第二节　宠物包毛方法

美容术语中有一个词"整理"，通常是指为参加选美大赛的宠物犬或是全身留有长毛的宠物犬实施被毛保护的一种美容方法，也称包毛。因此，包毛的对象往往是西施犬、马尔济斯犬、贵妇犬、约克夏犬。

对长毛宠物犬的长毛置之不理的话，容易拉断和弄乱，有必要捆扎一下。将犬毛包卷起来，使毛发亮丽柔顺，但有时候也会发生因包毛用具制作不佳而造成意外，破坏了这项服务的效果。

因此，学会正确梳理后的包毛方法，对避免意外的发生是非常重要的。

宠物犬包毛的位置很多，无论哪个位置，基本原则是不能伤它的皮肤，也不要伤了它的皮毛。最重要的是要注意选取适当的位置和包裹的犬毛数量。将一次性取出的犬毛放在美容纸上用手指按住，包得既不要太松，也不要太紧。

一、包毛必备的用具

齿梳、兽毛梳、木柄梳、针梳、包毛纸（美容纸）、蝴蝶结、橡皮圈、剪刀、梳子、宠物犬用专用爪子剪、袜子、纸胶带。

（一）美容纸

1. 功用

保护毛发及造型结扎支撑使用。

2. 说明

长毛犬发髻的结扎，以及全身被毛保护性的结扎，皆需使用它来固定，以便与橡皮圈做阻隔缓冲。

3. 种类

（1）美式　混合塑胶成分，有利于防水，但透气性较差。

（2）日式　颜色多样化，美观但不防水。

4. 好的美容纸需要具备下列条件

（1）透气性好，伸展性好，耐拉、耐扯，不易破裂。

（2）长宽适度（长 40cm、宽 10cm）。

5. 注意

以手工制造的棉纸最好，它纸面分布有不规则的纤维丝，强韧耐撕。

（二）橡皮圈

1. 功用

结扎固定使用。

2. 说明

美容纸、蝴蝶结、发髻、被毛的固定，以及美容造型的分股、成束都需要使用不同大小的橡皮圈，一般最常使用的通常是 7 号、8 号，超小号的使用很少，大都是专业美容师在犬展比赛中使用。

3. 种类

大小不分，以材质分类有以下两种。

（1）乳胶　不粘毛，不伤纸，但弹性稍差。

（2）橡胶　弹性好，价格低廉，但会粘毛。

二、包毛注意事项

1. 包毛的目的

宠物的包毛有两个目的，一是保护犬毛；一是防止前额的毛发进入眼睛，以及保持口和肛门周围的清洁。无论出于哪个目的，包毛的方法都一样。脸部的毛发在饮食的时候容易弄脏，最好一天包一次。

2. 宠物犬的情绪

稳住它的情绪是最重要的。看看宠物犬是不是能很快安静下来，如不行，把它放到比较高的地方，它很快就安静了。刚开始，最好让它趴下来。如果它头老是乱动，最好请人帮忙把它的头稳住。包完毛后不管好不好看都给它一些零食作为奖励，让它下一次乐于包毛。

3. 弄痛犬毛与皮肤

有时美容纸的切口会碰伤犬毛和皮肤。另外，犬毛包如果被宠物犬用四肢搔抓，或是在和其他宠物犬玩耍时被拉住，都可能发生脱发或断毛的情况。

4. 误食

有时也会发生这样的事例。掉下来的毛包，被宠物犬误食，误食后，如果不能同粪便一同排出体外，就得接受外科手术处理了。

三、包毛的过程

包毛是借助美容纸将毛发包裹起来加以保护，同时，能使毛长得更长，也可以防止长毛弄脏。包毛可以在头部、嘴巴附近及耳朵侧面、躯干、胸部等一切需要保护的部位上进行。

为了使宠物的长毛更美观，包毛应当按正确的顺序来进行。

先把包毛纸按长 18cm、宽 10cm（也可根据宠物的毛的长度定）的尺寸裁好，然后把一边（左还是右根据你的习惯来定）折起 3cm 的宽度。（这里我们假定为左边折起）底边按 2cm 的宽度折三折，放一边待用。

（1）梳完毛以后，擦点发油，可增加毛发的营养与滋润感。

（2）从尾巴开始包起，用齿梳分出尾巴四周的毛发。

（3）将包毛用的纸垫在毛的内侧，长度要能包住毛。

（4）将毛包在包毛纸里面，折成三折。

（5）尾巴抬高，将包毛纸对折。

（6）配合毛的份量，再次对折。

（7）用橡皮圈小心地绑起来，不要绑到尾骨。

（8）包毛后左右轻拉一下，避免里面的毛打结。

（9）肛门下面的毛平分，用齿梳梳出一边的毛；再依相同步骤包毛。

（10）屁股左右的毛包好后，确认不会妨碍宠物犬活动。

（11）抓起后脚上方的毛，梳直以后再包起来。

（12）颈部和背部的毛对分，但不要把线分的太直，一般一边分3～4撮，梳起后包起来。

（13）以相同步骤包好左右两侧的毛，确认不会妨碍宠物犬活动。

（14）接下来要包脸上的毛；先从额头包起。

（15）脸部的包毛，注意别绑的太紧，让宠物犬觉得不舒服。

（16）然后是前胸毛，按毛量分为若干撮，一次包起来。

（17）全身的包毛结束后，后脚要穿上袜子，免得踢掉了脸部的包毛。

（18）为保护毛发和包毛，再让它穿上衣服。为了让宠物有个整体的感觉，可以选用同色系的包毛纸、衣服和袜子。

（19）配合宠物犬后脚的尺寸，用不要的布剪一双小袜子给它穿。

（20）穿好之后，缠上纸胶带固定，不要绑太紧。

操作时要注意不要把宠物的毛发揪下来。因为把毛卷成卷容易结成硬团，应当每隔2～3天放开后重新梳理后再卷起来。

有些犬如西施犬、马尔济斯犬、约克夏犬等长毛犬，在进食前为了不让嘴边的毛发碍事，也为了不弄脏毛发，最好对其进行包毛。用美容纸将嘴两边的毛发包起来，用橡皮圈扎起。注意不要将下巴上的毛发同时包进去，否则，就张不开嘴了。橡皮圈也不要扎得太紧，否则可能会弄伤皮毛。在进食后，用湿毛巾擦净嘴周围的饭渣即可。

四、与包毛相关的装饰

包毛主要是针对某些长毛犬种的一种保护被毛的措施，但有时也会在对头部包毛的基础上稍加修饰，让宠物看起来更加活泼。

（一）材料的选择

1. 美容纸

2. 纸质的饰品

如蝴蝶结、纸花。

3. 松紧带

目前市场上可以购到色彩鲜艳的各类松紧带。大多是为配合美容纸、饰品或发带而生产的。也有直接戴到犬身上，不需美容纸的松紧带。

4. 发带

发带的种类、式样都很多。最好不要选用易和犬毛缠到一起、被误食后会伤害内脏的和带有会发出很大声音的铃铛的发带。

（二）饰品装饰的过程

1. 蝴蝶结的做法

（1）用具　美甲液、剪刀、塑料珠等饰品、各种彩带、线、尺子。

（2）制作过程

1）把彩带裁成10cm和8cm的两段，且分别对折使其成环状，再在折处（即中间位置）剪一5mm的小口作为中心位置的标记。

2）分别返折，把缝线返折到内侧形成两个彩带环。

3）将10cm的彩带环放在下面，8cm的彩带环放在上面，从后往前用针在中心位置处穿过。

4）在起初的中心剪口位置，用线将蝴蝶结紧紧扎起。

5）为了撑起蝴蝶结的形状，在蝴蝶结的四个环分别插入一支圆珠笔杆。

6）安插小饰品，为了隐藏线脚，要在其背侧缝。

7）在蝴蝶结背面的中心位置处，将两个环状橡皮圈合在一起缝在蝴蝶结上，并使其与蝴蝶结垂直。

8）为了使其更富立体感，应涂上透明指甲液，这样蝴蝶结就不会走形，而且更富光泽，完全干透大约需要30min。

2. 蝴蝶结的妙用

用梳子梳理额头上的毛发，将其扎成一束，将美容纸卷成适当的大小，折叠用纸包起来的毛发，使其长4～5cm。用纸将毛发卷起后直竖在头顶上，偏前或偏后都不好，用橡皮圈在中间位置将纸固定，再加上蝴蝶结即完成。将头顶的毛发束成一束，朴实、漂亮，长毛犬把毛发再拧几圈，其效果会更好。

3. 蝴蝶结装饰两耳

用梳子梳理并分开毛发，然后用美容纸夹住，用对叠的美容纸将毛发紧紧卷起，把美容纸再卷小一点，长度约为1.5～2cm。用橡皮圈在中间位置将美容纸固定住后，再在上面安上蝴蝶结即可。耳朵的根部装饰蝴蝶结是最适合短毛犬的装饰方法。

最后要注意，摘除橡皮圈时，先用梳子端挑起橡皮圈，然后用剪刀剪断橡皮圈。直接用剪刀剪，容易误伤毛发；系蝴蝶结时，在犬的下巴下垫上毛巾等物，既可使头部稍微抬起，又让宠物犬轻松些，从而便于操作。

第三节　宠物形象设计与服装搭配

一只披毛长曳及地的西施犬或马尔济斯犬是相当吸引人的。不过想将一身亮丽的披毛整理的一丝不苟，可就不是一般人能做的到的。

像可卡及大多数的㹴类，必须一直维持着那副独特的造型，因为经过刻意修剪出的漂亮外型，才是它们的迷人所在。要不然，长时间不修剪毛发，外型会截然不同，可能丑的让你无法接受，就像只流浪犬一般，你可能完全分不出它的品种为何。

一般的宠物，可以依家人的需求或喜爱，来为它修剪出各种造型，或是嫌造型麻烦时索性剃光，但是剃光的爱犬虽然好整理，可是它所呈现的模样可能就是剪短后的那副笨拙的外观，除了属于犬的自身灵性外，毫无美感而言。

其实美容只要是整理干净，清爽，保留原有的造型即可。尽管麻烦，但是能够让你的宠物犬始终光鲜亮丽。

一、形象设计

犬的美容方法很多，我国正逐渐开展这方面的工作。各地可根据犬的体型特点，依照犬本身的特点，按取长补短、掩饰缺陷、突出优势的原则选择合适的美容方法，为犬设计更加合适、更加理想的形象。宠物形象设计的基本原则是：头小的犬，要把头上方的毛留长些，并剪成圆形。而且脖子上的毛发要自然下垂，耳朵部分的毛发也要留长，这样形状才会美观。至于头大的犬，就要将头上的毛剪短，而脖子上的毛不需剪短。脸长的犬，应将鼻子两侧的胡须修剪干净。眼小的犬，把上眼的毛剪掉两排左右，看起来就有放大的作用。脖子短的犬，可通过修剪脖子上的毛来改善其形状。并且在颈中央剪深点，这样能使脖子看起来长些。躯体长的犬，可将胸前或背后的毛剪干净后用卷毛器将躯体的毛卷的蓬松一点，这样会使躯体有一种变短的感觉。背部低而较短的犬，可前后剪短，并且将脚部的毛发剪成略细的棒状，这样看起来就有高的感觉。腿弯的犬，只要把腿上的毛留长一些，这样看起来就显得粗直了。

（一）猎狐㹴的基本形象设计

猎狐㹴机警、行动迅捷、表情热切，期待挑战，身型精致，站立姿势极具平衡感，其较小的身体洋溢着活力，被毛刚健，下毛短柔且丰厚。嘴巴处的毛卷且长。对于刚毛猎狐㹴，其被毛属于刚毛，因此需要通过定期拔除或切削来护理。

颈部和背部的长毛都要拔去，但背部的毛发比颈部稍长。颈前和前胸到肘部的毛剪短。肩部毛要拔平。脚尖剪成小圆形。胸以下过长的毛剪掉。腰部的毛拔得短于胸部，腹部散乱的软毛进行修剪。大腿中部到飞节处过长的毛拔掉。尾部的毛不要剪得太短，但尾根后侧要剪短。臀部靠近尾根处的毛要剪短，向大腿方向逐渐加厚。头顶毛要剪短，眉毛要留得长，使其遮盖眼上部，眼角毛要剪短。两腮的毛由口角向后拔短。从两眼内侧向口角方向把毛拔掉。鼻梁的毛要剪短，使之与头顶成一直线。吻部的毛要留长，从咽到颈部的毛要剪短。耳的表面要剪得特短，内侧的毛也要剪短，边缘要剪齐。

（二）北京犬的基本形象设计

优良的北京犬的外貌特征应是有美丽的长毛、丰满的鬃毛和各部位的饰毛。头顶平且宽，耳朵与头顶平，紧贴于头部，颈部短而粗，背线很直，胸部广而深，尾根高，有多量长的饰毛，被毛粗但有柔软感。耳、腿、四肢、尾、趾部有多量饰毛，特别是颈部的鬃毛，长而多。根据这些特征分别对北京犬进行冬装与夏装的设计。

1. 北京犬夏装的形象

主要以短、整齐、美观、凉爽为主。

先将其身体、四肢及肚皮的毛发全部推掉，离皮肤的长度大约3～4cm。然后将其尾部修剪成圆球状，使其尾巴翘在背上时呈一个非常蓬松的球状。而后将其尾部的毛发修剪成半圆形或一字形。额头及整个脸部修剪成一个圆形。肚皮的毛发用电剪剃得非常干净，将皮肤完全暴露。四肢的脚底毛应用脚底毛剪修剪得非常干净。如指甲过长也应一同剪掉，再用弯剪将四肢脚掌部的毛发修剪成圆形即可。

2. 北京犬冬装的形象

对脸部较薄的毛可修成与脸部形状相同的形状。而脸部较粗硬的毛（须、触毛等）可小心剪短。耳朵以有长而密的毛为佳，但脸部最好不要有太多的毛，耳部的底毛可修剪掉。肚皮外的毛应由腹部向胸部内侧与外侧看不到的部位将其全部剪掉。腿部外侧的毛发应与胸腰部的毛发同样长短。内侧的毛发可略短于外侧的毛发，四个脚掌修剪成圆球形。尾巴的毛发修剪成半圆形，使其卷曲在背上时成为一个整个的球形。臀部的毛发也应沿其分界处的部位，稍加修剪成半圆弧形，使其与躯体、鬃毛及底毛相一致。

（三）西施犬的基本形象设计

标准西施犬的外貌应是全身被长毛所覆盖，头盖为圆形，宽度一定要广，耳朵大，有长而漂亮的被毛覆盖，耳根部要比头顶稍低，两耳距离要大，躯体圆长，背短，但保持水平。颈缓倾斜，头部高抬，四肢较短，为被毛所覆盖。尾巴高耸，多为羽毛状，向背的方向卷曲向上，长毛密生不可卷曲，底毛多为羊毛状。体躯的被毛由正中线向两侧分开。

（四）马尔济斯犬的基本形象设计

标准式的马尔济斯犬，具有长长的、绢丝般光泽的被毛。身躯较长，较矮，全身为纯白色丰满的长毛。但其眼和鼻为黑色，行动活泼，高傲胆大，颈部约为身高的1/2，给人一种强有力的感觉，卷尾上扬于背部，有丰茂而柔长的放射状饰毛，给人以十分高雅的感觉。头部要注意，马尔济斯犬的头部，鼻两侧的毛发应左右分开，在修剪时与下颌部的毛发共同修剪。而且马尔济斯犬耳内长有丰富的毛发，应将其全部拔出。

（五）贵妇犬的基本形象设计

贵妇犬的美容最复杂，形象也最多。为了参加展览，应按一定的规格修剪，不能随便剪，以免影响美观，但作为家庭宠物，为了使犬凉爽和适当的美观，可按“荷兰式”修剪。

头顶部的毛发应剪成圆形，长度适中，可留下胡须。面部、脚踝以下和尾巴根部的被毛都应剪短，臀部、肩部和前肢的毛剪成长约4cm，而将腰部和颈部的毛剪短，看上去好像穿上了“牛仔裤”一样。尾尖部应剪成一个大毛球，这样不但好看，而且使人感到清爽与醒目，也不至于发生湿疹。

（六）博美犬的基本形象设计

标准博美犬的基本形象应充满美与活力，性情温顺，走路很有活力，表情开朗，头的轴形特长，头盖扁平，耳只占头部的极小部分，脸以短小为好，眼睛凹陷、卵形。给人以小而幽雅的感觉。胸部不要太深，自喉头、胸部至前肢应呈一直线，尾根部稍高，不要太低，长粗的饰毛应保持在背部中央部分。

（七）可卡犬的基本形象设计

可卡犬背毛中等长度，质地平展或成波浪式，有光泽，耳、胸、腹和四肢有较长的饰毛，毛色有黑色、白色和褐色，头颅呈圆形，吻宽，呈方形，眼圆形、暗色，耳大下垂并被长饰毛覆盖，身材短而结实，紧凑，四肢强劲，肌肉发达，尾部翘。其表情亲切，行动灵活。

（八）松狮犬的基本形象设计

松狮犬外形极像狮子，其身上长有浓密的被毛，其基本形象即为狮子形象。将双耳修剪成小的三角形，四爪的毛发修剪成球形即可。之后，将整个头部的毛发修剪成为一个整体的大圆形，尾巴修剪成扇形，使其在上翘的时候正好形成一个圆球形。

（九）约克夏犬的基本形象设计

约克夏犬以身体长有长长的被毛，毛质如丝般顺滑光亮而闻名。该犬体型较小，性情温顺可爱。其基本形象设计可参考西施犬。

（十）日本狆的基本形象设计

日本狆体型较小，被毛中长，毛色为黑白相间，眼睛大而圆，体毛柔软而蓬松。首先，将其头部的毛发修剪成扇面状，胸前侧的毛发修剪成类似山羊胡的形状，体躯的毛发以在肘关节上方为宜，将胸及肚皮两侧的毛发修剪成对称的两条横杠。尾巴的毛发将其尖部稍做修剪即可，四肢的修剪以内侧短的毛发为准，将其长出的部分修剪成与短处一样的长度即可。四爪修剪成圆形，脚底毛修剪干净，尾巴修剪成球形，臀部同样修成两个半圆形即可。

（十一）蝴蝶犬的基本形象设计

蝴蝶犬体型娇小，优雅、动作灵活，其特点是像蝴蝶一样的耳朵。蝴蝶犬被毛丰富，丝样长毛下垂、直而有弹性。背部和身体两侧的被毛平滑，胸部有装饰毛，没有下毛。头部、前肢前面和后肢从脚到飞节部的被毛短而紧密，耳部的被毛长，内侧面被毛中等长度，丝样，前肢的后面有装饰毛，至前脚跟处逐渐减少，后肢的装饰毛似裙裤。尾部覆盖直而长的被毛，脚上的毛短，脚趾上有丛生的细毛。

（十二）阿富汗猎犬的基本形象设计

阿富汗猎犬的后腿、臀部、侧腹、肋、全身和腿覆盖浓密、光滑而且质地良好的毛发，耳朵、四肢和脚也被毛发很好地覆盖着，肩的前面，并从肩向后沿着脊背在侧腹和肋以上，毛发十分短而密集，成年犬背部十分光滑，这是阿富汗猎犬的传统特征。它的毛发无需修剪和装饰。它的头部被毛长而光滑，被顶髦所覆盖。前腿腕和后腿腕有时长有短毛。成年犬背部长有一层短毛。该犬的基本形象即为其本身的形象。

（十三）卷毛比熊犬的基本形象设计

卷毛比熊犬被毛的质地相当重要，内层被毛柔软、稠密；外层被毛稍微粗糙、卷曲。触摸被毛柔和、踏实、有摸丝绒和天鹅绒的感觉。躯体经过修剪后，从任何角度看都是圆的，头部、嘴部、耳部和尾部的毛稍微留长，使头部给人以圆形的感觉。背中线修剪成水平，被毛留足够长，保证外表好看。

（十四）西藏狮子犬的基本形象设计

西藏狮子犬被毛双层，毛丝质。面部和腿前部被毛光滑，体毛中等长度，平伏。耳朵和前腿后面饰毛良好，尾和臀部生有长毛，颈部有较长的鬃毛，雄犬比雌犬明显，趾间饰毛伸出脚面，被毛不应过厚。雌犬应比雄犬的被毛和鬃毛量少。

以上这些都是特有的犬种所必须维持的标准造型，对于短毛犬其胡子需要修剪、肛门四周、尾巴内侧的披毛需要修饰，耳朵要清理，被毛要维持光亮，甚至有些因掉毛或皮肤问题所造成的外观上的瑕疵，还得仰赖专门色料去修补。

也就是说，每只宠物犬都有属于自己犬种造型上的要求，名犬的养成和维持可是要花费许多的心血，耐心整理和保养，才能有那光鲜亮丽的外表。

二、宠物发型的设计

宠物造型的设计可以通过对毛发的修饰来改变。即使是同一只宠物，也可以根据主人的喜好不同，对宠物的发型进行不同的设计，来改变宠物表现出来的个性特征。以西施犬为例，可以做如下的发型设计。

1. *充满活力的短发*

年轻充满活力的短发，是最流行的西施犬发型。剪去四脚端和腹部多余的长毛，留下耳朵和尾部的长毛，这样不会有损于长毛犬的魅力。

方法：剪短脸上的毛，凸现表情，仔细梳理耳朵，梳理眉毛，并剪齐，剪短鼻子和下巴上的毛，使脸成圆形，可以给人留下深刻印象。注意：剪脸周围的毛时，务必使犬脸朝上，切记不要把剪刀对着眼睛，用一只手托住下巴固定犬的脸，这样便于操作。剪后的犬腿部显得修长，臀部上提，显得苗条。

2. *充满魅力的长发*

躯体和四肢的长毛保留，这是西施犬本来的发型。在赛犬会上经常可以看到这样的发型。出生后的一年，便可以长成这样的长毛。几乎要盖住眼睛的长毛以及拖到地板上的长长的体毛，使西施犬看起来像穿着长裙的贵妇人般优雅。

方法：尽量不要剪犬毛，使其长长。小心梳理，注意不要起毛球。如果出现了顽固的毛球，必须剪去。用美容纸将犬毛包起来保护好，这样不仅可以保护犬毛，还可以保持口和肛门周围的清洁。注意：不经常梳理的话，犬毛容易被弄脏和拉断。因为西施犬的毛很多，为了留长毛，仔细梳理照料是必不可少的。

3. 又炫又酷的半长发

留长脸周围和背部的毛，介于长发和短发之间，是很有品味的发型。剪身上的毛时以不碰触到地面为准。因为剪短了脚端的毛，散步也好，外出游玩也好，就不容易弄脏了。

方法：将脸周围的乱毛剪齐，使脸看起来清爽。身上的毛不用剪齐，而是尽量保持自然形态，简单地修剪。将腿周围的毛剪短，防止弄脏。仔细将脚剪成圆形，突出趾甲。与短发型相比，保留了背部长毛的飘逸感，脚端的毛被剪短了，又显得轻快。注意：剪掉容易起毛球的肋下的毛。为了防止在地板上打滑，别忘了剪掉脚底肉垫之间的毛。

4. 备受大家瞩目的科尔风格

长重的大耳朵，又直又浓的长发，这种特征的发型是非常有个性的发型。体毛留长些，突出腿脚的厚重感。

方法：剪短脸周围的毛，留长耳朵的毛，毛尖轻轻剪齐。剪短背上的毛，腿脚上的毛多留些，突出厚重感。梳理时务必小心，不要起毛球，也不要把毛弄乱了。将毛发从上到下直落下来，使其具有流动般的线条感。注意：这种发型的关键在于毛的厚重感，建议肥胖的犬采用这种发型。仿佛从上到下留下来的线条感。另外，腿周围的毛又多又长，容易弄脏，所以对其的清洁整理非常重要。

三、宠物服饰形象设计

为提高宠物服装整体质量，国内纺织行业2007年10月16日首次出台《宠物狗服装》行业标准。这是我国首次针对宠物服装制定相关标准。新标准将从2007年11月1日起正式实施。由此可见，宠物的服饰已日益得到人们的重视。

宠物的形象设计不仅体现在毛发的修饰，随着人们对宠物的关爱程度日益升高，服饰的修饰也逐渐进入了宠物行业的美容日程。

（一）宠物服装裁剪的测量方法

一件漂亮合身的宠物服装，穿在宠物身上不仅会让它本身感到舒适，而且还会招来其他人羡慕的眼光，使身为主人的你倍感荣耀，也满足了宠物们小小的虚荣心。

那么，怎么才能使宠物的服装既合身又漂亮呢？第一步就是量体，大家都知道，人类在做衣服之前先要量三围，其实宠物和人类一样，也是要量三围的，然而宠物的三围和人类的三围测量部位是截然不同的，从宠物的角度来讲，它们的三围应包括：颈围、胸围及身长。

首先是颈围。颈围就是指宠物脖子的周长，换句话就是平时戴颈圈的位置的周长，这个位置是一件衣服领口的所在地，领口不可太肥大，更不可太狭小，一般测量放出1cm即可。

其次是胸围。胸围是指它们的前腿根处最宽的地方的一圈周长，通常情况下，这里也会是宠物们全身最胖的地方，由于这个地方毛厚肉多，所以测量的准确性很难把握，一般测量至少要放出2～3cm。

最后是身长。这里所指的身长并不是它们整个的身长，而是从它们的颈后到尾根处的长度，要注意的是，在测量身长的时候，一定要让你的宠物站直，身体充分展开，不要趴着或卧着，如果这样会使测量尺度的准确度大打折扣。

以上三个部位是制作宠物服装最基本的测量部位，如果需要制作更精致的服装，最好再量出它们的腿长、两前腿间的距离、下身长度（雄犬可稍短，雌犬稍长）等，有些特体的犬还需要具体部位具体测量，例如：有些宠物由于营养过剩而形成了啤酒肚，那么在它的服装制作过程中腹部一圈的尺寸就要多放出一些，这些最好由专业的宠物服装制作人员亲手为你的宠物测量，这样可大大提升测量的精准度。

全部测量结束后就可以开始制作了，也可以交给专业的宠物时装设计制作人员，他们就会为你的宠物设计制作出一件既美观又合身的服装了。

宠物服装的尺寸经过很多专家的实践和实验，已经总结为以下八个号类，仅供主人们参考（单位：cm）。

号码	背长	周长（胸围）	前腿长
1	23～31	33～40	＜13
2	31～36	40～46	13～15
3	36～44	46～56	15～18
4	44～54	56～63	18～22
5	54～60	63～70	22～26
6	60～69	70～78	26～31
7	69～77	78～86	31～36
8	77～86	86～92	36～43

（二）几种服装的搭配

1. 公主风格

（1）服装及配饰　小皇冠头饰、大裙摆公主裙（粉色、蝴蝶结、蕾丝花边）。

（2）搭配　用蕾丝、薄纱、缎带、蝴蝶结把宠物装扮成甜美的小公主。丝缎公主裙，穿出宫廷的华丽感，让宠物活泼又高贵；精致的水钻发饰，让宠物多了一份高雅的公主气质，增加宠物的华丽感，有锦上添花的作用。镶有蕾丝、缎带、蝴蝶结的公主裙做工繁琐，宠物穿戴起来也很费工夫。一般在日常生活中不建议给宠物穿戴，但在出席宴会或小型聚会时，穿上公主裙的宠物会成为宴会上的焦点。目前，在宠物服装店可以定做宠物公主裙（图7－6）。

图7－6　宠物公主裙

2. 情侣装

(1) 服装及配饰　情侣装，风格一致的项链。

(2) 搭配　情人节是彩色的，情人节的宠物们也可以穿上鲜艳的情侣装。在情侣装中采用同色调或对比色调都是可行的办法，或者索性直接把相同的色彩元素穿插其中，都是很好的选择。细节更能显现真情，一个和谐的图案或者一对风格一致的项圈，就足以让宠物们体味到爱情带来的美丽心情。从色彩上入手，服装上大面积用同一色块搭配会更悦目；运用相同款式不同颜色的服装，增加休闲装的亲和力；军装风格的情侣衫、迷彩系列，都是最通用的爱的语言；简单大方的吊带短裙与圆领运动衫是最好的搭配(图7-7)。

图7-7　情侣装

3. 海滨风光

(1) 服装及配饰　面料轻薄的沙滩装、防晒帽。

(2) 搭配　热带风情如一袭清冽的海风，优美的海岛最适合放松心情，蔚蓝的大海、一望无垠的沙滩是大自然最好的景致，为宠物准备好可爱的沙滩装，在美丽的海滩上，它们就变成最耀眼的明星。轻薄的面料，抢眼的红色在蓝色背景中跳脱出来，备受青睐。热带花朵图案的太阳帽，为心灵带来一些快乐的色彩（图7-8）。

4. 百变休闲

(1) 服装及配饰　鲜艳颜色、俏皮图案的休闲服。

(2) 搭配　迎着和风，向着阳光，开着爱车，带着宠物，奔向郊外，体验与大自然完美的和谐。放松身心的最好方式就是贴近自然。在秋季里为宠物选择一件休闲服，是不错的选择。但休闲服要尽量选择轻薄、透气的面料，否则初秋时节，给原本没有汗腺的宠物犬穿上衣服无疑是“雪上加霜”，犬体内的热量更难散发。宠物的衣服也要勤加换洗。在给宠物挑衣服时应注意选择合适的尺码，因为宠物衣物过大或过小都会影响其行动。给宠物穿衣还要注意领口、脚口不要过紧，否则会让宠物喘不过气，十分难受，还会束缚它的行动（图7-9）。

图 7－8　海滨风光

图 7－9　百变休闲

5. 浪漫秋季

（1）服装及配饰　梅粉色呢子风衣三件套、铃铛项链。

（2）搭配　呢子面料成为秋季外套材质的上上之选。给宠物添置一件梅子粉红的小外套，更能体现它优雅可爱的一面。在整体搭配上更要注意细节，大宽领的裁剪、铃铛项链的配饰，这些装扮让乖乖听话的宠物立即变身为可爱的小淑女。感觉酸酸甜甜，如山楂般的梅子粉红小外套，大宽领的裁剪与配套的围巾礼帽设计，呈现小女孩般的纯真可爱，十分迷人。精致而修身的款式与婉约的颜色相配合，最能打造出时尚简约的淑女风格。相同质地和颜色的围巾与小帽不仅能表达出可爱和优雅，更多了一份暖暖的感觉（图 7－10）。

6. 唐装风韵

（1）服装及配饰　一件做工精细、裁剪合体的宠物唐装。

（2）搭配　新年新气象，唐装其实也可以被宠物穿得很时尚，穿出个性。个性的张弛，品味的显露，给人留下难以忘怀的印象。那么如何为宠物选择一件合适的唐装呢。

1）毛色较深或偏暗的宠物在选择颜色的时候，应尽量选择明亮的暖色系，这会让它们看起来更精神，也更喜庆。

2）蓝色服装最容易与其他颜色搭配。不管是近似于黑色的蓝色，还是深蓝色，都比较容易搭配，而且，蓝色具有紧缩身材的效果，极富魅力。生动的蓝色搭配红色，使宠物显得妩媚、俏丽。

3）团花是中国传统装饰纹样之一。宠物穿上这些有团花图案的唐装，很有时尚感。款式上也要有所变化，在选材、搭配上融入新的时代气息。比如把圆领改成方领，把对襟改成偏襟等。

4）给宠物选择唐装的面料最好是织锦绸缎。另外，在唐装的领口或袖口添上一圈绒毛装饰，与精致盘纽相搭配，别有一种奢华感（图 7－11）。

图 7－10　浪漫秋季

图 7－11　唐装风韵

7. 亲子装

（1）服装及配饰　亲情母子装、亲情父子装。

（2）搭配　以亲情为纽带的母子装、父子装、家庭装正在悄然兴起。就像情侣装走俏一样，妈妈和孩子穿一样款式的服装，走到街上，特别引人注目。亲情一样可以在宠物服装的设计中表现得淋漓尽致。把宠物的图案画在衣服上，宠物和主人穿着同款式、同色系的衣服。在橙色纯棉 T 恤衫的背上，镶嵌宠物图案更是亲子装的一大亮点（图 7－12）。

图 7－12　亲子装

四、猫项圈的选戴

与犬相比，猫较不适合穿着服饰，尤其长毛猫。有人喜欢给猫穿上一件类似衣服的毛背心，这对渴望自由、讨厌束缚的猫来说是一件烦心的事。如果一定要让猫的形象靓丽起来，可以为猫选择项圈。为了让猫适应项圈，先给它带上轻软的丝带，卷起来的宽松度有2个手指宽即可。太紧的话，会勒到猫脖子，太松的话，前爪会伸进去，将会很危险。

在项圈上附上有猫名和主人电话号码的金属片，或在项圈背面写上猫名或主人电话号码，这样，万一猫在外出玩耍迷路时，路人就可以根据猫脖子上的电话号码联系主人了。

当猫渐渐习惯戴项圈以后，选择与猫毛相配的装饰物会使猫看起来更加可爱，也可以让它戴上附有小铃铛的装饰物，更会增加猫的魅力。

复习题

1. 对宠物进行染色时需要注意什么问题？
2. 需要包毛的犬种有哪些，包毛的目的是什么？
3. 宠物形象设计的基本原则是什么？

第八章　犬猫整形术

在犬猫的美容方法中，除了常规的美容技术外，还有一种美容方法就是犬猫的美容整形术，属于医疗美容范畴，除了为符合参赛犬种的标准外观外，也可以为了防止一些疾病对犬造成的伤害，犬的整形术即是通过外科手术的方法对犬猫的外形和瑕疵进行矫正，达到美容的目的，在美容整形术中需要运用外科手术技术，因此需要专业的宠物医生完成。常见的美容整形术有断指术、立耳术、裁耳术、断尾术等，下面就分别加以叙述。

第一节　立耳术

立耳术是为了美容的需要，部分切除耳部组织，使耳由垂下状态变为直立状态的手术。一般针对犬而言，猫由于自身的美容特点，基本不需要进行立耳术。对于某些品种犬如大丹犬、拳师犬、波士顿犬、雪纳瑞等，为使耳竖起达到标准的外貌要求而施行此术。最佳手术年龄在 8～12 周龄，年龄越大，手术成功率越低。犬耳测量的部位是耳翼的中央与头的连接处。一般来说，年龄小的，耳部可保留稍长些。公犬的耳朵应比母犬长些。整容后的耳应当近似喇叭形。耳的长度与施术犬年龄的关系如表 8 - 1 所示。

表 8 - 1　犬立耳术中犬的年龄与耳的标准长度

品种	年龄	犬耳长度（cm）
小型雪纳瑞犬	10～12 周龄	5～7
拳师犬	9～10 周龄	6.3
大型雪纳瑞犬	9～10 周龄	6.3
杜伯文犬	7～8 周龄	6.9
大丹犬	7 周龄	8.3
波士顿犬	4～6 月龄	尽可能长

（一）耳部局部解剖

耳廓内凹外凸，卷曲呈锥形，以软骨作为支架。它由耳廓软骨和盾软骨组成。耳廓软骨在其凹面有耳轮、对耳轮、耳屏、对耳屏、舟状窝和耳甲腔等。

耳轮为耳廓软骨周缘；舟状窝占据耳廓凹面大部分；对耳轮位于耳廓凹面直外耳道入口的内缘；耳屏构成直外耳道的外缘，与对耳轮相对应，两者被耳屏耳轮切迹隔开；对耳屏位于耳屏的后方；耳甲腔呈漏斗状，构成直外耳道，并与耳屏、对耳屏和对耳轮缘一起组成外耳道口。盾软骨呈靴筒状，位于耳廓软骨和耳肌的内侧，协助耳廓软骨附着于头部。耳廓内外被覆皮肤，其背面皮肤较松弛，被毛致密，凹面皮肤紧贴软骨，被毛纤细、疏薄。

外耳血液由耳大动脉供给。它是颈外动脉的分支，在耳基部分内、外 3 支行走于耳背面，并绕过耳轮缘或直接穿过舟状窝供应耳廓内面的皮肤。耳基皮肤则由耳前动脉供给，后者是颞浅动脉的分支。静脉与动脉伴行。

耳大神经是第二颈神经的分支，支配耳甲基部、耳廓背面皮肤。耳后神经和耳颞神经为面神经的分支，支配耳廓内外面皮肤。外耳的感觉则由迷走神经的耳支所支配。

（二）适应症

（1）某些犬品种的评定标准需要，如美国拳师犬经剪耳后，就显得颈长、骨骼匀称，不显粗大，步法爽朗，轻巧，也有气势，嘴皮阔而垂下，使体型线条与耳型配合。

（2）因耳廓软骨发育异常，引起“断耳”，使耳下垂，影响美观。为了美容需要切除部分软骨，恢复耳廓正常竖耳姿势。

器械：常规外科手术器械，断耳夹、肠钳。

麻醉与保定：全身麻醉配合局部麻醉。俯卧或横卧保定，垫高并固定犬头部。

（三）术式

两耳剃毛、清洗、术部常规消毒，外耳道塞上干棉球，除头部外，犬体用灭菌创巾隔离。头部不需覆盖创巾，以利于最大限度地显露手术区域，便于两侧的耳朵进行比较对照。

1. 确定切除线

将下垂的耳尖向头顶方向拉紧伸展，用尺子测量所需耳的长度。测量是从耳廓与头部皮肤折转点到耳前缘边缘处，在两耳后缘耳屏和对耳屏软骨下方即耳与头交界处皮肤各剪一个三角形缺口，确定保留耳的长度。将对侧的耳朵向头顶方向拉紧伸展，将二耳尖对合，用一细针穿过两耳，以确实保证在两耳的同样位置上作标记，确定切除线，并用标记铅笔标明。在切除顶端剪一裂口，将两耳对齐拉直，在另一耳相应位置剪一裂口，确保两耳保留一定的长度。

用一对稍弯曲的断耳夹子分别装置在每个耳上。装置位置是在标记点到耳屏间肌切迹之间，并尽可能闭合耳屏。每个耳夹子的凸面朝向耳前缘，两耳夹装好后两耳形态应该一致。牵拉耳尖处可使耳变薄些，牵拉耳后缘则可使每个耳保留的更少些。耳夹子固定的耳外侧部分，可以全部切除，而仅保留完整的喇叭形耳，此时需注意保留耳部的皮肤应呈现松弛状态，以便在切除后还留有多余的皮肤进行修整和闭合切口。

2. 切除耳廓

当犬的两耳已经对称并符合施术犬的头形、品种和性别时，助手固定欲切除耳廓的基部和上部，术者左手在切除线外侧向内顶托耳廓，防止切除时刀头推移使皮肤松弛。在耳夹子腹面耳的标记处，用锐利外科刀以拉锯样动作切除耳夹的腹侧耳部分，使切口平滑整齐。除去耳夹子，对出血点进行止血，特别要制止耳后缘耳动脉分枝区域的出血，该血管位于切口末端的三分之一区域内，可采用钳夹法、结扎法或应用肾上腺素进行止血。彻底止血后，修平创缘。按同样方法修剪对侧耳廓如图 8－1 所示。

3. 缝合耳廓

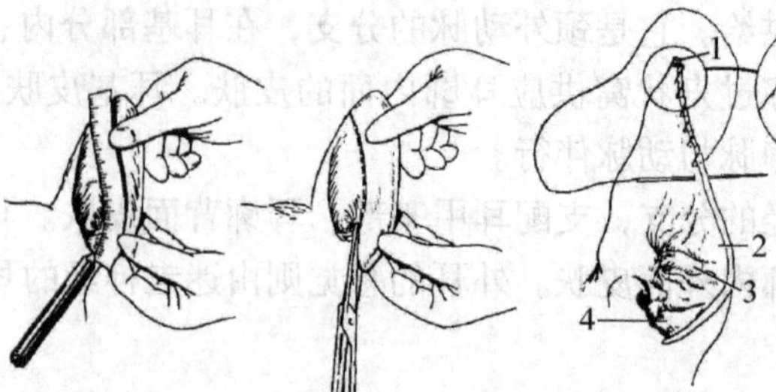

A　　　　B　　　　C

图 8-1　立耳过程*

A. 切除线的标记　B. 切除耳廓　C. 缝合方法

1. 耳尖　2. 耳腹部　3. 对耳轮　4. 耳屏

（*侯加法　小动物外科学　中国农业出版社）

用四号丝线距耳尖 6～12mm 做简单连续缝合，先从内侧皮肤进针，越过软骨缘，穿过外侧皮肤，如此反复缝合。针距 8mm 左右。这样抽紧缝线时，外侧松弛的皮肤可遮盖软骨缘，耳尖处缝线不要拉得太紧，否则会导致耳尖腹侧面歪斜或缝合处软骨坏死。缝合线要均匀，力量要适中，防止耳后缘皮肤折叠和缝线过紧导致耳腹面屈折。缝完 7～8 针后（有的需要到耳腹部），改用全层（穿过皮肤和软骨）连续缝合，有助于增加此处的缝合强度。但部分软骨因未被皮肤遮覆暴露在外，影响创口的愈合如图 8-2 所示。

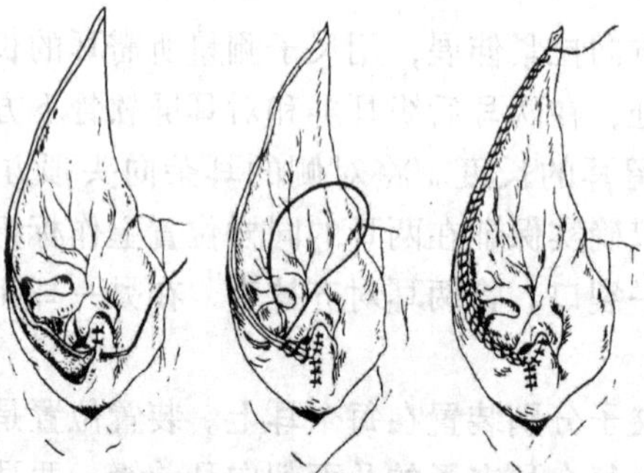

A　　　　B　　　　C

图 8-2　另一种耳廓创缘缝合方法*

A. 仅结节缝合耳屏处皮肤切口　B. 连续缝合皮肤创缘

C. 耳廓创缘完全闭合，在耳尖缝线部打结

（*侯加法　小动物外科学　中国农业出版社）

另一种缝合方法是从耳基部开始。先结节缝合耳屏的皮肤切口（不包括软骨），其余创缘均做皮肤的简单连续缝合，当缝至耳尖时，缝线不打结。这种缝合方法有助于促进创口的愈合，减少感染和瘢痕形成。

（四）术后护理

术后患耳必须安置支撑物、包扎耳绷带、限制耳摆动，防止耳朵整形后发生突然下垂，促使耳竖立。支撑物可用纱布卷、塑料管、塑料注射器筒、泡沫塞、纸筒及金属支架等材料。将锥形支撑物填塞于外耳内，锥体在下，锥尖在上。将耳直立，用胶带将耳由基部向上呈“鸠尾”形包扎，为防止粘连创缘，可在两耳创缘处铺垫纱布条。最后两耳基部用胶带做“8”字形固定，确保直立状态。术后7～10天拆除缝线。拆线后如果犬耳突然下垂，可继续用填塞物塞于犬耳道内，并用绷带在耳基部包扎，5天后解除绷带，若仍不能直立，再包扎绷带，直至耳直立为止。

第二节 裁耳术

裁耳术是由于病理性因素或美容需要部分或全部切除耳部组织的手术。裁耳术包括立耳术，犬猫均可实施裁耳术。实施裁耳术的犬猫大部分是因为病理性的因素，导致耳组织发育异常或影响正常的生理活动，因而需要将发生病理变化的耳组织切除，从而满足生理需要。最初裁耳术的目的是为了避免某些品种的犬耳在打斗或狩猎过程中妨碍行动，易对自身造成创伤，从而进行耳部裁剪，以减少自身损伤的可能性，以后逐渐演变成为某些品种犬的外观评判标准而延续为立耳术，一些病理性因素引起的犬耳组织发生病理性变化，则必须实施裁耳术，以保证犬的健康。

一、适应症

（1）因耳廓软骨发育异常，影响美观，需切除部分软骨，恢复耳廓正常结构。

（2）因耳部肿瘤、耳部疾病等病理性因素，需将部分耳组织切除。

（3）某些品种的犬为了参展需要，需将外耳组织全部切除。

（4）某些品种的犬由于耳部组织过于发达，影响行走及采食，需要将部分耳组织切除。

二、器械

常规外科手术器械，夹耳钳或肠钳。

三、麻醉与保定

全身麻醉配合局部麻醉，俯卧或横侧卧保定，垫高并固定犬头部。

四、术式

术部常规清洗、消毒，犬体覆盖创巾，暴露头部，在病变部位的近头端健康耳组织处标记预定切除线，切除线在确保完全切除病变部位的同时，要保证耳廓的形状，力求美观。用夹耳钳或肠钳夹住预定切除线的近头端，用手术刀切开预定处皮肤，钝性分离皮肤和软骨，向耳根方向分离1cm，在该处切除软骨，双耳要保持对称状态，以符合外观审美需要，对于较大的血管进行结扎止血，必要时可配合使用肾上腺素，钳夹3～5min，松开夹耳钳或肠钳，充分止血后，修整软骨及皮肤创缘，预留皮肤要盖过软骨组织，防止缝合时皮肤过于紧张，导致软骨暴露于皮肤外侧，撒布消炎粉或青霉素粉，耳部皮肤缝合，创口碘酊消毒，做耳部结系绷带。

五、术后护理

术后3～5天，拆除耳部结系绷带，创口碘酊消毒，防止感染，术后8～10天，拆除缝合线，犬可全身应用抗生素，佩戴伊丽莎白项圈，防止犬抓挠，如果病理组织切除完全，则通常在术后10天左右即可痊愈。

第三节　断尾术

断尾术是由于病理或生理性的原因将犬的尾巴部分或全部切除的一种手术。根据手术方法不同可分为结扎法和手术法。结扎法主要适用于刚出生不久的幼龄犬，手术切除法主要适用于成年犬、猫。

一、适应症

（1）尾部畸形　尾椎向下生长或呈螺旋尾，影响排粪，致使尾根皮肤皱褶、蓄积皮脂、汗液及粪便，进而发生脓皮病，引起局部瘙痒、感染的犬和猫。

（2）尾部疾病　尾部肿瘤、溃疡，尾的严重损伤、骨折、皮肤撕脱及尾部神经麻痹的犬和猫。

（3）美容修饰　主要适用于犬，最初进行断尾术的目的是防止某些品种的犬在打猎时过长的尾巴被一些低矮的树丛刷伤。延续至今则演变成为以美容为目的的修正适于某品种特征的尾形，以符合犬的国际标准。此种断尾术仅适用于参加犬展的犬。只是为了饲养宠物而不参加犬展的犬，则不需要断尾，除非主人有特殊要求。

需要断尾的犬种有约克夏犬、雪纳瑞犬、迷你杜宾犬、可卡犬、拳师犬、丝毛㹴犬、多伯曼犬、德国短毛波音达犬、威斯拉犬、洛威拿犬、威马娜猎犬等。剪尾的长短须视品种而定，通常德国短毛波音达犬常剪至尾长的1/3或2/3、威斯拉犬只剪去尾长的1/3；洛威拿犬只剩一尾节，几乎近至尾根部；多伯曼犬却应在第一或第二节尾骨处剪断，看起来要与脊椎骨相连，切忌软垂或过长；迷你笃宾犬剪至第三节尾骨处，以竖起为佳。对于不参加犬展的犬，断尾长度一般视主人的审美要求而定。

二、器械

外科常规手术器械、止血带。

三、麻醉与保定

幼犬断尾不需麻醉，犬握于手掌内保定。成年犬和猫断尾需全身麻醉或硬膜外麻醉，取胸卧位保定。

四、术式

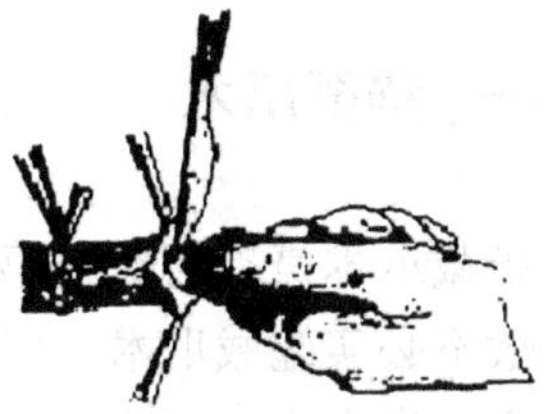

图 8－3 犬断尾术*

（*林德贵 兽医外科手术学（第四版） 中国农业出版社）

根据断尾的年龄分为幼犬断尾术（结扎法）和成年犬、猫断尾术（外科手术法）。需断尾的长度根据品种或畜主的要求而定（图 8－3）。

1. 幼犬断尾术

最适年龄为犬出生后 7～10 天，其优点是出血少、应激反应小。尾部常规清洗消毒。于幼犬尾根部放置止血带或橡皮筋，于截断部位扎紧，结扎部后面的尾巴很快会肿胀、坏死、干硬脱落。结扎部位消毒，防止母犬舔试结扎部位，如果尾巴不能自行脱落，则需要进行人工手术切除，术者一手握住预断尾前方尾根部，向前推移皮肤，另一手持骨剪或手术剪剪断尾部，手松开皮肤恢复原位，上下皮肤创缘对合，包住尾椎断端，进行结节缝合，后解除止血带，创口装置结系绷带。放回母犬处，保持犬窝清洁，术后 5 天拆除缝线。

2. 成年犬、猫断尾术

会阴部和尾部清洗干净，剃毛，消毒，肛门临时作荷包缝合。在术部上方 3～4cm 处用止血带结扎止血，防止术中出血过多。将尾部固定，保持在水平位置。根据需要确定预切除尾椎的位置，将尾部皮肤向上推进 1～2cm，用手术刀环形切开尾部皮肤，剥离皮下组织，找到尾椎间隙，用手术刀切断尾椎肌肉和筋腱等相连组织，从椎间隙截断尾椎，切除多余尾部，对于尾椎侧方和腹侧的小血管进行结扎或钳夹止血，或应用肾上腺素止血。松开止血带，彻底止血，撒布消炎粉。对尾部皮肤创缘进行修剪，形成“V”字形背腹皮瓣，包埋骨端，连续缝合皮下组织，皮肤结节缝合。为防止断端形成血肿，在缝合皮肤时应连带部分肌肉组织以减少空隙形成。切口用碘酒消毒，装置尾绷带，拆除肛门周围缝线。

五、术后护理

给予易消化食物，增强机体抵抗力，术后全身应用抗生素，将犬置于清洁干燥环境，保持尾部清洁卫生，防止术部感染，犬佩戴伊丽莎白项圈，防止其舔咬伤口。每天更换绷带，并涂布碘酒，3 天后拆除绷带，保持伤口清洁，术后 7～10 天拆除缝线。

第四节　断指术

断指术可分为猫的截爪术和犬的悬指切除术。

一、猫截爪术

猫截爪术是指切除猫第三指（趾）骨和爪壳的手术。截爪后其爪壳可终身不长。后肢爪一般不必实施截爪术，以便猫行走时与地面牢固接触。一般在6～12周实施为宜。这个时期手术出血少，术后并发症低，手术简单有效。

（一）爪的解剖

猫的第三指（趾）骨由两个主要部分组成：爪突和爪嵴。爪突是一个弯的锥形突，伸入爪甲内，爪嵴是一个隆凸形骨，构成第三指（趾）骨的基础，其近端连接第二指骨的远端，远端为爪突。深指（趾）屈腱附着于爪嵴的掌（跖）侧，总指（趾）伸肌腱附着于爪嵴的背侧。指骨基部突起部叫爪嵴，是指伸、屈肌腱、韧带及背侧韧带的止点。背侧韧带是两条弹性组织，因受指深屈肌腱牵制而使爪被动地处于背屈状态。爪的生发层位于近端爪嵴，是爪的切断部位，只有将生发层全部除去，方能防止爪的再生长。若有残留生发层存在，在几周或一个月，能长出不完全的或畸形的角质爪见图8－4。

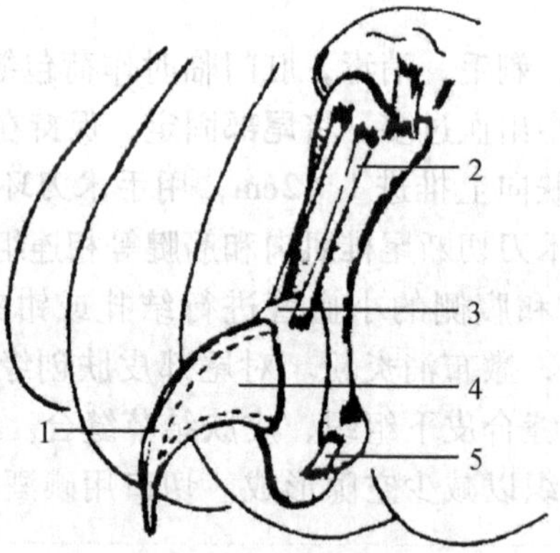

图8－4　猫爪解剖图*

1. 爪壳 2. 背侧弹性韧带 3. 爪嵴 4. 爪突 5. 侧韧带

（*侯加法　小动物外科学　中国农业出版社）

（二）适应症

（1）猫爪的基部损伤，使用保守疗法无效时，施行截爪术。

（2）健康猫喜欢破坏家具、地毯和抓伤主人，危害性较大，故而实施截爪术。

（三）器械

外科常规手术器械。

（四）麻醉与保定

爪壳的基部对疼痛的反应极为敏感，因此采取全身麻醉配合局部浸润麻醉方法，猫采取侧卧或胸卧保定。

（五）术式

指（趾）端剪毛，消毒，助手提起需做手术的患肢，用纱布条或乳胶管在肋上方结扎臂部。根据猫的年龄不同，手术方法可以分为截爪钳截爪术和第三指节骨切除术。

1. 截爪钳截爪术

适用于幼年猫爪截除。该手术时间短，操作简便。切除时，应将第3指节骨背侧全部切除。同时不能损伤指垫，否则会引起局部出血和手术后疼痛。切除线见图8－5。

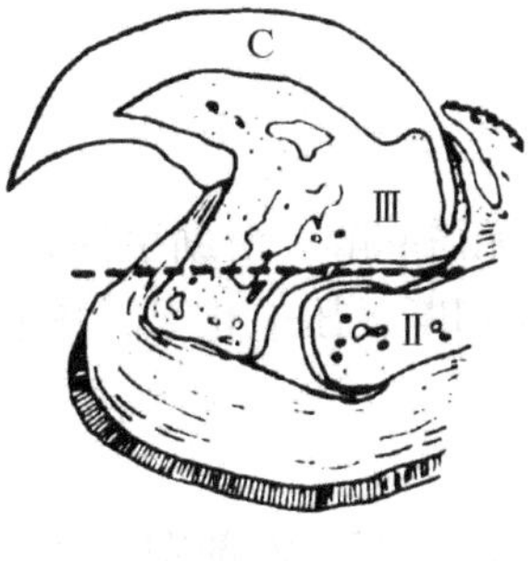

图8－5 猫爪切除线*

C. 爪甲 Ⅱ. 第二指（趾）骨 Ⅲ. 第三指（趾）骨

（＊侯加法 小动物外科学 中国农业出版社）

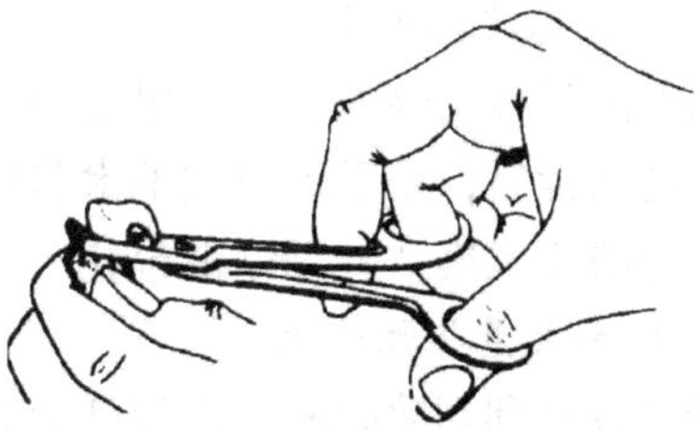

图8－6 截爪钳截爪*

（＊侯加法 小动物外科学 中国农业出版社）

术者拇指向上推压指垫，使爪展露，暴露整个第三指。另一手持截爪钳，套入第三指，在背侧两关节间将第三指剪除如图8－6所示。其他指爪按此方法截除。待一肢指爪全部截除后，松开止血带。彻底止血后，每一指皮肤创缘缝合1～2针。最后用绷带包扎患脚。

2. 第3指节骨切除术

适用于成年猫的截爪术，这种手术方法切除完全，出血少，但操作过程比较复杂。

术者一手持止血钳，夹住爪部，用力向枕部曲转，使背侧关节皮肤紧张。另一手持手术刀，在爪嵴与第二指骨间隙向下切开皮肤、切断背侧韧带，暴露关节面。再沿第三指节关节面向前下方运刀，将关节两侧皮肤、侧韧带、屈肌腱及其他软组织一次切断。当切到掌面时，再沿第三指节骨掌面向前切割，这样，可避开指垫。第三指节骨切除后，按上述方法止血、缝合和包扎。

（六）术后护理

术后24小时拆除绷带，术后第一周限制外出活动，保持地面干净，以免创口污染。

二、犬悬指切除术

犬悬指切除术是指切除犬悬指的手术。悬指又叫悬爪或副爪，是犬的第一指，通常第一趾退化完全，因此临床上的悬指（趾）切除术主要指的是悬指切除术。

（一）适应症

（1）常用于宠物犬，切除后方便剪毛和修饰。有时也用于猎犬前肢悬爪的切除，防止其在复杂地形活动时被撕裂。

（2）美容需要，悬指切除术更多地是为了追求美观，美国养犬俱乐部建议约 26 个品种犬采用悬指切除术。

（二）麻醉与保定

犬全身麻醉，侧卧或仰卧保定。

（三）术式

1. 幼犬悬指切除术

幼犬的悬指切除术一般在出生后 3～4 天进行，动物无需麻醉，由助手握在掌中保定，术部清洗消毒后，用手术刀或手术剪在第一和第二指节间切断，压迫止血，皮肤缝合或不缝合，为防止感染，外用绷带包扎。

2. 成年犬悬指切除术

若错过早期切除时间，需等到犬 2 个月龄以后或成年时进行。术部剃毛消毒，做无菌处理后，用止血钳夹住悬指爪部，向外拉开，使其与肢体分开，用手术刀围绕悬指（趾）做椭圆形的皮肤切口，分离皮下组织，暴露第一掌骨和近端指节骨。将指拉起，分离深部组织，直到指节骨与掌骨分离，钳夹或结扎止血后，再切断关节，结节缝合皮下组织与皮肤，创口碘酊消毒，装置结系绷带（图 8－7）。

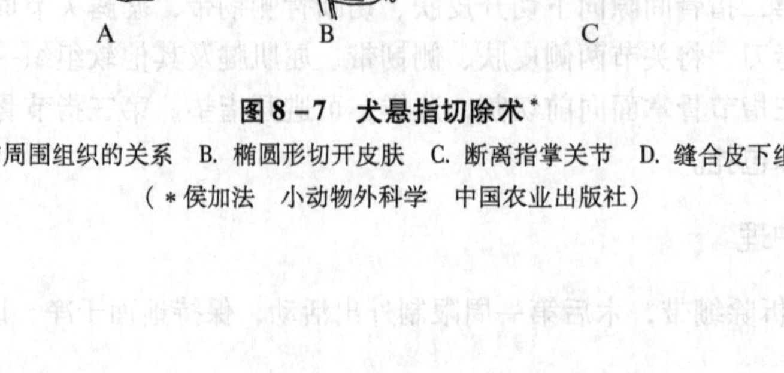

图 8－7　犬悬指切除术*

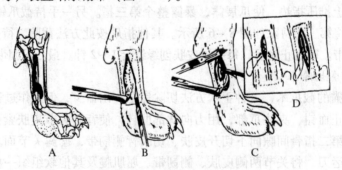

A. 悬指与周围组织的关系　B. 椭圆形切开皮肤　C. 断离指掌关节　D. 缝合皮下组织和皮肤

（*侯加法　小动物外科学　中国农业出版社）

（四）术后护理

每天更换结系绷带，创口消毒，3 天后拆除结系绷带，7～10 天拆除缝合线。

复习题

1. 简述犬裁耳术的手术过程。
2. 简述犬断尾术的手术过程。

第九章　宠物美容店的经营与管理

第一节　宠物美容店基本的经营对策

一、经营对策的六个要点

（一）宠物美容店经营过程中要格外重视口碑效应

要想经营得好，一定要和顾客交朋友，不仅要提供好的服务，还要留住顾客。据某宠物美容店经营专家介绍，留住顾客的第一步就是提供好的服务，就算顾客仅仅是买一袋狗粮，也要求店员热情和耐心地接待顾客。

（二）在剧变的社会形势下，同业者的差距在逐渐拉大，经营者必须注意企业及社会发展的动向

（三）宠物美容业是指把“发型”及美丽的容姿带给顾客的行业，必须具备时尚先驱的作用

宠物美容要跟上时尚的潮流，小狗的趾甲长了，容易抓伤人；脚底的毛长了，走路容易打滑；身上的毛脏了，发散异味并容易传播疾病。因此，宠物要定期洗眼、洁耳、修毛、刷牙、剪趾甲，补充一些微量元素，这样才会更健康，毛皮更光滑漂亮。

美容可以保持宠物清洁卫生，维持宠物健康。在宠物美容时，美容师会检查宠物的披毛有无大量脱落，有无皮肤红肿、生疮，宠物是否营养不良，还会检查犬只耳朵和眼睛是否发炎等。

除了健康理由外，宠物美容更是一种时尚潮流，美容技巧配合修剪技术可以把宠物的优点凸显出来，也可根据个人爱好和地区的不同，给宠物做出不同造型，使宠物宝贝更容易打理。宠物也会因为外表的改变而更有自信心，更讨人喜欢。

（四）在竞争云集的宠物美容业，最重要的是具备其他店铺所没有的独特性

这主要表现在美容技术、待客服务、店铺形象三个方面。没有独特风格的宠物美容院也就是失去生意兴隆之路的宠物美容院。

（五）宠物美容院的技术不单指机械式的技术，而是指人的手和心的技术

在现代时尚的社会里，要想成功，首先必须要得到别人高度的评价。因此，宠物美容院一定要有水平和态度俱佳的美容师。

（六）评价一间宠物美容院的好坏，不能以其规模大小而定

不管美容院的规模如何，我们都应从员工对顾客的服务水平来评价宠物美容院经营成功与否。

二、适应社会的形势

（一）学习别人的经验

在争夺围棋、象棋的胜负时，通常旁观的第三者比下棋的人更能准确地预测大局，从而得到正确的判断。

宠物美容院的经营也完全与此相同。去看一看人家的店铺或与其店主促膝谈心后，就能意外地发现自家店铺内部该改善的地方，以及自家店铺经营的好坏之处。

目前，专门的宠物美容店越来越多，服务越来越完善，竞争越来越激烈，要搞好宠物美容店，必须有高招。

要想把宠物美容店经营得好，宠物美容店必须选在宠物比较集中的地方，店面一定要洁净舒适，设置需完善、专业高档。经营宠物美容店一定要留得住常客，喜欢养宠物狗的大多是比较富有的小情侣或者贵妇人，他们有爱心也有耐心，您的店里最好能够放置一些关于宠物的杂志。

目前，一些宠物美容店还发放宠物美容优惠卡，宠物会员收费 150 元到 200 元不等，宠物会员一年内的美容费用可享受相应优惠。

随着宠物业的繁荣，很多店主也不再单一经营，除了提供宠物美容外，还进行宠物医疗，经营宠物服装、宠物日用品、宠物摄影等。对您的宠物，美容店还提供各种难度不同的训练，训练它不吃别人的东西，定位大小便等，收费也从 100 至 300 元不等。如果您要外出而不能照料宠物，美容店还提供宠物寄养。同时，为了招揽顾客，有些美容店还免费为宠物寻找配偶。

总之，在现今被称为信息化时代的社会里，为了发展经营，最重要的还是要多吸收外来的东西，从中学习到适合自家宠物美容店的经验。如果只是墨守成规，那么就犹如一只“井底之蛙”，永远无法成功。因此，对于宠物美容店的经营者来说，最重要的不只是要懂得宠物美容技术，也要懂得跟上时代变迁的脚步。

（二）效益以服务为前提

由于宠物美容店过度的价格竞争，常会使其不太注意卫生服务方面的工作。所以，要吸引顾客前来消费，除了采取低价格政策外，最重要的还是要注意服务、卫生品质，让顾客觉得到美容院消费是一种享受。也可以说：“服务品质”是吸引顾客的

根本。

（三）对将来充满自信

如果社会形势不稳定，那么要想维持宠物美容店的经营也不会是一件容易的事。因此，必须要会预测社会形势的发展，采取自我防卫的对策。

然而，大多数经营者都不知道采取对策的前途在何处。由于通货膨胀而造成物价上涨，许多宠物美容店的经营产生很多问题。尽管如此，仍应设法维持经营。

“忍”字再加上机会到来所产生的“力”，就等于“成功”了。宠物美容业是人对宠物进行美化的服务行业，因此，顾客的评价是很重要的。如果能得到好的评价，不久的将来就能得到大家的认同。因此，要突破宠物美容院经营的“瓶颈”，必须对自己过去的技术以及未来的技术和信用充满信心，全体员工一起努力。

对于未来的宠物店主人来说，优秀的店员、高品质的货品以及服务口碑就是三大核心竞争力。一旦经营得当，必将为自己开创广阔的市场。

三、宠物美容店选址的决策

宠物美容店选址的决策过程相对比较复杂，选择成本也较高，而且一旦选定不宜变动。一般来说，如果店面位置好，即使经营策略一般，也较容易获得成功；如果选址不佳，经营者再有能力也往往难以弥补这一缺陷。

店址的选择是开店经营中灵活性最差的因素，需要考虑多种因素，包括周边人群的规模和特点、宠物的数量情况、同行竞争情况、交通的便利性、附近商家的特点、房产成本（租金成本）、合同期限、人口变动趋势以及相关的法律法规等。

据北京派多格宠物生活会馆的侯先生介绍，对于不同模式的宠物美容店，都有一定的选址规律可循。在人流较为密集地区以及商业区，交通便利，但环境过于嘈杂，且价格相对较高，适合以产品销售为主，宠物美容和寄养相对较弱。而在花鸟市场，经营较成气候，货源流通量很大，而且成本很低，但产品售价相对较低，竞争激烈，也适合以产品销售为主，不宜做宠物美容和寄养。如果选择开在中高档的居民小区里，那么可以考虑用品销售、美容和寄养等全项目经营。

此外，鉴于宠物美容店的消费群体比较特殊，宠物美容店的选址要注意一些细节方面的问题。首先要考虑的是宠物主人的人群特征。由于一些名贵宠物的主人多是驾车带着自己的宠物过来消费，因此店址的选择要考虑到消费者停车的便利。其次，有很多地方是禁止有宠物通行的，在选址的时候一定要考虑到这点。最后，如果有寄养宠物的服务，一定要考虑到宠物发出的声音是否会干扰到邻居的正常休息。

四、好的货品品质是核心竞争力之一

在货品品质方面，投资者一定要严格把关进货渠道。建议在开店初期，最好选择知名品牌的生产厂家。比如，目前国内市场上比较有名的宠物用品品牌有宝路、伟嘉、康多乐、为斯宝、冠能希尔思等。对于有保质期的货品，可以减少进货量，增加进货次数，而对于一些比较昂贵的产品，为了增加资金的流动，可以采取顾客预订的方式，这样可以避免库存带来的成本提高。

五、招聘专业店员

在招聘店员的时候，基本条件就是要对动物有爱心，最好是养过宠物的人士或者是专业的宠物美容师等。其次就是具备相关的专业知识，至少能够识别宠物的品种。当然，如果没有合适人选的话，不妨让店员先参加一些相关的宠物知识的培训，这样店员上岗后才能得心应手。此外，有的宠物美容店会提供比较综合的服务，例如宠物医疗，这就需要投资者花比较大的成本来招聘专业的宠物医疗师了。注意，一定要招聘有实际经验的美容医疗师，这样可以减少事故的出现。一起宠物的医疗事故足以让一家宠物店经营失败。

人们喜欢带宠物到美容店消费，因为店里有专业水准的美容师，帮助宠物做一些主人在家里没办法做好的环节，让心爱的小宝贝能在这里变得更漂亮、更得体、更健康。专业的宠物美容店一定要有专业的宠物美容师，要了解各种宠物的性格、特点，学习宠物的饲养、保健医疗、护理知识。

给宠物美容，有一系列严格的美容工序。给宠物理毛是头道工序。那些毛打结、眼红肿、“黏屁股”的“垃圾宠物”一到宠物美容店，宠物美容师先要娴熟地把它们全身的毛梳开。接下来，再给宠物掏耳朵、剪趾甲、洗眼睛，并清洗宠物眼睛下面褶皱里的污垢。等宠物被洗得一干二净后，再将宠物带进恒温房间，用去污力强、无刺激、能还原毛色的宠物香波为它们洗浴，洗浴完毕，还要再用吸水毛巾替它们吸干水分，再用电吹风吹，梳理狗毛。最后一道工序是对宠物进行修饰，修剪其胸部、后腿、四蹄及头上的杂毛……要熟练地完成这些工序，技术上就一定要过关，高超的美容技术是宠物美容店生存的必备条件。目前，我国宠物美容师按技术水平分为：C级、B级、A级宠物美容师和高级专业宠物美容师。

第二节　美容院管理的基本构想

一、店铺的效用

如果说美容院的“美容技巧”和“顾客服务”是产生利益的源泉，那么美容院的“店铺”和“设备”就是顾客来美容院的根源。也就是说，店铺的状况是否良好，会对顾客来美容院消费的意愿有很大的影响。对于店铺的效用，可从以下各方面来讨论：

（一）从美容方面而言，必须符合以下几点

（1）作为美容活动来经营；
（2）以投资效果来评定；

（3）以促进经营来发展；
（4）以服务顾客为基础。

（二）从顾客方面而言，必须符合以下几点

（1）具有现代气息；
（2）可满足美容心理需要；
（3）交通便捷；
（4）满足顾客对服务的需求；
（5）干净、有信用。

二、店铺设备的基本要点

（1）店铺的设备必须给予顾客现代感；
（2）必须给予顾客最大的效率；
（3）必须让顾客感觉到独创性、个性和表现性；
（4）必须适合顾客层次；
（5）必须适合附近的地理位置；
（6）必须具有充满效率和时尚的美容技术；
（7）店铺的效用面积和活动空间必须充分地灵活运用。

由于宠物美容店的活动性质是从事与美容有关的各项事务，所以“店铺的现代感和现代情调”是不可缺少的。另外，还必须重视让顾客满意的技术以及店铺的风格。即使店面较小的宠物美容店也应具有竞争者所没有的亲切感和热忱。

所谓“店铺的现代性”，大多是根据感觉来评价的。也可以解释为：与其他同行相比，领先二三年的风格。

如果把美容与领导时代潮流作为宠物美容店的活动内容，那么将美容店经营成富有魅力、具有现代感也是很重要的。当然，房屋的装饰和设备，无法时常更新。但如果能在贵宾室的镜子前面，安排适当的摆饰或者偶尔改变一下窗帘的颜色，让顾客能有新鲜感，也能达到很好的效果。

评价店铺的现代性，是以店铺的外观、内部装潢设计、美容机器的配置、柜台的形象、使用材料等为主的外观上的判断。而外观装潢得再气派，如果不能适合周围环境的顾客层次，以及提供亲切周到的服务，也无法成为顾客所喜欢的店。

所谓“店铺的便利性”，对顾客而言，是指来店里美容时感到很方便，而且对店里的服务感到很满意；对员工而言，也能轻松且尽心地工作，不会感到不方便。

“店铺的个性”，就是说与其他的店相比，能令人感到有独创的魅力，能呈现出美的形象，顾客愿意光临。因此，唯有掌握流行的动向，才能体现出合乎时尚的个性来。

第三节　店铺的布局与形象

从布局中能反映出此店的形象。店铺本身的形象，是消费者首先对它能否产生兴趣的关键。店铺的布局是对形象的总体表现，而且店铺的形象，对能否吸引过路的行人进来且最终成为顾客，也是很重要的。店铺的形象，不仅能从外观上吸引顾客们的兴趣，而且店内的内部装饰和器材的设置，也起到令顾客产生信赖感的作用。

此外，美容师亲切的服务态度，也能给顾客留下美好温暖的印象，经营者可以把它作为改善美容院形象的中心问题来考虑。

店铺的外观、招牌图案的设计、花卉的摆设等都能使美容院受到顾客的注意。因此，切实把握这种吸引顾客的方式，在布局时适当地融合进去，必能产生意想不到的效果。

1. 新颖的形象表现

由于具备了富有新鲜时代气息的形象，因而一般能给予顾客安全感，这样，便起到了扩大顾客面的有效作用。店铺的形象，有必要在经营者认真考虑的基础上，进行自由且轻松的表现，并随着季节的变化去进行一些改变，以吸引顾客的注意。经由店内的颜色设计，可以很容易地制造一种舒适悠闲的气氛。经营者应充分利用这个有利的条件。对于扩大顾客面而言，这和将美容费用分成二三个等级的效果是一样的。

2. 时髦性的形象表现

近年来，可以看到很多店铺在内部或外观的装潢上，大多使用丰富且夺目的色彩，以令顾客产生强烈的感觉来加深对店铺的印象。采用这种表现方法的店铺，其顾客面大多会比较窄。比方说在年轻的顾客中，如果这种形象表现能成功地占据广大的年轻顾客群，就可能产生一种有利的经营形态。更重要的是这种形象表现的意外性，如果能够在对顾客的服务及美容技术上充分地表现出来，令顾客有好印象，那么同样层次的顾客就会大量增加，甚至吸引到更多顾客。这种表现方法，经营者的个性与感觉往往是成功与否的关键。有那么多种的形象表现方法，到底要采取何种方法，这完全由经营者的性格和顾客层次的特点来决定。

3. 高格调的形象表现

一般说来，经营时间长的经营者比较喜欢把美容院表现得格调高，或者说是重视格调的表现。由于这样的设计，具有投入资本过大的缺点，因此重要的是确切评定设备投入的效率，进而根据经营者的实力去做统筹规划。如果没有考虑到经营者本身的个性与店铺形象的关联性，以及与周围环境的协调性，很容易让顾客产生难以接近的感觉。

因此，若想走高格调的形象之路，有必要仔细研讨极端的高格调店铺后，再去进行店铺设计。

第四节 核对美容院开业的必需品

一、开业准备的要点

（1）宠物美容店是为顾客创造美的，因此，宠物美容店的布置应达到美观的境界，并且再加上丰富有趣的想象，使其具有独特的风格。另外，接待客人的场所设计得宽敞舒适是很重要的。

（2）要成为一家顾客满意的宠物美容店，必须表现出此店的风格，并且精心策划一些主题，来迎合不同季节的改变或是节庆的来临，借此抓住顾客的心理。

（3）干净、整齐、明亮而有情调的店，对顾客而言，可让其有宾至如归的感觉；对员工而言，可使其工作得更有效率。如此，可让开店者对整个店的管理更得心应手。

（4）宠物美容店的外部装潢与内部装潢可依开店者的喜好来设计，但也应考虑到顾客的心理。必须考虑到宠物美容店所处地理位置附近的顾客层次后再加以装潢。如果脱离了顾客的心理，其装潢就算多么的新潮，也起不了多大作用。

（5）宠物美容店的内外装潢也是表现个性的武器。除了要考虑地理条件和顾客层次外，适时呈现开店者的个性及创造力也是非常重要的。

二、开店前的器材准备

宠物美容店即将开业的时候，经营者应准备的器材有：

（一）美容设备

宠物美容台或美容桌、宠物烘干箱、吹风机、工具箱、宠物笼、洗浴设备等。

（二）剪刀类

各种尺寸的专业直剪、专业牙剪、专业弯剪、剪刀包。

（三）梳子类

面梳、排梳、美容梳、针梳、面虱梳、分界梳、贵宾梳、开结梳。

（四）趾甲类

各种型号的趾甲钳、趾甲锉。

（五）刀类

粗齿刮毛刀、细齿刮毛刀

（六）其他用品

止血粉、包毛纸、美容头花、宠物专用吸水毛巾、刀头研磨剂、专用美容皮筋、刀头冷却剂、专业美容围裙、香波浴液、毛皮护理液等。

如上所述，必须尽可能详尽地做好准备，然后进行核对。在开店的当时会比较忙，必须在事前有充分的准备才不会到时手忙脚乱，造成服务不周的后果，留给顾客不好的印象，这是必须注意的。

第五节 宠物美容店的员工管理

一、宠物美容店的员工管理计划

（一）宠物美容工作人员管理的基本情况

近来，宠物美容师严重缺乏，这主要是因为希望成为美容师的绝对人数不足和获取宠物美容师资格的人太少。

询问宠物美容学校的学生和实习生，为什么要想成为美容师？有 80% 左右的人回答说：“将来成为优秀的宠物美容师，自己独立经营宠物美容院。”正因为存在着独立开店的梦想，有些人才能够在中、低工资的条件下，克制，忍耐，坚持工作。

从经营者来看，有很多人感觉到有这样的顾虑：在 1 年至 2 年时间里，教授其技术，让其了解宠物美容店的实情，然后正希望他能成为一位合格的宠物美容师时，他却跳槽到别的宠物美容店，或者想转行了。

那么，如何才能增加宠物美容店员工的稳定性呢？最重要的一点就是要承认一名员工的人格，让员工尊重经营者，两者齐心协力，共同为宠物美容店的前途而努力。千万不能以为付给了员工薪水，他们就应该不停地工作。一位成功的经营者，要让员工感觉到受到尊重，从而去体会人活着的价值。

如果认为美容院的经营成败决定于待人行为的话，那么宠物美容店的员工就是宠物美容店的财产。为了能灵活使用这些财产，就必须掌握员工的心理，给予他们更好的梦想。这就是现代宠物美容工作人员管理希望达到的基本目的。

（二）就业规则的重要性

宠物美容店员工的雇佣还必须限制在有关规定的范围内。中国台湾地区的有关规定规定了有关员工的雇佣、工资内容、待遇的最低限度等内容。因此，就业规则的制定至少要超过最低限度的规则，让员工完全了解，该宠物美容店是很有诚意为员工创造一个有前途的工作环境的。

制定就业规则并不是一件很难的事，以下所记载的事项是一般就业规则不可缺少的。

（1）上下班时间、休息时间、轮休日和休假天数的安排等有关事项。

（2）薪水的决定、计算和支付方法，薪水的截止和支付日期，预支薪水的有关事项。

（3）与辞职有关的事项，解雇等的条件。这些都是必须记载的。

以下是相对记载事项，既可记载也可不记载的，大致的规定有：

（1）其他的津贴、奖金和最低薪水的规定。

（2）员工的伙食、交通等规定。

（3）与卫生、安全有关的规定。

（4）与意外伤害补偿、伤痛有关的规定。

（5）与表彰、惩罚有关的规定。

（6）旅游、出差费用、录用人员、离职、福利、教育训练等有关规定。

总之，在制订就业规则时，以上可作参考，在此基础上制定适合自己宠物美容店的一些就业规则。

（三）教育训练

宠物美容店对员工的教育训练大致可区分成技术教育和服务教育。

宠物美容店主要是进行宠物美容技术为主的经营活动。由于技术内容常会伴随着流行趋势而有变化，顾客对宠物的美容意识也会有所变化，所以，为了抓住顾客的心理，必须时时谋求技术进步，定期举办教育训练。一般来说，宠物美容师都会积极地参与训练，因此，不会有跟不上流行的问题。但是若宠物美容店不举办技术培训，对员工就不会有技术学习的吸引力，不久，就会造成员工外流的现象。相反的，密集安排教育训练的宠物美容店，对员工能产生互动的作用，从而建立良好的关系。

所谓的服务教育是以掌握顾客内心作为教育的中心内容，但在实施中若总是重复同样的内容，对员工是不会有什么意义的。

因此，如果能将技术教育和服务教育同时进行，即在待客服务中有技术，在技术中体现服务，才能提高实际的效果。教育训练并不是以教育为目的，归根结底是为了开发员工的潜力，提高他们的服务水准，从而获得顾客的好评。

（四）自我启发和目标管理

有时候，让员工自己确定目标，自己去实现目标，从而品味完成目标的喜悦，反而比教育训练所得到的效果更显著。

（1）员工根据自己的判断将结果记录在进度表上，标明日期；

（2）员工从自己的立场出发，依照不熟练至熟练的次序去做判断；

（3）经营者可依据每个员工的能力，提出应该注意的事项；

（4）把进度表和经营者的教育训练计划互相对照，研究今后的改进方法。

员工是宠物美容店的财产，如果要尽快地让员工熟悉服务和技术，提高宠物美容店的经营水准，就不能只依靠教育训练，而应该让员工直接参与经营活动，锻炼每个人的能力，激发其潜力，向其目标前进。

（五）员工的福利

经营者的责任在于使员工保持良好的工作态度。宠物美容店的员工每天都要长时间弯腰或站立着工作，因此，若让员工勉强工作，就会影响其服务、技术的品质，甚至有可能会和顾客发生纠纷。

正因为如此，经营者有必要从经营上去判断员工的身心状况，制定恰当的作息时间。

1. 直接恢复员工疲劳的对策

（1）舒适的用餐场所；

（2）平静的休息场所；

（3）发给员工具有功能性的工作服；

（4）举办旅游、踏青等活动。

2. 间接恢复员工疲劳的心理对策

（1）生日聚会；

（2）津贴补助；

（3）意外伤害、疾病的慰问金；

（4）参加研讨会的补助；

（5）提供技术、服务的图书杂志；

（6）提供娱乐杂志。

3. 特殊对策

（1）设置员工宿舍；

（2）放置各种体育器材、健全娱乐设施；

（3）参加社会保险；

（4）制定与安全、卫生有关的事项。

实施这些对策最重要的一点，就是要员工喜欢，有参加的欲望。例如，制定旅行计划，参加的人数却不到一半，这就需要认真考虑计划是否是员工喜欢的。虽然员工没有参加的义务，但是要举办活动，就应办得有声有色，吸引大家参加。可能的话，事前应先听听员工的意见，让他们参与制订计划，并让员工负起实行的责任，这也算是一个办法。

休息场所、用餐场所的管理，以及工作环境的创造，并不只是依照经营者的意见，而应让员工参与，这样，实际效果会好一点。总之，通过福利政策来加强经营者和员工之间的思想交流，也是一个值得考虑的方法。

二、有关员工工作情况的调查

根据有关的调查可知，宠物美容师将来还想经营宠物美容店的约占36.4%，结婚之后想继续当美容师的约占29.2%，目的不明确的约占34.4%。另一方面，从改行、调动的理由来看，目前仍然是工资的因素所占的比例较大。

影响美容师工作稳定性的主要因素如下：①技术指导完善、彻底（约占19.8%）；②相互理解的重要性（占11.9%）；③经营者的处世为人（占9.4%）。总之，大家都希望在能充分理解自己、富有人情味的经营者手下工作，接受正确的技术指导。

因此，对于所有的经营者来讲，培养对社会有贡献的人才，让他们充分发现自己的生命价值所在，这是很重要的。

三、员工对策的实际情况

从经营状况来看，家族式的管理大多会因为人手的因素而有所影响，所以在管理上必须将公私分开，切实严格执行制度。

一般宠物美容店的工资制度也是形形色色的。大多数美容院都是由于人手不足，不得不采取提高工资的政策。一旦采用这样的政策后，如果不进行技术教育，其工资升级也是有限度的。如果能有计划地进行技术教育，即使采用提高工资的政策，也不会对经营有任何影响。

第六节　宠物美容店的技术与运用体系

一、宠物美容店的技术

宠物美容师就是宠物美容技术专家，他除了应懂得宠物美容知识之外，还要有超人的思维方法。然而，有些宠物美容师常常把高超的技术硬加于宠物身上，来满足自己的服务表现欲。对于宠物美容师来说，即使是应该具有的形象，如果顾客无法接受，美容师也不能硬要替宠物做那种造型，那种做法是不对的。顾客因人而异，各有所好，因此，必须先了解到这一点，然后再进行技术指导，给顾客的宠物一个满意的造型。

一般的人认为，宠物美容店是让宠物变美的场所，而且服务态度必须周到。然而有些顾客追求的是美容速度，而不是技术的高低。例如：对于要出席某些聚会等有急事的顾客来说，周到细致的造型，不如动作迅速，这样才能满足顾客的要求。另一方面，在进行美容之前，美容人员应先询问顾客的要求，以此为标准做符合其外形的设计。

二、宠物美容店的经营能力与动向

宠物美容店的技术服务都是依靠人来进行的，因此，与一般的企业相比，宠物美容店实行机械化以节省人力是有一定限度的，提高生产能力也有一定的困难。在技术方面，提高附加价值，其目的是希望美容价格上涨。但是，由于竞争者之间的平衡性、顾客的要求、地域条件的差别，因此不能实现。也就是说，从美容工作特性来判断，我们不能否认生产能力的提高是非常有限的。虽然促进销售的各种宣传工作，能够吸引一部分顾客，甚至在闲暇时段招揽到更多的顾客，但实际上要改变顾客和顾客利用宠物美容店的时段都不是一件容易的事。

所以，只能依据宠物美容店的形象、服务态度的好坏，以及满足顾客的技术这三个因素来提高顾客对宠物美容店的评价，再根据每位顾客的评价，来评估自己经营的宠物美容店是否能够吸引顾客，是否能够提高经营能力。

复习题

1. 简述宠物美容店经营的六个要点。
2. 简述宠物美容店开店前器材的准备。

第十章　实验指导

实验一　常用美容护理器具的识别与使用

目的要求

掌握宠物美容常用的设备与器具的使用；熟悉各种设备器具的清洁保养方法。

设备和材料

美容台、吹水机、吹风机、电剪、刀头、直剪、牙剪、拔毛刀、刮毛刀、开结刀、指甲钳、梳理工具、头花皮筋、洗眼水、洗耳水、止血粉、皮肤膏、美毛喷剂、耳粉、毛巾。

内容和方法

（1）首先教师示教，强调操作要领，然后分组训练。

（2）美容器械的识别见教材。

（3）美容器械的基本持拿方法。

（1）电剪　电剪的持拿方法有两种：

① 手握式　即用手握住电剪的剪柄，进行平行式的修剪。

② 抓握式　即用右手抓住电剪的剪柄，进行平行式的修剪。

（2）直剪　直剪的持拿方法是，拇指与无名指分别扣住两个剪把，食指顶住剪柄，小拇指钩住剪尾即可。

（3）弯剪　弯剪的持拿方法与直剪的持拿方法相同。

（4）削薄剪　削薄剪的持拿方法与直剪、弯剪的持拿方法相同。

（5）脚底毛剪　持拿方法与以上剪刀的持拿方法相同。

（6）梳子　梳子的持拿方法也分两种：抓握式、持拿式。

（7）风筒　风筒的持拿方法主要就是握举式。

（8）耳毛钳　耳毛钳的持拿方法与剪刀的持拿方法相同。

（9）犬猫美容师专用围裙　该围裙的系法与家用的普通厨房用的围裙的系法相同。

注意事项

（1）要养成爱护设备器具的良好素养。

（2）美容设备与器具使用后要清洁干净，摆放整齐。

（3）教师示教时要强调操作要领及注意事项。

（4）分组训练时，教师巡视，及时指出学生操作中的不规范动作。

实验报告

实验结束后每人写一份实验报告。

实验二 犬猫的保定

目的要求

掌握犬猫美容与护理常用保定方法。

设备与材料

模特犬、模特猫、美容桌、保定绳、口笼、颈钳、颈枷、速眠新注射液（846）、苏醒灵、注射器等。

实验内容

（一）犬的保定方法

（1）站立保定法
（2）口笼保定法
（3）美容台保定法（手术台保定法）
（4）颈钳保定法
（5）麻醉保定法

（二）猫的保定方法

（1）扎口保定方法
（2）颈枷保定法

方法步骤

（1）首先教师示教，强调操作要领，然后分组训练。
（2）具体方法见教材。

注意事项

（1）保定时注意个人安全和动物的安全。
（2）保定方法要简单、快速、确实。
（3）教师示教时要强调操作要领及注意事项。
（4）分组训练时，教师巡视，及时指出学生操作中的不规范动作。

实验报告

实验结束后每人写一份实验报告。

实验三 犬猫洗澡与梳理技术

目的要求

掌握犬猫洗澡及梳理的目的、基本方法、注意事项。

设备与材料

模特犬、模特猫、热水器、压力喷头、烘干箱、吹水机、吹风机、宠物浴缸、吸水毛巾、针梳、齿梳、脱脂棉、浴液、护发素。

实验内容

（一）犬的洗澡与梳理

(1) 犬洗澡的准备
(2) 犬洗澡的顺序与步骤
(3) 犬梳理技术

（二）猫的洗澡与梳理

(1) 猫洗澡前的准备
(2) 猫洗澡的程序
(3) 猫的梳理技术

实验方法

(1) 首先教师示教，强调操作要领，然后分组训练。
(2) 具体方法见教材。

注意事项

(1) 教师示教时要强调操作要领及注意事项。
(2) 分组训练时，教师巡视，及时指出学生操作中的不规范动作。

实验报告

实验结束后每人写一份实验报告。

实验四　犬的吹干技术

目的要求

掌握吹干的作用、基本方法和吹干的注意事项。

设备与材料

模特犬、吹风机、针梳、齿梳、浴巾、喷雾式润滑剂。

实验内容

(1) 犬吹干准备
(2) 犬吹干的方法
(3) 犬吹干的注意事项

实验方法

(1) 首先教师示教，强调操作要领，然后分组训练。

(2) 吹干方法：先用浴巾充分吸收水分。顺着毛势擦干，注意不要使被毛打结。让犬趴下，用钢针刷从头部开始梳理，边梳理边吹干。当吹风机到达脸部时，要用手遮住犬的眼睛，不要让热风直接吹进眼睛里。除了正在操作的部分，其余部位要用毛巾包裹。这是为了不让被毛未经吹直就变干。头部的毛吹干后，用橡皮圈进行固定能方便后面的操作。注意不要把钢针刷梳得太深。如果刷子的动作太慢，被毛就会回缩。这个时候，吹干的目的就不仅是要把毛烘干，更重要的是将被毛拉直。

四肢的脚尖是操作中最具难度的环节，经常会发生被毛蜷缩的现象。让犬躺下，把脚抬起来进行精心操作。耳朵和头部的被毛要拉直到直线状态。利用喷雾式润滑剂把毛再度弄湿，把毛立起来的同时加以吹干，这样效果比较好。胸、腹部容易形成毛球，所以要充分吹干，再用梳子加以梳理。整理被毛是吹干操作结束后不可缺少的步骤，吹干操作接近尾声的时候，被毛是带有静电的。吹风机的热风会使被毛打结，不能达到紧贴皮肤的状态。通过梳理来解开纠结的被毛，端正毛势。

注意事项

（1）吹风机不可以过于靠近被毛，保持20cm以上的距离比较好。

（2）吹干时要用梳子轻柔地进行梳理。

（3）不要让吹风机的风量过大，也不要让温度过高。

（4）要使被毛从根部开始完全干燥。

（5）不要对着长毛犬的同一部位吹太久，应一边慢慢移动一边吹干。

（6）如果是卷毛犬的话，若不对着同一个部分集中吹干，毛就会蜷缩起来。

（7）不要把吹风机从正面朝着脸吹。

实验报告

实验结束后每人写一份实验报告。

实验五　犬脚掌、眼睛、牙齿和耳朵的清洁技术

目的要求

掌握修脚底毛清洁技术、眼睛清洁技术、牙齿和耳朵的清洁技术。

设备与材料

模特犬、美容台、剪刀、电剪、2%硼酸、脱脂棉、止血钳、纱布、牙刷、碳酸钙、洗耳液。

实验内容

（1）犬脚掌的修剪

（2）犬眼睛的护理

（3）犬牙齿的护理

（4）犬耳朵的清洁保养

实验方法

（1）首先教师示教，强调操作要领，然后分组训练。

（2）具体方法见教材。

注意事项

（1）教师示教时要强调操作要领及注意事项。

（2）分组训练时，教师巡视，及时指出学生操作中的不规范动作。

实验报告

实验结束后每人写一份实验报告。

实验六 犬指甲修剪技术

目的要求

了解犬指甲的特点和指甲钳的使用，掌握指甲修剪的方法和注意事项。

设备材料

模特犬、指甲钳、止血粉、锉刀、纱布。

实验内容

（1）犬的指甲特点

（2）指甲钳的使用

（3）剪指甲方法

（4）剪指甲的注意点

实验方法

（1）首先教师示教，强调操作要领，然后分组训练。

（2）具体方法见教材。

注意事项

（1）教师示教时要强调操作要领及注意事项。

（2）分组训练时，教师巡视，及时指出学生操作中的不规范动作。

实验报告

实验结束后每人写一份实验报告。

实验七 犬肛门清洁技术

目的要求

了解肛门腺的功能，掌握挤肛门腺的方法。

设备材料

模特犬、剪刀、电剪、肥皂。

实验内容

（1）肛门腺特点

（2）拧绞肛门腺的方法

实验方法

（1）首先教师示教，强调操作要领，然后分组训练。

（2）具体方法见教材。

注意事项

（1）教师示教时要强调操作要领及注意事项。

（2）分组训练时，教师巡视，及时指出学生操作中的不规范动作。

实验报告

实验结束后每人写一份实验报告。

实验八　犬头部及四肢的修剪技术

目的要求

了解不同犬的头部及四肢特点；掌握西施犬、马尔济斯犬、北京犬、长毛㹴、可卡犬、雪纳瑞和约克夏犬的头部修剪技术；掌握犬四肢修剪技术。

设备材料

模特犬、美容台、剪刀、电剪、梳子。

实验内容

一、犬头部的修剪法

（1）西施犬头部的修剪

（2）北京犬头部的修剪

（3）长毛㹴类犬的头部修剪

（4）可卡犬头部的修剪

（5）雪纳瑞犬头部的修剪

（6）约克夏犬头部的修剪

二、犬四肢及脚底毛的修剪

实验方法

（1）首先教师示教，强调操作要领，然后分组训练。

（2）具体方法见教材。

注意事项

（1）教师示教时要强调操作要领及注意事项。

（2）分组训练时，教师巡视，及时指出学生操作中的不规范动作。

实验报告

实验结束后每人写一份实验报告。

实验九　马尔济斯犬美容技术

目的要求

了解马尔济斯犬的清洁，掌握贵妇犬的修剪技术。

设备材料

马尔济斯犬、美容台、剪刀、电剪、梳子等。

实验内容

（1）刷理和梳理

（2）剪指甲

（3）修剪脚掌间的毛

（4）修剪肛门周围的毛

（5）修剪腹毛

（6）拔除耳朵的毛

（7）拧绞肛门腺

（8）清洗和护理

（9）吹干

（10）修剪脚尖

（11）均分背线

（12）整理冠毛

（13）卷烫发纸

（14）剃毛方法和剪刀修剪

实验方法

（1）首先教师示教，强调操作要领，然后分组训练。

（2）具体方法见教材。

注意事项

（1）教师示教时要强调操作要领及注意事项。

（2）分组训练时，教师巡视，及时指出学生操作中的不规范动作。

实验报告

实验结束后每人写一份实验报告。

附　录

宠物美容员职业标准

一、基本要求

1. 职业道德
1.1 遵纪守法，爱岗敬业；
1.2 文明操作，礼貌待客；
1.3 钻研业务，精益求精；
1.4 执行规程，严格安全。
2. 知识要求
2.1 掌握宠物解剖学的基本知识。
2.2 掌握动物生理学的基本知识。
2.3 掌握宠物饲养学基本知识。
2.4 掌握宠物保健基本知识。
3. 相关知识
3.1 了解当地饲养的主要宠物种类。
3.2 了解当前宠物美容的流行样式。
3.3 了解宠物的市场行情及宠物美容的市场需求。
3.4 能用简单的外语与外籍客户进行交流。

二、工作要求

对美容员的职业工作要求如下表所示

职业功能	工作内容	技能要求	相关知识
一）美容器械的识别	(一) 美容器械的结构、特性及维护保养	美容剪、层次剪、趾甲剪、锉刀、吸水巾、吹风机、排梳、针梳、柄梳、解结刀、电剪、美容桌、暖箱、淋浴器等的结构、使用和维护保养	电器安全使用知识

续表

职业功能	工作内容	技能要求	相关知识
	（二）美容院开设的要求	1. 水电要求：包括电力配制、浴池要求、排水要求 2. 选址及室内布置 3. 可兼营的内容 4. 法律手续	
二）宠物洗澡	（一）犬洗澡全过程操作	包括拔除外耳毛，清除外耳道，整毛、打结毛的处理，滴眼液，耳道塞棉花，淋洗，挤肛门囊腺，混合香波，搓洗，吸水，吹干，修剪趾甲，修剪脚底毛，头毛，尾毛等	1. 犬、猫的基本生理知识 2. 犬、猫的基本营养知识 3. 基本的动物传染病预防知识
	（二）正确对待动物	1. 能对不同品种、性格、生理状况的宠物犬采取不同的安定方法 2. 能合理使用各种防护器具，进行安全防护	动物保定知识
	（三）宠物香波的要求及特性	市场上几种主要宠物香波介绍	
三）美容器械的使用	（一）美容剪、层次剪使用	1. 美容剪使用的基本技术反复训练，先徒手训练，再实体修剪。（注：学员课后应反复训练） 2. 了解层次剪的用途，掌握使用方法	
	（二）电剪的使用	1. 电剪的功能、用法及维护保养 2. 各种品牌电剪的介绍 3. 电剪的操作训练	
四）打结	（一）打结的要求及用途	1. 打结的用途 2. 打结常用部位 3. 打结的几种方式 4. 打结用纸等的要求	
	（二）打结的几种方式训练	1. 头部打结训练 2. 耳背打结训练 3. 全包式、后折式、天女散花式训练	

续表

职业功能	工作内容	技能要求	相关知识
五）不同品种犬的美容	（一）博美犬美容	1. 博美犬美容基本要求 2. 博美犬美容训练 3. 熟练美容剪使用	博美犬的品种鉴赏知识
	（二）可卡犬美容	1. 可卡犬美容基本要求 2. 可卡犬美容训练 3. 熟练电剪的使用	可卡犬的品种鉴赏知识
	（三）雪纳瑞犬美容	1. 雪纳瑞犬美容基本要求 2. 雪纳瑞犬美容训练 3. 熟练电剪的使用	雪纳瑞犬的品种鉴赏知识
	（四）贵宾犬美容	1. 贵宾犬美容基本知识及要求 2. 贵宾犬标准型美容操作训练 3. 贵宾犬创意美容的设计和操作训练 4. 熟练美容剪、电剪的操作使用	贵宾犬的品种鉴赏知识
六）宠物染色	（一）染色操作过程训练	1. 染色及染色用具的要求 2. 染色过程及操作训练	染料使用安全知识
	（二）染色创意设计及实施	染色创意设计并进行实体实施	基本的美学知识

专业宠物美容师考核评分标准

专业宠物美容师考核标准如下表所示 总分：100 分

考核项目	考核项目名称	考核分数
一、美容师素质考核（20 分）		
1. 犬的控制：	抱持犬的姿势	1
	固定犬的姿势	2
	操作姿势	2
2. 对犬的态度：	与犬的接触	1
	与犬的交流	2
	人与犬的配合	2
3. 工具的使用：	美容梳的使用	1
	剪刀的握持方法	1
	电剪的握法	1
	剪刀使用的技术水平	1
	电剪使用的技术水平	1
4. 操作能力：	美容操作顺序	1
	全身修剪比例	2
	整体造型修剪	2

续表

考核项目	考核项目名称	考核分数
二、基础护理技术考核（20 分）		
1. 犬毛梳理技术：	美容师梳及针梳的使用	2
	梳理毛发的顺序	1
	毛发的通顺程度	2
2. 犬只洗澡技术：	洗澡前的准备	1
	水温调节	1
	挤肛门腺	1
	清洁程度	1
	毛发吹干及梳理	2
3. 趾甲修剪技术：	操作姿势	1
	趾甲修剪方法	2
4. 耳眼清洗技术：	止血钳使用及棉球应用	2
	清洁耳方法与清洁程度	2
	清洁眼方法与清洁程度	2
三、实际操作技术考核（60 分）		
1. 腹毛修剪技术：	上腹部位置	1
	下腹部位置	1
	正确的操作姿势	1
	腹毛的清洁程度	2
2. 脚底毛修剪技术：	正确的操作姿势	1
	脚底毛的清洁程度	4
3. 臀部修剪技术：	肛门周围修剪	1
	左右对称	2
	比例协调	2
4. 尾部修剪技术：	尾根的处理	2
	修剪的效果	3
5. 四肢修剪技术：	整体的协调	1
	四肢的修剪	4
6. 足圆修剪技术：	足圆的大小比例	1
	足圆的效果	4
7. 身体的造型技术：	身体造型比例	1
	身腰的处理	2
	左右对称	2
8. 胸部修剪技术：	整体效果	1
	胸下毛的处理	2
	比例对称	2
9. 头部处理技术：	整体比例	2
	头花处理	3
10. 面部处理技术：	正确的操作姿势	2
	面部的清洁程度	2
	胡须的处理	1
11. 颈部处理技术：	颈的位置	2
	颈部清洁程度	3
12. 耳部处理技术	耳的位置	1
	耳朵的修剪效果	4